彩图 7　瑞光 39 号

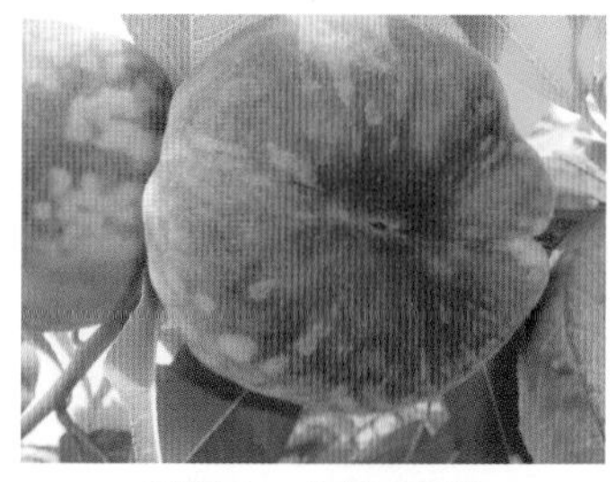

彩图 8　中蟠 10 号

彩图 9　中蟠 11 号

彩图 10　深州蜜桃（红蜜）

彩图 11　大红袍（红肉桃）

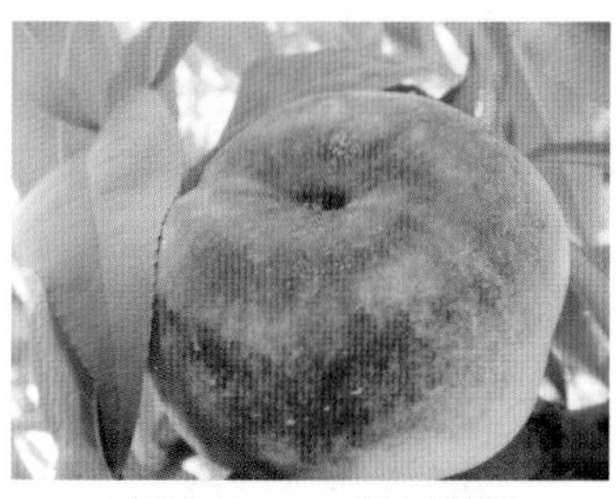

彩图 12　金霞油蟠桃

彩图 13　桃树幼树行间种植白三叶草

彩图 14　人工授粉

彩图 15　蜜蜂采粉授粉

彩图 16　被蚜虫严重为害的桃树新梢

彩图 17　绿盲蝽为害新梢幼叶

彩图 18　红颈天牛为害树干基部

彩图 19　树干涂白

彩图 20　疏果前坐果状

彩图 21　疏果后坐果状

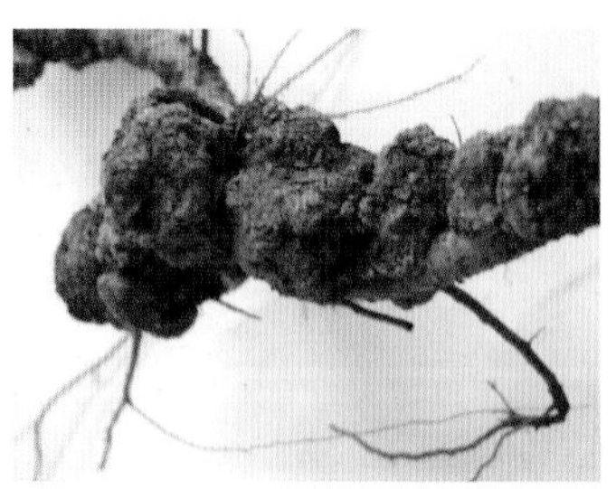

彩图 22　桃树根瘤病

彩图 23　桃疮痂病

彩图 24　桃褐腐病果实

彩图 25　梨小食心虫为害新梢状

彩图 26　防治梨小食心虫成虫的迷向膏

彩图 27　桑白蚧为害树干状

彩图 28　桃小蠹幼虫为害树干状

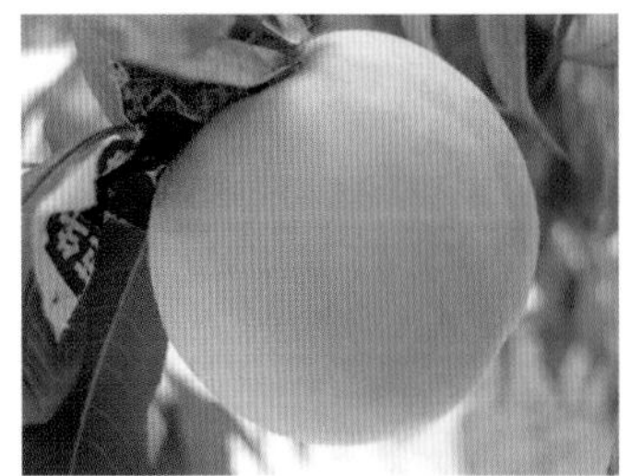

彩图 29　北京晚蜜桃果实
刚去袋着色状

彩图 30　北京晚蜜桃果实
去袋 6 天后着色状

彩图 31　蜗牛为害果实状

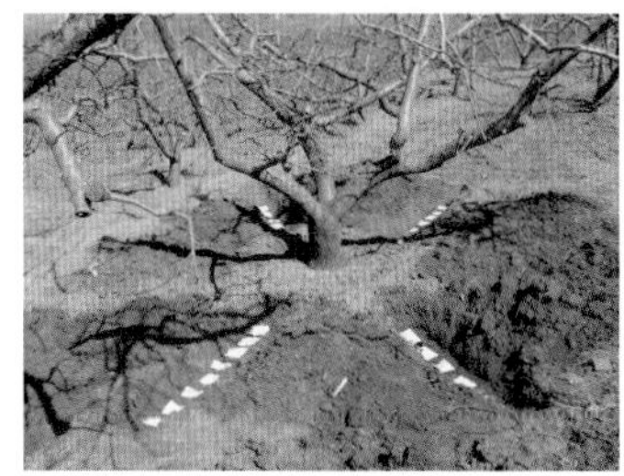

彩图 32　桃树施袋控缓释肥
（放射沟施）

彩图 33　桃树有机肥施肥沟（条施）

彩图 34　桃树锯口涂油漆保护

高效栽培关键技术

主　编　马之胜　王越辉
副主编　贾云云　白瑞霞
参　编　李学华　李建明
　　　　李明月　杨素华

机 械 工 业 出 版 社

本书围绕桃的栽培生产，首先介绍了桃的优良品种，然后以物候期为顺序介绍了桃树萌芽至开花期的管理、坐果后至硬核期的管理、新梢旺盛生长期至果实成熟前的管理、果实成熟期的管理、果实采收后至落叶前的管理、休眠期管理等。书中始终贯穿着优质、安全和可持续发展的理念，设有“关键知识点”“提示”“注意”等小栏目，突出各个栽培环节的关键知识点，以及遇到各种问题时的处理小技巧。书后附有桃园周年管理工作历和病虫害周年防治历等资料，可以让读者更好地掌握桃高效栽培的关键技术要点。

本书可供广大桃农、基层果树种植技术人员使用，也可作为农业院校相关专业师生的参考用书。

图书在版编目（CIP）数据

桃高效栽培关键技术/马之胜，王越辉主编. —北京：机械工业出版社，2019.7（2023.1 重印）
（高效栽培关键技术丛书）
ISBN 978-7-111-62891-0

Ⅰ.①桃…　Ⅱ.①马…②王…　Ⅲ.①桃-果树园艺
Ⅳ.①S662.1

中国版本图书馆 CIP 数据核字（2019）第 103722 号

机械工业出版社（北京市百万庄大街 22 号　邮政编码 100037）
策划编辑：高　伟　责任编辑：高　伟　陈　洁
责任校对：刘雅娜　责任印制：张　博
保定市中画美凯印刷有限公司印刷
2023 年 1 月第 1 版第 2 次印刷
147mm×210mm · 7.25 印张 · 2 插页 · 245 千字
标准书号：ISBN 978-7-111-62891-0
定价：29.80 元

电话服务	网络服务
客服电话：010-88361066	机　工　官　网：www.cmpbook.com
010-88379833	机　工　官　博：weibo.com/cmp1952
010-68326294	金　　书　　网：www.golden-book.com
封底无防伪标均为盗版	机工教育服务网：www.cmpedu.com

近年来，我国桃产业取得了较大发展，培育出了一些优良品种，在施肥、花果管理、整形修剪和病虫害防治等方面的新技术也已逐渐成熟。为使广大桃农了解桃优良品种，掌握桃高效栽培关键技术，促进增产增收，我们编写了本书。

本书的编写遵循质量、安全和生态理念，以物候期为顺序，以栽培管理技术为主线，介绍了桃生产过程中每个时期的具体管理措施。

本书在优良品种的介绍部分，增加了新培育的品种及不同地区的特色品种；在土肥水管理方面，除了倡导减少化肥施用量之外，增加了节水灌溉技术及土壤有机质等相关内容，主要是让桃农树立节水意识及施肥的新理念——土壤是有生命的，施肥的主要目的是提高土壤的生命力，只有土壤的生命力强大，桃树才能高产并结出优质果实，才能实现良性循环和可持续发展；在病虫害防治方面，增加了减药措施，介绍了一些新农药尤其是生物农药的使用。

书后附有桃园周年管理工作历、桃园病虫害周年防治历、无公害桃生产中允许使用的部分农药及使用准则、A 级绿色食品生产允许使用的农药清单和各种肥料的肥效速度等内容。本书内容丰富，通俗易懂，实用性强，便于操作。

需要特别说明的是，本书所用药物及其使用剂量仅供读者参考，不可照搬。在实际生产中，所用药物学名、常用名与实际商品名称有差异，药物浓度也有所不同，建议读者在使用每一种药物之前，参阅厂家提供的产品说明以确认药物用量、用药方法、用药时间及禁忌等。

在编写过程中，编者参考引用了国内同行中一些专家的著作，在此向这些著作的作者表示深深的谢意。

由于时间仓促、编者水平有限，书中不当之处在所难免，敬请广大读者批评指正。

编　者

目录

第一章 概 述

桃树原产于我国，作为重要的核果类果树，是我国第四大果树，同时也是北方第三大落叶果树。桃树具有栽培管理容易、结果早、见效快、效益高的特点。近几年我国桃产业发展较快，先后涌现出一批桃生产专业县、乡和村，在促进农民增收、发展农村经济及新农村建设中发挥了重要作用。当然，在桃生产中还存在一些问题，需要我们不断总结经验，在实践中不断提高桃产业化水平。

第一节 桃树的特点和发展桃生产的意义

一 桃树的特点

1. 喜光性强

喜光性强是桃树最显著的特点，也是最基本的特点。桃树原产于我国海拔高、光照强、雨量少的西北干旱地区。在这种自然条件影响下，桃树形成了喜光和对光照敏感的特性。叶片、果实和枝条对光照均较敏感。叶片光照不足，会变薄、变小、变黄，影响光合作用。果实光照不足，着色差，品质劣。即使容易着色的品种，内膛果虽然着色面积也较大，但其内在品质往往也较差。如果枝条长时间光照不足，会变得细弱，花芽发育不饱满，严重时会枯死。针对这一点，树体留枝量不宜太大。当然，如果留枝量过小，会导致枝干和果实全部裸露或向阳面受强烈日光照射，容易引起日灼。

2. 年生长量大

桃树萌芽率高，成枝力强，新梢一年可抽生 2~4 次副梢，年生长量大，树冠形成快。这是早果丰产的基础，但也易导致徒长和树体郁闭。这是桃树种植密度不宜过大和要加强夏季修剪的原因。

3. 花芽形成容易，花量大，不易形成大小年

桃树各种类型的果枝均可形成花芽，包括徒长性果枝，其上也有较多花芽。桃树不易形成大小年，但是当结果过多时，树势易衰弱，南方地区可引起流胶，北方土壤 pH 较高的地区易引起黄化，有时不可逆转。

4. 各种果枝均可结果，但不是所有的枝条都可结出优质果实

在水平枝或斜生枝条上坐果较好，某些品种在较细的果枝上更易长出较大的果实。这要求修剪时，要依据不同品种特点，培养适宜的结果枝。

5. 桃树花器具有特殊性

桃树的花有 2 个类型，一种是花中有花粉，另一种是花中无花粉。有花粉的品种坐果率高，无花粉的品种坐果率相对较低，需要配置授粉品种和人工授粉。另外在无花粉品种中，坐果具有不确定性，也就是当给无花粉品种指定的花授粉时，不是授过粉的花都可以坐果。

提示 无花粉品种坐果的不确定性决定了在确定修剪留枝量时，要适当增加无花粉品种的留枝量。

6. 剪锯口不易愈合，并且是病虫入侵的入口

桃树修剪造成的大剪锯口不易愈合，剪锯口的木质部很快干枯，并干死到深处。因此修剪时力求伤口小而平滑，及时涂保护剂，以便尽快愈合。对于大的伤口要进行包扎。常用的保护剂有铅油、油漆、接蜡等。

7. 对某些环境或化学物质较敏感

桃树对水分较敏感，不耐涝，忌重茬，对某些农药和肥料（如氮肥）也较敏感，有时能引起黄叶、落叶、落果及其他生理障碍。在施用新型肥料或农药时，应先做小型试验，再大面积应用。

8. 桃树易发生冻害

桃树的冻害多发生于主干或主枝，花芽冻害发生较少，也较少发生抽条。某些品种的主干和主枝的抗寒性较差，易发生冻害，花芽的冻害多见于无花粉品种的僵芽。

9. 桃树根系较浅

与苹果、梨和杏等北方果树相比，桃树的根系分布较浅，主要分布于土层下 20~50 厘米，也与土壤质地有关，施肥时要注意。同时由于根系浅，易受到外界环境条件和耕作影响，使根系受到伤害。根系受到伤害反过来又会影响到地上部的生长发育。

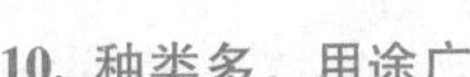

10. 种类多，用途广

桃生产中的主栽品种较多，鲜果供应期长。桃分为鲜食、加工、观赏三大类，鲜食桃还可分为普通桃、油桃、蟠桃、油蟠桃，各个类型中还有白肉和黄肉之分。果实不耐贮运，为了满足市场供应，必须栽植不同成熟期的品种，以保证每个时间段都有品种成熟，供应市场，为此主栽品种较多，生产中的主栽品种接近100个。目前果实供应期，露地栽培为5~11月，设施栽培为3~5月，延迟栽培是11~12月或1月。

另外，桃树还有易流胶等特点，在制定栽培技术措施时要考虑到。

二 发展桃生产的意义

1. 满足人们对新鲜优质果品的需求

随着人们生活水平的不断提高，水果已成为人们日常生活中的必需品。在大中城市，人们对无公害和绿色果品的需求量呈现增加的趋势。桃芳香可口，适于各年龄段的人食用。

2. 农村重要的支柱产业

桃已由小杂果发展成为大宗果品，在我国水果业中位居第四位，在北方落叶果树中位居第三位，仅次于苹果和梨，在农村经济中发挥着重要作用。桃生产专业县、乡和村已大量涌现，成为当地的主要经济来源，可以带动相关产业的发展，如旅游、运输、包装、桃木工艺品等。

3. 桃及其加工品可出口

2015年我国出口鲜桃8600万千克，销售收入达1.33亿美元，占世界鲜桃出口市场份额的6%，鲜桃出口量排在世界第四位。出口国家主要有越南、哈萨克斯坦、俄罗斯、吉尔吉斯斯坦等。鲜桃主要来自于云南、新疆、山西、山东、广东、黑龙江、甘肃、辽宁、湖南、陕西等地区。2015年我国桃罐头的出口量为15.5万吨，出口额达到1.9亿美元。

4. 桃树在观光果园中发挥着越来越大的作用

观光农业是将农业景观转化为旅游景观的一种新型农业，它不同于以往的农业生产内容，也不同于传统的旅游业，是一种现代农业与旅游业相结合的新型旅游业。观光果园是果园的发展，是公园的派生，是两者的有机结合。近年来，“桃花节”“蟠桃会”“采摘节”的勃然兴起，为桃产业注入了新的生机和活力，传统的桃文化与现代品种、栽培模式的交汇，使得观光桃园成为观光果园的重要组成部分。

5. 种植桃树具有重要的生态意义

桃树为经济林木，在山区种植，能够带来经济效益，同时具有净化空气、水土保持、涵养水源和防风固沙的作用。

6. 扶贫致富的优选树种

桃树具有结果早、见效快的特点。很多贫困地区依靠种植桃树实现了脱贫致富的目标。贵州省岑巩县由于海拔较高，地处偏僻，经济十分落后，现通过种植水蜜桃已使大部分果农脱贫。

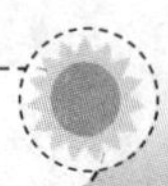

第二节　桃产业现状和发展趋势

一　我国桃产业现状

近十几年来，我国桃产业表现出以下特点：

1. 栽培面积和产量成倍增长，栽培区域明显扩大

据统计，2015 年我国桃树种植面积达 79.95 万公顷（1 公顷 = 10^4 米^2），总产量达 1287.41 万吨。我国桃的总产量由 1989 年的世界排名第六位跃居到 1994 年的世界排名第一位，2018 年度仍保持排名第一位。

种植区域方面逐渐扩大，我国共有 27 个省（市）区种植桃树，包括四川、湖南、湖北、云南、福建和广西等，产量排前十名的分别为山东、河北、河南、湖北、辽宁、陕西、江苏、北京、浙江、安徽，福建、广西和云南近几年发展迅速。

2. 品种趋于多样化，油桃、蟠桃和油蟠桃发展迅速

近几年，我国在桃品种选育方面取得了较大成绩，培育出一系列桃、油桃、蟠桃和油蟠桃新品种。在普通桃中，白肉水蜜桃仍占主导地位，不溶质桃（如霞脆等）呈发展趋势，随着鲜食黄肉桃新品种的培育和推广，鲜食黄肉桃正在被消费者接受。随着油桃新品种的不断培育及油桃无毛的优越性得到消费者的认可，油桃产业发展较为迅速；蟠桃面积也在不断扩大，产量不断增加。虽然油蟠桃新品种推出时间较短，但已吸引了消费者的眼球，满足了多样化需求，桃农表现出较大兴趣。随着桃加工品尤其是罐头制品出口量的增加，桃加工品呈现较好的发展势头，新产生了一批加工黄桃的生产基地。

3. 栽培方式向集约化迈进，设施栽培实现高效益

经过十几年的发展，设施栽培已接近饱和，不宜再扩大规模，主要是提高桃的品质和进一步延长其供应期。以高品质带动高效益。要低投入，高产出。要不断提高科技含量，将互联网引入设施栽培的各个环节。

4. 栽培新技术得到进一步推广

在桃树栽培过程中，长枝修剪、反光膜、缓释肥、节水、减肥减药等技术得到广泛应用。

5. 桃园生草和覆盖技术开始得到应用

桃园生草和覆盖技术的生态、培肥土壤的效应已显现，生产绿色果品和有机果品的桃园已将这两项技术列为主要管理措施。

6. 果品的安全性不断提高

随着人们安全意识增强，桃园病虫害的非化学防治技术（农业防治、物理防治和生物防治）正在被广泛应用。一批绿色桃果品得到认证，有机桃园在经济发达地区开始栽培试验。

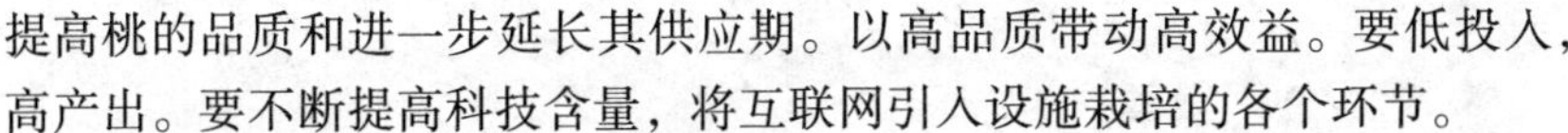

二 桃生产发展趋势

依据我国桃生产现状，桃品种已向区域化、多样化和特色化迈进，果实已向绿色化、优质化和品牌化转变，栽培已向规模化、标准化和集约化靠拢，主要表现在以下几个方面：

1. 果实品质

随着桃生产的发展，竞争会变得越来越激烈，将由数量竞争转变为果实品质竞争。品质包括外观品质和内在品质，外观品质主要表现为果实大小、果面着色、果实洁净度等；内在品质主要表现在果实可溶性固形物含量、果实口感、果实硬度和香味等。提高外观品质相对容易，提高内在品质是一项紧迫的任务，亟须重视。

2. 果品安全

当前食品安全已成为政府与消费者关注的焦点。在桃树上，就是要科学防治病虫害，提倡农业防治、生物防治、物理防治，科学地进行化学防治，严格按无公害果品（或绿色果品）生产要求使用农药，绝对不用剧毒农药，应用生物农药、矿物类农药和低毒农药，要把生产安全的桃果品放在重要位置。

3. 可持续发展

桃树是多年生果树，其经济寿命为 15~20 年。为此不要进行掠夺式经营，要从长计议，在生产优质果品的同时，注意科学投入、科学管理，使桃树生长健壮，从而达到高产、稳产、优质、高效。可与生草和种草结

合，与养殖结合，实现可持续发展。

4. 重视地下管理

桃树的浅层根系是根系的主要活动区域，对花芽的形成、果实品质的提高起着决定性作用，因此为浅层根系创造一个极为优良的环境条件，使其处在温湿度稳定、有机质含量丰富的条件下非常重要。可以采用重施有机肥、桃园生草与覆盖、科学使用化学肥料等措施。

5. 规模化

一家一户的小规模经营，不仅难以实现小生产与大市场的有效对接，而且不能产生规模效益。按照依法自愿有偿的原则，发展多种形式的适度规模经营，可实现农业规模效益。专业大户、家庭农场、农民专业合作社等都是推进农业规模化经营的重要形式。随着土地流转，在我国各桃主产区已涌现出一批以经营桃为主要内容的家庭农场、农民专业合作社等。

6. 机械化

传统农业主要是由劳动者运用简陋的劳动工具，以人力和畜力来驱动的，劳动用工多，体力强度大，农业劳动生产率低，农业竞争力不强。与传统农业相区别，机械化是现代农业的主要标志，在现代农业中，各种农业机械和大棚温室设施得到广泛应用。农业机械和现代设施装备把大工业的成果引入农业生产过程，已大大提高农业劳动生产率、资源利用转化率和农产品商品率。随着机械化水平的提升，必须要求农机与农艺相结合，研制适于桃树现代种植模式的桃园机械。

7. 功能多样化

发展休闲观光农业、乡村旅游农业、体验农业、文化农业、都市农业等多功能农业，不仅可满足人们日益增长的物质文化与精神生活需求，而且能倡导健康的生活理念，保护自然生态环境。更为重要的是，这样做可延长农业产业链，平抑农业经营环节的风险，提高农业附加值，增加农业对经济、政治、社会、文化、生态建设的支撑作用。

8. 品牌化

品牌化是市场化经营的必然结果，已经成为农业现代化的核心标志。在我国市场经济越来越成熟的条件下，果品市场的竞争也更加激烈。这种竞争不再是低级阶段简单的数量和价格的竞争，而是上升为较高阶段的品牌竞争。也就是说，现在及今后果品市场竞争的焦点就是品牌。要使自己的果品具有较强的市场竞争力，并占有一定的市场份额，就必须要有代表自己身份标志的品牌。

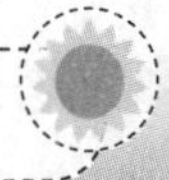

第三节 我国桃产业存在的问题及主要对策

一 存在的主要问题

1. 区域优势不明显，区域化程度不够

主要是种植分散，相对不集中。没有因地选择品种，没有摸清每个品种的最适生态区，对某一地区最适合发展什么品种也没有进行深入细致研究，导致在桃产业发展中盲目引种栽培，一些地区出现了“栽了刨，刨了栽”的现象。

2. 品种结构不合理

主要表现为早熟品种比例大，晚熟品种比例小；加工专用品种比例小，特别是制汁和制罐品种；鲜食黄肉桃、优质蟠桃和优质油桃比例小。

3. 果品质量差

经过对市场上桃样品的抽样测定结果分析，发现大多数的桃徒有漂亮的外观，内在品质欠缺，具体表现为果个大、外观漂亮、可溶性固形物含量低、果实发涩、口味淡、纤维含量高等。

果品质量差的原因有很多，除市场缺乏有效的分级标准，无法与果实内在品质挂钩之外，还有以下 4 个方面：

1）种植密度过大，冠内枝量大，留果量过多，产量过高，树冠极易郁闭，树体光照较差。

2）化肥施用量大。由于过分追求产量，导致化肥施用过量，尤其是氮肥施用量大，使果实风味变淡等。大量施用化肥会破坏土壤结构，减少土壤中有益微生物的数量，还可导致土壤中的养分比例失调，并污染土壤和水。化肥施用过量，破坏了土壤系统，形成了恶性循环，造成桃树对化肥的过多依赖。

3）土壤有机质含量不足。目前我国桃园土壤有机质含量不足 1%或接近 1%，与国外的 3%~5%相差甚远。有机肥施入量减少，多采用土壤清耕除草或应用化肥除草剂，修剪下的枝条应全部移出果园或被烧掉。若产量的增加主要靠施入大量的化肥，会导致土壤理化性差，肥料利用率低，保肥保水力差，树体和果实的生理病害也会越来越重。提高土壤有机质含量是一项长期的任务。

4）果实成熟期浇水过多或遇降水，影响果实的内在品质。在成熟期多次浇水，可促进果实长大，但是果实品质变差。成熟期遇大雨，果实病害发生会加重，同时雨水也使果实的可溶性固形物含量下降，影响果实品质。

4. 果品商品化处理相对滞后

我国桃产地采后处理的基础设施还不完善，分选、分级、预冷、冷藏运输和保鲜等采后处理技术问题均未得到有效解决，导致果实在采后流通过程中损失严重。果品商品化处理严重滞后，大多果实采后只进行了分级，没有进一步处理。尚未真正建立采后分选、清洗、包装等流程的专业机构，采后处理还主要依靠人工。

5. 良种繁育体系不健全，苗木市场混乱

良种繁育体系不健全，导致品种良莠不齐，病虫害蔓延，同时大量劣质品种苗木投向市场，给生产带来巨大损失。

二 主要对策

1. 发挥资源优势，加强品种区域化研究

加强品种区域化研究，尤其要对新培育的品种进行多点试验，确定每个品种的最适生态区及某一地区最适宜发展的品种。

2. 调整品种结构，注重多样化、优质化和特色化

适当发展油桃、蟠桃，增加花色品种，减缓发展早熟品种，适度加大晚熟品种的栽培面积，增加鲜食黄肉桃的栽培面积，稳定加工专用品种的栽培面积。

3. 加强苗木管理，规范苗木市场

农业有关部门不仅要加强新品种的审定工作，规范品种名称，还应将品种和苗木纳入法制化管理，避免桃农重复引种和引进经济效益低的品种，从而减少经济损失。

4. 研发具有我国特色的产后处理体系

完善桃主产区分级、包装、贮运等配套设施和交易场所。在积极引进、消化国外技术的基础上，结合我国国情，以降低生产成本和小型化为核心目标，研发并形成具有我国特色的分级、包装、贮运和加工等产后处理体系。

5. 加大科技投入，普及推广桃生产管理新技术

桃生产管理工作主要包括合理密植，科学修剪，适量留枝留果；加强土壤管理，重视有机肥和磷、钾肥的施用；搞好花果管理和病虫害防治，提高果实质量，生产无公害和绿色果品。

6. 创建品牌，发展区域特色

创建自己的品牌，以各级产业协会、合作社、公司化运作的企业及专业大户为主体，通过注册、认证、宣传、策划等方式打造精品品牌、经营管理品牌。建立技术规范，严格品牌标准，实行质量认证制度。基地和农户作为品牌产品的生产主体，以标准栽培方式参与和维护品牌的可信度，形成品牌的互动体系，经营品牌并使之发展成为名牌精品，不断丰富品牌的内涵和扩大品牌的外延。但要避免品牌多而杂，不能真正起到统一品牌的作用，反而阻碍品牌知名度的扩大和信誉度的提高。

第二章　桃的优良品种

第一节　桃品种的选择、配置及引种

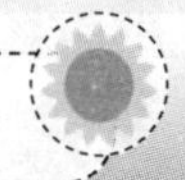

关键知识点：

品种是桃生产中最基本的要素。品种选择的正确与否，直接关系到将来能否获得高的效益。选择适宜的优良品种一直是人们普遍关心的热点问题。目前培育出的桃品种很多，但不会十全十美，对于一个品种要一分为二地看待，根据当地的实际情况选择适宜的品种。

一　桃的优良品种应当具备的特点

优良品种必须同时具备综合性状优良、优良性状突出，并且没有明显缺点，三者缺一不可。

1. 综合性状优良

综合性状包括果实的外观品质、内在品质、生长结果习性、丰产性和抗病虫性等，任何一个重要性状必须在良好或中等程度以上，这是优良品种的基础。

2. 优良性状突出

在综合性状优良的基础上，与同类品种比较，必须具备1个或1个以上的目前生产中亟须的主要性状，如成熟期极早或极晚、果实大、外观漂亮、耐贮运、品质好（含糖量高），抗性强等。

3. 没有明显缺点

优良品种必须没有明显缺点。如果有明显缺点，即使优良性状再突出，也不属于优良品种。例如，中华寿桃成熟期晚、果实大、优点突出，

但是裂果严重、抗寒性差，因此只能是优异资源，而不是优良品种。

当然，优良品种的基本要求不是一成不变的。不同地区对优良品种的要求也不相同。优良品种最好能够同时满足生产者、经营者和消费者的需求，并且有较强的抗性，最终需要由市场来检验。

二　选择桃品种应注意的问题

1. 品种的适应性

品种的适应性是进行品种选择时最基本的要素。根据品种的生长特性及对环境条件的要求，选择该品种适宜的栽培区域，同样根据某地区的自然生态条件选择当地适宜的品种，做到适地适栽。不同品种的适应性不同，有些品种适应性强，有些适应性弱。每个品种只有在其最适的条件下才能发挥其优良特性，产生最大的效益。一些地方特产品种，如肥城桃和深州蜜桃的适应性较差；雨花露、雪雨露、玫瑰露等品种在南北方表现均好；大久保在山区比在平原表现得好，在北方比南方表现得好。

2. 市场需求

要考虑 3 年后所选品种的销售市场定位，是本地还是外地，是南方还是北方；如果出口，出口到哪个国家。还要考虑不同消费地点的消费者对桃的要求，是甜还是酸甜，是离核还是黏核，果肉是白肉还是黄肉等。

3. 种植目的

提倡使用专用品种，不提倡使用兼用品种。桃农为了减轻市场风险，有时选用鲜食与加工兼用品种，或者鲜食与观赏兼用品种，往往事与愿违。

4. 承受风险的能力

桃农选择最新品种往往可以获得比较高的收益，但也存在失败的风险。在某一区域培育出来的新品种，引种到另一个地区后是否表现为优良品种，还要进行生态适应性的试验才能确定。对于承受风险能力弱者，可以选择已经过多年试验成功的品种，这类品种已适应当地气候和土壤条件，综合性状表现优良，通过加强栽培管理，便可以获得较高的收益。

5. 种植规模

种植规模大，要考虑选择几个成熟期不同的品种及各品种的栽植比例。种植规模小，品种数量要少些。如果种植品种过多，反而给栽培管理和销售带来不便。

6. 其他因素

例如，抗寒性、需冷量、花粉量、裂果等。

(1) 抗寒性 有的品种抗寒性较差，如中华寿桃和21世纪等。2002年冬季及2009年冬季，中华寿桃在河北的受冻率达80%以上，有的地区已“全军覆灭”。

(2) 花粉量 一个品种没有花粉是其缺陷，但不一定说这个品种就不是优良品种，关键是要采取相应的栽培技术。现在生产中的仓方早生、砂子早生、锦香、深州蜜桃、八月脆和华玉等品种没有花粉，但都具有很好的果实性状，如果实个大、硬度大、品质好等，因没有花粉或花粉量极少而导致坐果率偏低。通过试验，对这类品种采取相应的栽培技术（修剪和肥水）、配置适宜的授粉品种和进行人工授粉，是可以获得理想产量的。因为现在毕竟不是只追求产量的时代，品质才是第一位的，有时还要限制产量才能保证质量，所以不要因为无花粉就认为这样的品种不能栽。但是对无花粉品种进行人工授粉，增加了劳动力成本，各地要依据具体情况来选择是否栽培无花粉品种，如花期是否有足够的人力进行人工授粉。另外无花粉品种在花期遇不良天气，还有产量低的风险。

(3) 裂果 有些品种有裂果现象，如燕红、21世纪、中华寿桃及部分油桃品种等，尤其是成熟期正值雨季，会加重裂果。目前通过套袋可以减轻裂果，但是增加生产成本。

(4) 引种 引进国外品种时要注意是否是专利品种、是否经过检疫，国内品种是否经过鉴定、认定和审定。同样条件下尽量选择国产品种。

(5) 同物异名或同名异物 同物异名是指同一品种有不同的名称。例如，丰白品种有十余个名称，如杨屯大桃、熊岳巨桃、重阳红、天王和莱选1号等；中华寿桃也有几个名称。同名异物是指两个不同的品种却有相同的名称。所以在选择品种时，决不能只从名称上判定是否是新品种，要进行实际考察才可靠。

三 桃树引种应注意的问题

桃树是我国普遍栽培的一种果树，不同品种有其不同的适应范围，在一个地区表现好，到另一个地区并不一定还好。

1. 认真查询品种来源，推测品种的适应性

要了解品种的来源，包括其父本和母本、育成单位的地理位置、优缺点，然后分析它可能的适应性，再引种试验。

2. 是否通过审定

新品种通过审定才可进行推广，要尽量引进通过审定的品种。

3. 先引种试种，再扩大规模

结合当地的气候条件和市场需求，选择适销对路的品种进行试种。通过引种试验，充分了解该品种的果实经济性状、生物学特性、丰产性、适应性和抗逆性等，确认其表现优良再进行推广。在气候相似的地区也可以直接发展。

4. 尽量到品种培育单位去引种

为保证引种纯度，应尽量到品种培育单位进行引种。

5. 了解引种规律

一般情况下，南方培育的品种引种到北方更容易成功，反之则引种成功率相对较低。

四　品种选择的总要求

用于鲜食的品种要求是：品质好，果实个大，果形圆正，果顶凹或平，着色鲜艳，果实硬度大，不裂果，耐贮运，丰产性和抗逆性强等。

用于加工制罐的品种要求是：果肉为黄色、颜色纯正、不溶质、黏核、无红色素渗入，果实大小均匀、缝合线两侧对称，果肉厚、核小、不裂核，果肉褐变慢、具有芳香味，含酸量比鲜食品种稍高等。

用于制汁的品种要求是：出汁率≥60%，可溶性固形物含量≥10.0%，可滴定酸含量≥0.3%，单宁含量<7.0毫克/100克，单果重≥75.0克，肉质为溶质，红色素少，色泽为橙黄色或乳白色，褐变程度轻。

五　授粉品种的配置

1. 无花粉品种配置授粉品种的必要性

桃多数可自花结实，不用进行人工授粉便可以获得理想的产量。一些品种无花粉如砂子早生、岗山白、八月脆、锦香、华玉、仓方早生、深州蜜桃、早凤王和丰白等，自花不能结果，如果不配置授粉品种，将不能获得理想的产量，因此在建园时必须配置授粉品种。授粉品种应该与主栽品种有同等的经济价值，花期相遇或较早，亲和力良好，能产生大量的花粉。有一些品种本身有花粉，但是自花结实率低，若配以授粉树会提高坐果率，如曙光油桃等。

2. 授粉品种的配置数量

在前些年，为桃配置授粉品种的比例一般参照苹果和梨采用的比例，即授粉品种与主栽品种的栽植比例为1∶(4~5)，但桃不同于苹果和梨。主要是苹果和梨本身均有花粉，只是自花结实率低，其昆虫授粉效率高，所以说1∶(4~5)的比例是完全够用的。桃由于自身无花粉，蜜蜂不去无花粉的花上采粉，只是采蜜的才光顾，而采蜜的蜜蜂身上粘着的花粉较少，蜜蜂授粉的效率就较低。试验证明，要收到较好的蜜蜂传粉的效果，应加大蜜蜂的数量，而且还要加大授粉品种的栽植比例，使之达到1∶1。

第二节　普通桃品种

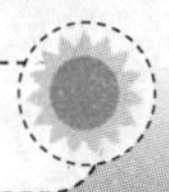

关键知识点：

普通桃品种主要是指果实有毛，果形为圆形或近圆形的白肉或黄肉桃品种，包括蜜桃类、水蜜桃类、硬肉桃类和黄肉桃类等及其相互杂交育成的品种，在我国栽培面积最大，也是我国培育历史最长、培育品种最多的类型，其性状完善程度远远好于油桃和蟠桃。我国普通桃育种有40余年的历史。

普通桃品种的主要优点是：数量最多，成熟期基本无空档，选择余地较大；果个较大；品质较好，风味较甜；劣质性状相对较少。

一　早熟品种

1. 早美

(1) 品种来源　北京市林业果树科学研究院于1981年以庆丰为母本、朝霞为父本杂交育成的极早熟白肉桃品种。

(2) 物候期　在石家庄地区于3月中旬萌芽，4月上中旬盛花，5月底~6月上旬果实成熟，果实发育期为50~55天。

(3) 果实性状　果实近圆形，平均单果重97克，大果重168克。果顶圆，缝合线浅，两侧较对称。色泽鲜艳，果皮底色为黄绿色，果面的1/2至全果面着玫瑰红色细点或晕，茸毛短。果肉呈白色，近核处与果肉同色，硬溶质，完熟后柔软多汁，风味甜，可溶性固形物含量为8.5%~10.5%。黏核。

（4）生长结果习性　树势强健，树姿半开张。各类果枝均能结果，花芽起始节位为第 1~2 节。花为蔷薇型，花粉量大。丰产性强。

（5）栽培要点　加强疏花疏果，增施有机肥，适时采收。

（6）综合评价　早美为极早熟桃品种之一，果实较大，颜色红，硬度较大，品质优。

2. 春蜜

（1）品种来源　中国农业科学院郑州果树研究所于 2008 年以 89-3-16（早红 2 号×法国离核蟠桃）为母本、SD9238（瑞光 3 号×五月火）为父本杂交育成的早熟桃品种。

（2）物候期　在石家庄地区于 3 月中旬萌芽，4 月上中旬盛花，6 月中旬果实成熟，果实发育期为 70 天。

（3）果实性状　果实呈圆形或短椭圆形，果顶圆，偶有小凸尖。缝合线浅而明显，两侧较对称，成熟度一致。平均单果重 156 克，大果重 278 克。果皮底色为绿白色，成熟时全果面着鲜红色或紫红色，艳丽美观。果皮厚度中等，不易剥离。果肉为白色，溶质，较硬。风味甜，有香气，汁液中等，可溶性固形物含量为 11.5%。黏核。

（4）生长结果习性　树势中等偏旺，树姿较直立，成枝率高。各种果枝均可结果。复花芽多，花芽起始节位较低。花为蔷薇型，花粉量大。丰产性强。

（5）栽培要点

1）幼树期长势较旺，定植当年及时摘心并进行夏季修剪，可促进树冠形成，后期通过控水和控氮肥等措施控制营养生长，可促进花芽形成，冬季修剪宜轻。

2）进入盛果期后，注意多施有机肥，适当补充氮肥。

3）及时疏果，以促进果实膨大和提高品质。

（6）综合评价　早熟，果面全红，耐贮运，品质佳。

3. 雪雨露

（1）品种来源　浙江省农业科学院园艺研究所于 1987 年以白花水蜜为母本、雨花露为父本杂交选育成的早熟水蜜桃品种。

（2）物候期　在石家庄地区于 3 月中下旬萌芽，4 月上中旬盛花，6 月下旬果实成熟，果实发育期为 75~78 天。

（3）果实性状　果实呈圆形，平均单果重 198 克，大果重 355 克。果顶平或稍凹，缝合线浅，两侧对称。果皮为浅绿白色，果实着色面积在

60%以上，外观美丽。果皮厚，不易剥离。果肉为白色，肉质较硬，纤维含量低，汁液较多，风味浓甜，可溶性固形物含量为11%~14%。黏核或半离核。无裂果和采前落果。

（4）生长结果习性 树势中庸，树姿半开张。枝条节间短，成枝力强。复花芽多，花芽起始节位为第2~3节。各类果枝均能结果。花为蔷薇型，花粉量大，坐果率高，极丰产。

（5）栽培要点

1）及时疏果，控制产量。

2）搞好夏季修剪，提高果实品质。

3）注意增施有机肥。

（6）综合评价 早熟品种中鲜食品质最佳的品种之一，果个大，色艳，味甜，易栽培管理，坐果率高，抗逆性强。

4. 美硕

（1）品种来源 河北省农林科学院石家庄果树研究所于2002年从京玉实生苗中选育而成。

（2）物候期 在石家庄地区于3月中旬萌芽，4月上中旬盛花，6月下旬果实成熟，果实发育期为75天。

（3）果实性状 果实近圆形，平均单果重237克，大果重387克。果顶凹入，缝合线浅，两侧对称。果皮底色为黄绿色，果面着鲜红色，着色面积在70%以上。外观美丽，果皮中等厚，韧性大，成熟后易剥离。果肉为白色，近核处无红色。汁液量中等，纤维含量中等，风味甜，可溶性固形物含量为12.6%。果实硬度较大，较耐贮运，无裂果。黏核或半离核。

（4）生长结果习性 树势中庸，树姿半开张。幼树生长快，萌芽力中，成枝力强。花芽起始节位低，形成良好，复花芽多。长、中、短果枝均可结果，以健壮的中、短果枝结果为好。花为蔷薇型，花粉量大，自花结实率高，丰产性强。

（5）栽培要点

1）搞好疏花疏果，增施磷肥和钾肥，提高果实品质。

2）加强夏季修剪。

3）应及时采收。

（6）综合评价 果实个大，颜色鲜艳，外观美丽，鲜食品质好，有花粉，丰产性强，是一个优良的早熟品种。

5. 美博

（1）品种来源　河北省农林科学院石家庄果树研究所于 2015 年以甜丰为母本、玫瑰露为父本杂交育成的早熟桃品种（彩图 1）。

（2）物候期　在石家庄地区于 3 月中旬萌芽，4 月上中旬盛花，6 月下旬果实成熟，果实发育期为 82 天。

（3）果实性状　果实近圆形，平均单果重 310 克，大果重 620 克。果顶凹入，缝合线浅，两侧对称。果皮底色为黄绿色，果面着鲜艳的红色，着色面积达 80%。外观美丽，果皮中等厚，韧性大，不易剥离。果肉为白色，近核处无红色。汁液量中等，纤维含量中等，风味甜，可溶性固形物含量为 12.6%。果实硬度较大，较耐贮运，无裂果。黏核或半离核。

（4）生长结果习性　树势强，树姿较直立。幼树生长快，萌芽力中等，成枝力强。花芽起始节位低，形成良好，复花芽多。长、中、短果枝均可结果，以健壮的中、短果枝结果为好。结果枝上盲节较多。花呈铃形，花粉量大，自花结实率高，丰产性强。

（5）栽培要点

1）幼树直立性强，生长旺，结果晚，应控制生长势。

2）加强夏季修剪。

3）搞好疏花疏果，增施磷肥和钾肥，提高果实品质。

（6）综合评价　果实个大，在同期成熟的品种中果个是最大的。另外，颜色鲜艳，外观美丽，鲜食品质好，有花粉，丰产性强，是一个优良的早熟品种。

6. 春美

（1）品种来源　中国农业科学院郑州果树研究所于 2008 以桃杂种单株 89-3-16 为母本、半矮生油桃单株 SD9238 为父本杂交培育出的早熟、全红、大果型桃新品种。

（2）物候期　在石家庄地区于 3 月中旬萌芽，4 月上中旬盛花，6 月底~7 月初果实成熟，果实发育期为 80 天。

（3）果实性状　果实呈椭圆形或圆形，平均单果重 176 克，大果重 310 克。果顶圆，缝合线浅而明显，两侧较对称，成熟度一致。果面茸毛量中等。果皮底色为绿白色，大部分或全果面着鲜红色或紫红色。果皮厚度中等且不易剥离。果肉为白色，纤维含量中等，汁液量中等，硬溶质，果实成熟后留树时间可在 10 天以上。风味甜，有香气，可溶性固形物含量为 11%~14%。黏核。多年观察未发现裂果现象。

（4）生长结果习性　树势中等，树姿较开张。各类果枝均能结果，以中果枝结果为主。花芽起始节位低，复花芽多。花为蔷薇型，花粉量大，自花结实率高，丰产性强。

（5）栽培要点

1）严格疏果。每亩（1 亩≈667 米^2）产量控制在 2500 千克左右。

2）适时采收。生产中待果实充分成熟后再采收。

（6）综合评价　早熟、硬肉、全红、果个大、品质好，有较好的发展前景。

7. 霞晖 5 号

（1）品种来源　江苏省农业科学院园艺研究所于 1981 年以朝晖为母本、中熟优质桃品系 63-17-1 为父本杂交选育而成的早中熟桃品种。

（2）物候期　在石家庄地区于 3 月中旬萌芽，4 月上旬盛花，7 月中旬果实成熟，果实发育期为 95 天。

（3）果实性状　果实呈圆形，果顶圆平。平均单果重 160 克，大果重 250 克。果皮为乳白色，有玫瑰色红霞。果肉为白色，肉质为软溶质，纤维含量低，风味甜，有香气，可溶性固形物含量为 13%。黏核。

（4）生长结果习性　树势中庸，树姿半开张。花芽着生部位低，复花芽多。初结果树以长、中果枝结果为主，进入盛果期后，各类结果枝均结果良好。花为蔷薇型，花粉量大，自然坐果率高，丰产性强。

（5）栽培要点

1）应适时适量疏果，以利于增大果个。

2）果实成熟后易软，要及时采收。

（6）综合评价　优质的早中熟优良品种。风味甜，肉质软。

8. 霞脆

（1）品种来源　江苏省农业科学院园艺研究所于 2003 年以雨花 2 号为母本、77-1-6［（白花×桔早生）×朝霞］为父本杂交育成的早中熟桃品种。

（2）物候期　在石家庄地区于 3 月中旬萌芽，4 月上中旬盛花，7 月中旬果实成熟，果实发育期为 88 天。

（3）果实性状　果实近圆形，平均单果重 165 克，大果重 300 克。果顶圆，两侧较对称。果面茸毛量中等，果皮不易剥离，果面 80%以上着玫瑰色红霞。果肉为白色，不溶质，耐贮运性好，常温下可存放 1 周。风味甜香，可溶性固形物含量为 11%~13%。黏核。

（4）生长结果习性　树势中庸，树姿半开张。初结果树以长、中果枝结

果为主，进入盛果期后，各类结果枝均结果良好。花芽着生部位低，复花芽多。花为蔷薇型，花粉量大，自然坐果率高，丰产性强。无采前落果现象。

（5）栽培要点

1）坐果率高，需合理疏果。

2）果实肉质为不溶质，果实成熟后仍然可挂在树上，有较长的采收期，因此可在果实充分成熟后采收。

（6）综合评价　果肉为不溶质，耐贮运性好，品质优良，果实商品率高，具有良好的发展前景。

9. 金陵黄露

（1）品种来源　江苏省农业科学院园艺研究所 2015 年以 99-8-3 为母本、Springbaby 为父本杂交育成的早熟黄肉桃品种。

（2）物候期　在南京地区于 3 月初萌芽，3 月下旬盛花，6 月下旬果实成熟，果实发育期为 92 天左右。

（3）果实性状　果实呈圆形，平均单果重 226 克，大果重 385 克。果顶圆平，两侧较对称，缝合线浅，梗洼的深度和宽度中等。果皮底色为黄色，果面 60%以上着红霞。果皮厚度中等，难剥离。果肉为黄色，纤维含量中等，汁液量中等，硬溶质，风味甜香，可溶性固形物含量为 12.1%。黏核。

（4）生长结果习性　树体生长健壮，树姿半开张。萌芽率、成枝力中等。长、中、短果枝均能结果，幼树以长、中果枝结果为主。花芽起始节位为第 2~4 节。花为蔷薇型，雌蕊与雄蕊等高或稍高于雄蕊，有花粉，花粉量大。自然坐果率高，结果性能良好。

（5）栽培要点

1）尽早疏花疏果，合理负载，增大果个，提高果实的商品性。

2）适时采收，不宜早采。

二　中熟品种

1. 早玉

（1）品种来源　北京市林业果树科学研究院于 1994 年以京玉为母本、瑞光 3 号为父本杂交育成的中熟硬肉桃品种。

（2）物候期　在北京地区于 3 月下旬萌芽，4 月下旬盛花，7 月中下旬果实成熟。果实发育期为 93 天左右。

（3）果实性状　果实近圆形，平均单果重 195 克，大果重 304 克。果

顶凸尖。缝合线浅，梗洼的深度和宽度中等。果皮底色为黄白色，果面1/2以上着玫瑰红色。果皮厚度中等，不能剥离。果肉为白色，皮下有红丝，近核处有少量红色。肉质为硬肉，汁液少，纤维含量低，风味甜，可溶性固形物含量为13%。离核，核与果肉间的空腔小。

(4) 生长结果习性 树势中庸。花芽形成好，复花芽多，花芽起始节位为第1~2节。各类果枝均能结果，幼树以长、中果枝结果为主。花为蔷薇型，花粉量大，丰产性强。

(5) 栽培要点

1）丰产性强，树势易衰弱，注意增施磷、钾肥。

2）合理疏果，提高品质。

3）适时采收，过熟后易落果，果肉粉质化，风味品质下降。

(6) 综合评价 果个大，风味甜，硬肉，离核，早果丰产，商品性优，是目前国内优良的中熟品种。

2. 美锦

(1) 品种来源 河北省农林科学院石家庄果树研究所于2008年以京玉为亲本，通过自交培育出的中熟鲜食黄肉桃品种（彩图2）。

(2) 物候期 在石家庄地区于3月中下旬萌芽，4月中旬盛花，花期稍晚。7月下旬果实成熟，果实发育期为100天，果实采收持续期长达20天。

(3) 果实性状 果实近圆形，平均单果重240克，大果重290克。果顶圆平，缝合线浅，两侧对称，梗洼的深度和宽度中等。果皮底色为黄色，果面50%以上着鲜红色晕。果肉金黄，硬溶质，风味甜，可溶性固形物含量为12.7%。离核。

(4) 生长结果习性 树势强健，树姿半开张。结果枝较细，不易分枝。花芽起始节位为第2~3节，复花芽居多。长、中、短果枝均可结果。花为蔷薇型，花粉量大，自花坐果能力强，极丰产。

(5) 栽培要点 及时合理疏果，控制负载量。

(6) 综合评价 我国培育的第一个优质、离核、鲜食、黄肉、耐贮运的中熟桃品种。适应性强，品质佳。果实树上采收持续期长。

3. 霞晖6号

(1) 品种来源 江苏省农业科学院园艺研究所于1981年以朝晖为母本、雨花露为父本杂交培育而成的中熟桃品种。

(2) 物候期 在石家庄地区于3月中旬萌芽，4月上中旬盛花，7月

中旬果实成熟，果实发育期为100天。

（3）果实性状　果实呈圆形，平均单果重280克，大果重310克。果顶圆且微凹，果面平整，两侧较对称，缝合线浅，梗洼的深度和宽度中等。果皮底色为乳黄色，果面着玫瑰色红霞，外观美丽，果面茸毛量中等，果皮厚度中等，易剥离。果肉为乳白色，肉质细腻，硬溶质，近核处与肉色相同。纤维含量中等，汁液多。风味甜，有香气，可溶性固形物含量为12.6%。黏核。

（4）生长结果习性　树体生长健壮，树姿半开张。花芽着生部位低。花为蔷薇型，花药为橘黄色，花粉量大。

（5）栽培要点

1）幼树夏季应多次摘心，促进分枝，扩大树冠，冬季则宜轻剪长放，缓和树势，促进花芽的形成，提早结果。

2）自然坐果率高，需及时进行疏果，以增大果个，提高优质果率。

3）及时采收。

（6）综合评价　果形圆整，外观美丽，风味甜，品质优良，硬度低，属于水蜜桃。丰富优化了中熟桃品种的组成。适应能力强，丰产稳产，易于栽培管理，经济效益高，为一个优良的中熟水蜜桃品种。

三　晚熟品种

1. 华玉

（1）品种来源　北京市林业果树科学研究院于1990年以京玉为母本、瑞光7号为父本杂交育成的晚熟桃品种。

（2）物候期　在石家庄地区于3月中旬萌芽，4月上中旬盛花，8月中下旬果实成熟，果实发育期为125天左右。

（3）果实性状　果实近圆形，平均单果重270克，大果重400克。果顶圆平，缝合线浅，梗洼深度和宽度中等。果皮底色为黄白色，果面1/2以上着玫瑰红色或紫红色晕，外观鲜艳，茸毛量中等。果皮厚度中等，不易剥离。果肉为白色，皮下无红色，近核处有少量红色。肉质硬，细而致密，汁液量中等，纤维含量低，风味甜，可溶性固形物含量为13.5%，有香气。果肉不易褐变，耐贮运。核较小，离核。

（4）生长结果习性　树势中庸，树姿半开张。花芽形成良好，复花芽多，花芽起始节位为第1~2节，各类果枝均能结果，以长、中果枝为主。花为蔷薇型，花药为黄白色，无花粉，雌蕊高于雄蕊，较丰产。

（5）栽培要点

1）配置授粉品种，比例为1：1，并进行人工授粉。

2）增施磷、钾肥和有机肥，提高果实的内在品质。

3）果实着色期间进行修剪，使其通风透光良好。

4）需进行套袋栽培。

5）充分成熟后再采收。

（6）综合评价 果个大、品质优、硬度大、离核的晚熟桃优良品种，缺点是无花粉。

2. 秦王

（1）品种来源 西北农林科技大学园艺学院果树研究所于2000年用大久保自然授粉实生选种方法培育而成的晚熟桃品种。

（2）物候期 在石家庄地区于3月中旬萌芽，4月上中旬盛花，8月中旬果实成熟，果实发育期为130天左右。

（3）果实性状 果实呈圆形，平均单果重245克，大果重650克。果顶凹入，缝合线浅，两侧较对称。果皮底色为白色，阳面有玫瑰红色晕和不明晰条纹，外观鲜艳。果肉为白色，不溶质，肉质硬，纤维含量低，汁液较少，风味甜，品质优，可溶性固形物含量为12.7%。黏核，核较小。

（4）生长结果习性 树势中庸，树姿半开张。花芽着生节位低，复花芽多。长、中、短果枝均可结果，幼树以长、中果枝结果为主，盛果期以短果枝结果更好。花为蔷薇型，有花粉，自花结实力强，丰产性强。

（5）品种适应范围 适宜我国北方桃主产区。

（6）栽培要点

1）严格疏果，控制产量。

2）可以到果实充分成熟后再采收。

3）需套袋栽培。

（7）综合评价 优良晚熟、耐贮运的鲜食桃品种。果实个大，着色鲜艳，外观美，鲜食品质佳，耐贮运，栽培管理容易。

3. 美帅

（1）品种来源 河北省农林科学院石家庄果树研究所于2005年以大久保为母本、自育优系90-1（八月脆×京玉）为父本进行杂交培育的晚熟桃品种（彩图3）。

（2）物候期 在石家庄地区于3月中旬萌芽，4月上中旬盛花，8月

中旬果实成熟，果实发育期为 127 天。

（3）果实性状　果实呈圆形，平均单果重 275 克，大果重 410 克。果顶凹入或平，缝合线浅，两侧较对称。果皮底色为白色，果面 80%以上着鲜艳的红色，外观鲜艳。果肉为白色，近核处微红。果实硬度大，风味甜，香味浓郁，品质优，可溶性固形物含量为 12.6%～13.2%。离核，核较小。

（4）生长结果习性　树势较强，树姿半开张。复花芽多，花芽起始节位低。长、中、短果枝均可结果，幼树以长、中果枝结果为主，盛果期以健壮的中、短果枝结果。花为蔷薇型，花粉量大，坐果率高，丰产性强。

（5）栽培要点

1）注意疏花疏果，控制负载量。

2）果实着色期间适量进行夏季修剪，促进果实着色，提高品质。

3）果实可以到充分成熟后采收。

4）可以进行套袋栽培。

（6）综合评价　果个大、品质优、离核、着色鲜艳、外观美、晚熟、较耐贮运，花粉量大，丰产性强，栽培管理容易。

4. 锦绣

（1）品种来源　上海市农业科学院园艺研究所于 1973 年以白花水蜜为母本、云署 1 号为父本杂交选育而成的晚熟黄肉桃品种。

（2）物候期　在石家庄地区于 3 月中旬萌芽，4 月上中旬盛花，8 月中下旬果实成熟，果实发育期为 133 天。

（3）果实性状　果实呈椭圆形，平均单果重 150 克，大果重 275 克。果顶圆，顶点微凸，两侧不对称。果皮底色为金黄色，果面 30%着玫瑰红色晕。果皮厚，可剥离。果肉为金黄色，近核处着放射状紫红色晕或玫瑰红色晕，硬溶质，风味甜微酸，香气浓，可溶性固形物含量为 12%～13%，黏核。

（4）生长结果习性　树势中等，树姿较开张。花芽起始节位为第 2～3 节，复花芽居多，以长、中果枝结果为主。花为蔷薇型，花粉量大，自花坐果率高，丰产性强。

（5）栽培要点

1）严格疏花疏果。

2）增施有机肥，提高果实品质。

3）需套袋栽培。

（6）综合评价　晚熟鲜食与加工兼用黄桃品种，鲜食品质较好，丰产。

5. 燕红

（1）品种来源　亲本不详。1952年北京市东北义园从偶然实生苗中选出。

（2）物候期　在石家庄地区于3月中旬萌芽，4月上中旬盛花，8月下旬果实成熟，果实发育期为130天。

（3）果实性状　果实近圆形，平均单果重220克，大果重650克。果顶微凹，缝合线浅而明显，两侧较对称，果形整齐。果皮底色为乳白色，全面着暗红色，套袋后为红色，茸毛少，完熟后果肉软化，果皮易剥离。果肉为乳白色，近核处为红色，肉质致密，纤维含量低，汁液多。风味甜，有香气，可溶性固形物含量为13.6%。黏核。

（4）生长结果习性　树势强健。以长、中果枝结果为主。花芽着生节位较低，复花芽多，丰产性良好。花为蔷薇型，粉红色，雌蕊与雄蕊等高，花粉量大。

（5）栽培要点

1）注意疏花疏果。

2）增施有机肥，提高果实品质。

3）需套袋栽培，一是防止果实裂果，二是可使果实着色鲜艳。

4）果实膨大期雨水多时伴有裂果发生，要注意排水和适时灌水。

（6）综合评价　大果型晚熟品种，外观美，品质优，产量高。

6. 有明

（1）品种来源　韩国以大和早生为母本、砂子早生为父本杂交育成的晚熟桃品种。

（2）物候期　在石家庄地区于3月中旬萌芽，4月上中旬盛花，8月中下旬果实成熟，果实发育期为130~140天。

（3）果实性状　果实近圆形，稍扁。平均单果重320克，大果重450克。果顶圆平，缝合线浅，两侧对称，梗洼宽而深。茸毛稀而短。果皮底色为乳白色，在果顶、缝合线、向阳面50%着鲜红色。果皮不易剥离，厚而韧性大。果肉为白色，质地为不溶质，果肉较厚。汁液少，纤维含量低，果实硬度大。风味甜，可溶性固形物含量为13.1%。无裂果和裂核。黏核，核小。

（4）生长结果习性　树势较强，树姿半开张。幼树成花早，花芽着

生节位低，复花芽多，长、中、短果枝均能结果，幼树以长、中果枝结果为主，盛果期以中、短果枝结果更好。花为蔷薇型，花粉量大，坐果率高，丰产性强。

（5）栽培要点

1）及时疏果。

2）采收前进行夏季修剪，改善光照条件，促进着色。

3）果实充分成熟后再采收。

（6）综合评价　优良的晚熟运桃品种。果实个大，着色鲜艳，品质优，耐贮运性强。

7. 秋燕

（1）品种来源　河北省农林科学院昌黎果树研究所于2015年从燕红自然实生选育出的晚熟桃品种。

（2）物候期　在昌黎地区4月上旬花芽萌动，4月末~5月初盛花，9月上中旬果实成熟，果实发育期为130天左右。

（3）果实性状　果实近圆形，果顶圆平或稍凹，缝合线浅，两侧对称。平均单果重298克，大果重410克。果皮底色为绿白色，果面90%以上着深红色。茸毛较短，中等密度。果皮不易剥离。果肉为黄白色，皮下具红色素，硬溶质，汁液量中等，风味甜，可溶性固形物含量为12.5%。黏核，不裂果。果实硬度大，耐贮运性强。

（4）生长结果习性　树体健壮，生长势强，树姿半开张，萌芽率高，成枝力强。花为蔷薇型，花粉量大。花芽起始节位为第2~3节，复花芽多。各类果枝均可结果，自花结实。

（5）栽培要点　果实着色容易，自然条件下着色较深，建议采用套袋栽培，纸袋宜选择质量可靠的双层袋，摘袋时期可根据市场需求提早或延迟。

（6）综合评价　优质的晚熟桃品种。果个大，品质好，风味甜，硬度大，适应性好，抗逆性强。

8. 北京晚蜜

（1）品种来源　北京市林业果树科学研究院于1987年选育出的晚熟桃优良品种。

（2）物候期　在石家庄地区于3月中旬萌芽，4月上中旬盛花，9月中下旬果实成熟，果实发育期为160~165天。

（3）果实性状　果实近圆形，平均单果重250克，大果重450克。果顶圆，微凸，缝合线浅。果皮底色为浅绿色至黄白色，果面1/2以上着红色晕，不易剥离，不裂果。果肉为白色，近核处为红色，硬溶质，完熟后多汁，风味甜，有淡淡的香味，可溶性固形物含量为12.6%。黏核，核较小。较耐贮运。

（4）生长结果习性 树势强健，树姿半开张。花芽起始节位为第1~2节，复花芽多。幼树期以长果枝结果为主，进入盛果期后各类果枝均能结果。花为蔷薇型，花粉量大，丰产性强。

（5）栽培要点

1）按要求进行疏花疏果。

2）加强夏季修剪。

3）干旱地区采收前1个月应灌水，并增施速效钾肥，以利于果实增大和着色。

4）套袋栽培。

（6）综合评价 此为河北省中部及以北地区供应中秋节及国庆节的适宜品种。果实个大，色泽艳丽，含糖量高，风味佳。

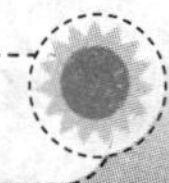

第三节　油桃品种

关键知识点：

油桃是普通桃的变种，原产于我国。20世纪70~80年代初，我国从国外引入了一批油桃品种，主要特点是果实硬度大，外观美，着色鲜艳，较耐贮运，果实风味较酸。我国从20世纪80年代初期开始油桃育种。油桃具有果面光滑无毛，果面光洁；着色好，外观鲜艳，风味浓郁等优点。

目前我国生产上的主栽品种多数为自育品种，与国外品种相比，虽然在着色、颜色、风味、果个等方面有了较大改观，但仍存在一些问题。品种数量相对较少，选择的余地较小。易裂果，失去商品价值。与普通桃相比，果个偏小。但在早熟品种中，单果重相差比例要小一些。最近几年培育的新品种在单果重方面有所增加，如中油金硕油桃大果可重达500克以上。国外油桃品种颜色和硬度较好，但大多数风味偏酸，桃农在施入大量化肥（尤其是氮肥）的情况下，酸味更大。产量相对较低。油桃在雨水

较大的年份，其果实易遭受蜗牛危害。

一　早熟品种

1. 金山早红

（1）品种来源　江苏省镇江市象山果树研究所于1995年在早红宝石引种圃中发现的芽变品种。

（2）物候期　在石家庄地区于3月中旬萌芽，4月上中旬盛花，6月中旬果实成熟，果实发育期为65天。

（3）果实性状　果实近圆形，平均单果重130克，大果重240克。果顶凹入，缝合线浅，两侧对称。果皮底色为黄色，果面为宝石红色，着色面积达80%以上，果皮不易剥离。果肉为黄色，肉质细脆，硬溶质，风味浓甜，香味浓，可溶性固形物含量为11%~13%。黏核。

（4）生长结果习性　树势较强，树姿半开张。长、中、短果枝均可结果，长果枝前端常可结出1个大果。花为蔷薇型，雌蕊比雄蕊高，花粉量大，丰产性较强。

（5）栽培要点

1）配置授粉品种可提高坐果率。

2）及时进行夏季修剪。

3）多施有机肥和磷、钾肥，可提高品质。

4）冬季修剪时采用长枝修剪，不短截，增加留枝量，尤其是中、短果枝。

5）及时采收。果个较大的果实，尤其是树冠上部枝头的果实易在缝合线处裂果，应及时采收。

（6）综合评价　早熟油桃优良品种。果个大，鲜食品质佳，果实硬度大，果肉脆，口感好，商品价值高，裂果少，近全红。

2. 中农金辉

（1）品种来源　中国农业科学院郑州果树研究所于2009年以瑞光2号为母本、阿姆肯为父本杂交育成的早熟油桃品种（彩图4）。

（2）物候期　在石家庄地区于3月中旬萌芽，4月中旬盛花，6月中下旬果实成熟，果实发育期为70~75天。

（3）果实性状　果实呈椭圆形，平均单果重163克，大果重252克。两侧对称，果顶圆凸，梗洼浅，缝合线明显且浅。果皮底色为黄色，果面80%着鲜红色晕。果皮无毛，并且不易剥离。果肉为橙黄色，硬溶质，纤维含量中等，汁液多，有香味，风味甜。黏核。可溶性固形物含量为12%~14%，果实硬度大，耐贮运。

(4) 生长结果习性 树势健壮。长、中、短果枝均能结果。复花芽较多，花芽起始节位为第1~2节。需冷量少，为650~700小时。花为蔷薇型，花粉量大，坐果率高，丰产性强。

(5) 栽培要点

1）主枝开张角度应适当偏小，一般主枝开张角度为40~45度。

2）徒长性结果枝在长放的情况下可以坐果，幼树可以利用旺枝提前结果。

3）坐果率高，需严格疏花疏果。

4）可以在果实充分成熟后再采收。

(6) 综合评价 早熟，个大，硬度较大，品质佳，风味甜；果顶圆凸，有时有小尖。

3. 中油4号

(1) 品种来源 中国农业科学院郑州果树研究所于2003年以瑞光16号为母本、五月火为父本杂交育成的早熟黄肉油桃品种（彩图5）。

(2) 物候期 在石家庄地区于3月中旬萌芽，4月上中旬盛花，6月底~7月初果实成熟，果实发育期为80天左右。

(3) 果实性状 果实近圆形，平均单果重160克，大果重200克。果顶圆，两侧对称，缝合线较浅，梗洼中深。果皮底色为浅黄色，成熟后全面着深红色，树冠内外果实着色基本一致，光洁亮丽。果肉为橙黄色，硬溶质，肉质细脆，可溶性固形物含量为11%~15%，风味浓甜，品质佳。核小，黏核。不易裂果，耐贮运。

(4) 生长结果习性 树势中庸偏强，树姿开张。萌芽率高，成枝力中等。幼树以长果枝结果为主，易成花。花为铃形，有花粉，自然坐果率高。早果性强，极丰产。适应性和抗逆性强。

(5) 栽培要点

1）严格疏果，合理负载，控制产量在2000千克/亩。

2）多施有机肥，提高果实风味。

(6) 综合评价 早熟，品质佳，不易裂果，果实个大，果面全红，果实硬度大，耐贮运性好，丰产性强。该品种是我国露地和设施主栽品种，在各地广泛种植。

4. 双喜红

（1）品种来源　中国农业科学院郑州果树研究所于2003年以瑞光2号为母本、89-1-4-12（北京25-17×早红2号）为父本杂交育成的早熟黄肉油桃品种。

（2）物候期　在石家庄地区于3月中旬萌芽，4月上中旬盛花，7月上中旬果实成熟，果实发育期为85天。

（3）果实性状　果实呈圆形，平均单果重160克，大果重250克。果顶平，果尖凹入，两侧对称，梗洼浅，缝合线浅。果皮光滑无毛，底色为乳黄色，果面75%~100%着鲜红色至紫红色。果肉为黄色，硬溶质，风味浓甜，可溶性固形物含量为12.5%。半离核。

（4）生长结果习性　树势中庸，树姿较开张。萌芽力和成枝力均较强。复花芽居多，花芽起始节位为第3节，长、中、短果枝均可结果。花为铃形，雌蕊高于雄蕊或等高，花粉量大，丰产性强。

（5）栽培要点

1）配置授粉品种。双喜红的花具有柱头先出的现象，在生产中应配置授粉品种，并避免在易发生晚霜的地区种植。

2）适当晚采。该品种可在树上充分成熟后再采收。

3）冬季修剪时尽量采用长枝修剪，结果枝适当长留，坐果后再疏果，确保产量。

（6）综合评价　风味甜，着色好，果实硬度大，不裂果，是较好的油桃品种，唯果个偏小。

5. 中油金硕

（1）品种来源　中国农业科学院郑州果树研究所于2010年以早红2号为母本、曙光为父本杂交培育的油桃品种。

（2）物候期　在石家庄地区于3月中旬萌芽，4月上旬盛花，7月上中旬果实成熟，果实发育期为88天左右。

（3）果实性状　果实近圆形，果形正，两侧对称，果顶圆平，梗洼浅，缝合线明显、浅。果实大，平均单果重206克，大果重500克。果皮无茸毛，底色为黄色，果面80%以上着明亮的鲜红色。果皮不能剥离。果肉为橙黄色，硬溶质，耐贮运。汁液多，纤维含量中等。果实风味甜，可溶性固形物含量为12%，有香味。黏核。

（4）生长结果习性　树势较强。中、短果枝结果能力强。复花芽居多，花芽起始节位为第2节。花为蔷薇型，粉红色，雌蕊略高于雄蕊或等高，花粉量大。

（5）栽培要点

1）开花早，遇重霜前做好防霜准备，辅助人工授粉可以提高坐果率。

2）控制树势，修剪时多留中、短果枝。

3）在雨水多时，或者干旱时急灌大水的情况下，容易出现裂果，注意土壤水分管理，在多雨地区建议套袋栽培。

4）需冷量相对较少，设施栽培时可以较早升温。

（6）综合评价 早熟黄肉油桃品种。果个大是其主要特点。需冷量低，开花早，易遭受晚霜危害。

6. 中油 13 号

（1）品种来源 中国农业科学院郑州果树研究所于 2010 年以 94-1-47 为母本、中油 4 号为父本杂交育成的早熟白肉油桃品种。

（2）物候期 在石家庄地区于 3 月中旬萌芽，4 月上旬盛花，7 月上中旬果实成熟，果实发育期为 90 天左右。

（3）果实性状 果实呈圆形，平均单果重 210 克，大果重 270 克。果形端正，果顶平。果皮底色为白色，成熟时全面着鲜红色。果实大，果肉为白色，硬度中等，溶质，肉质细，汁液量中等，风味浓甜，皮下花色苷较多，果实的可溶性固形物含量为 13.7%。黏核，无裂核。

（4）生长结果习性 树势中庸，树姿较开张，萌发力、成枝力中等。花芽起始节位为第 1~3 节，以复花芽为主。花为蔷薇型，粉红色，柱头略高于花药，花药为紫红色，花粉量大。

（5）栽培要点

1）疏花疏果，保持合理负载。产量控制在 2000~2500 千克/亩。

2）采收前 10 天内不宜浇水，以免品质降低。

（6）综合评价 品质好，果个大，不易裂果，丰产性强。

二 中、晚熟品种

1. 瑞光美玉

（1）品种来源 北京市林业果树科学研究院以京玉为母本、瑞光 7 号为父本杂交育成的中熟油桃品种。

（2）物候期 在石家庄地区于 3 月中旬萌芽，4 月上中旬盛花，7 月上中旬果实成熟，果实发育期为 90 天左右。

（3）果实性状 果实近圆形，平均单果重 187 克，大果重 253 克。果

顶圆或有小凸尖，缝合线浅，梗洼深度和宽度中等。果皮底色为黄白色，果面近全部着紫红色晕，果面亮度欠佳。果皮不易剥离。果肉为白色，皮下有红色素，近核处红色素少。肉质为硬肉，汁液量中等，风味甜，可溶性固形物含量为11%~12%。离核。

（4）生长结果习性 树势中庸，树姿半开张。花芽形成较好，复花芽多，花芽起始节位低。各类果枝均能结果，幼树以长、中果枝结果为主。花为蔷薇型，花粉量大，丰产性强。

（5）栽培要点

1）坐果率高，要严格疏果。

2）注意及时施肥，尤其是有机肥和磷、钾肥。

3）夏季修剪应注意及时控制背上直立旺枝。

4）适时采收，防止采收过晚出现的果肉粉质化，品质下降。

（6）综合评价 优良的中熟甜油桃品种。果实个大，白肉，风味甜，硬度大，离核。

2. 美婷

（1）品种来源 河北省农林科学院石家庄果树研究所于2013年以美夏为亲本进行自交而育成的中熟油桃新品种（彩图6）。

（2）物候期 在石家庄地区于3月中旬萌芽，4月中旬盛花，花期比普通品种早2~3天。7月中旬果实成熟，果实发育期为94天。

（3）果实性状 果实呈圆形，平均单果重192克，大果重275克。果顶凹，缝合线浅，两侧对称，梗洼中浅。果实个大，果皮底色为黄色，阳面着鲜艳的红色，着色面积达果面的85%，外观美丽。果实光洁无毛，果皮厚度中等，难剥离。果肉为黄色，近核处为黄色，过熟后有红色，可溶性固形物含量为12.8%，最大可达13.8%，风味甜，有香味，汁液量中等，纤维含量较低。果实为硬溶质，硬度较大，较耐贮运。果实大小整齐，成熟度一致，无采前落果，无裂果发生。果实核小，离核。

（4）生长结果习性 树势较强，生长旺盛，萌芽率和成枝力较强。节间较短。花芽起始节位为第1节。长、中、短果枝均可结果，副梢结果能力也较强。花为蔷薇型，花药大，浅褐色，花粉量大。自花结实率和自然坐果率均高，丰产性强。

（5）栽培要点

1）花期较早，蚜虫发生也较早，防治蚜虫要适当提前。

2）幼树可以利用粗壮的果枝结果。

3）及时疏果，控制负载量。

4）及时进行夏季修剪，通风透光。

5）果实充分成熟后再采收。

（6）综合评价 中熟，果个大，离核，适宜的采收期较长。

3. 甜丰

（1）品种来源 河北省农林科学院石家庄果树研究所于2002年以丽格兰特为母本、自育优系89-3（NJN78×雨花露）为父本杂交育成的中熟甜油桃品种。

（2）物候期 在石家庄地区于3月中旬萌芽，4月上中旬盛花，7月底果实成熟，果实发育期为107~110天。

（3）果实性状 果实个大，平均单果重200克，大果重298克。果实近圆形，果顶圆平或凹入，两侧对称，梗洼宽而浅。果皮光滑无毛，底色为黄色，果面着鲜艳的红色，着色面积达果面的70%。外观美丽，果皮厚度中等，韧性大，不易剥离。果肉为黄色，近核处无红色。风味甜，可溶性固形物含量为13%。有香味，汁液量中等，纤维含量低，果实为硬溶质，较耐贮运。黏核。无生理落果和采前落果。

（4）生长结果习性 树势强健，树姿半开张。长、中、短果枝均可结果。花芽起始节位低，形成良好，复花芽多。花为铃形，雌蕊比雄蕊高，但雌蕊弯曲后与雄蕊靠近，易于传粉。花药大，黄褐色，花粉量大。自花结实率高，丰产性强。

（5）栽培要点

1）健壮的中、短果枝结果较好，修剪宜轻，加强夏季修剪。

2）严格进行疏花疏果。

3）遇雨易裂果，应套袋栽培。

（6）综合评价 优良的中熟甜油桃品种。果实个大，风味甜，丰产性强。

4. 瑞光39号

（1）品种来源 北京市林业果树科学研究院以华玉为母本、顶香为父本杂交育成的晚熟油桃品种（彩图7）。

（2）物候期 在石家庄地区于3月中旬萌芽，4月上中旬盛花，8月中下旬果实成熟，果实发育期为126天左右。

（3）果实性状 果实呈圆形至椭圆形。平均单果重186克，大果重235克。果顶圆，略带微尖，缝合线浅，梗洼深度和宽度中等。果皮底色

为黄白色，果面近全红。果肉为白色，硬溶质，汁液多，风味浓甜，可溶性固形物含量为14%。黏核。

（4）生长结果习性　树势中庸，树姿半开张。花芽形成较好，复花芽多，花芽起始节位低。各类果枝均能结果，幼树以长、中果枝结果为主。花为蔷薇型，花粉量大，丰产性强。

（5）栽培要点

1）注意疏果，增大果个。

2）采用套袋措施，以增加果面光洁度，使果色更均匀、鲜艳，并能减少病虫害。应在采收前7天除袋。

3）加强夏季修剪，改善通风透光条件，促进果实着色。

（6）综合评价　优良的晚熟甜油桃品种。果个中大，白肉，风味甜，不裂果，硬度大，着色好。

5. 中油8号

（1）品种来源　中国农业科学院郑州果树研究所于1997年以红珊瑚为母本、晴朗为父本杂交培育而成的晚熟油桃品种。

（2）物候期　在石家庄地区于3月中旬萌芽，4月上中旬盛花，8月中下旬果实成熟，果实发育期约130天。落叶比其他品种晚5~10天。

（3）果实性状　果实呈圆形，平均单果重198克，大果重250克。果顶圆平，微凹，缝合线浅而明显，两侧较对称，成熟度一致。果实大，果面光洁无毛，底色为浅黄色，成熟时果面80%着深红色，外观美。果皮厚度中等，不宜剥离。果肉为金黄色，硬溶质，肉质细，汁液量中等，风味甜香，近核处红色素少，可溶性固形物含量为13%~16%。黏核。未发现裂果现象。

（4）生长结果习性　生长势旺，树姿较直立。萌发力和成枝力中等。花芽起始节位为第1~3节，以复花芽为主，单花芽较多。花为铃形，花粉量大。

（5）栽培要点

1）采用轻剪长放的修剪方式，控制生长势，促进花芽的分化和形成。

2）及时防治蚜虫。

3）需套袋栽培，以减少病虫害，增加果面的光洁度。

4）采前可选择不摘袋，果实表面呈金黄色，非常美观。

（6）综合评价　风味特甜，不裂果，果个中等大小，唯树势偏旺，幼树早结果能力差。

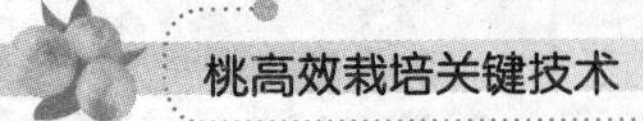

6. 晴朗

（1）品种来源 从美国引入，亲本不详，原名 Fairlane。

（2）物候期 在石家庄地区于 3 月中旬萌芽，4 月上中旬盛花，9 月下旬成熟，果实发育期为 160~165 天。

（3）果实性状 果实呈圆形。平均单果重 176 克，大果重 218 克。果顶凹入，缝合线明显，两侧较对称，梗洼窄而深。果皮光滑无毛，底色为黄色，果面 1/2 以上着鲜红色晕，外观美丽，不易剥离。果肉为黄色，近核处有红色，硬溶质，风味酸甜，汁液量中等，纤维含量中等，硬度较大，可溶性固形物含量为 13.5%。黏核。无裂果，甜仁，可以食用。

（4）生长结果习性 树势中庸、健壮。幼树直立性强，结果后树冠开张。抽生副梢能力强，第 4~7 节便抽生副梢，平均抽梢 3 个，徒长性枝可抽生副梢 2 次以上。长、中、短果枝均能结果，以中、短果枝结果为主。长果枝上复花芽较多，短果枝上单花芽多。花芽起始节位为第 2~3 节。花为蔷薇型，雌蕊比雄蕊高，花粉量大。坐果率较高，结果能力强。

（5）栽培要点

1）增施有机肥和磷、钾肥，提高果实的含糖量。

2）为使果实表面干净，可进行套袋栽培。

（6）综合评价 晴朗的成熟期正值国庆节前夕，处于桃的销售淡季，因此在市场上有很强的竞争力，售价较高，适宜在城市近郊发展，有广阔的发展前景。

第四节 蟠桃品种

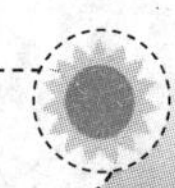

关键知识点：

蟠桃在我国栽培面积最小。我国培育的蟠桃新品种相对较少。主要优点是果形奇特，风味浓甜，丰产性强，各种果枝均可坐果，某些品种的徒长性果枝也能坐果。

主要缺点是：首先，大部分蟠桃存在裂顶或裂果现象；其次，与同期成熟的普通桃品种果实相比，果个偏小；再次，采收时易掉皮，尤其是过熟后采收极易掉皮，严重影响果实的商品价值。随着蟠桃育种的深入开展，这些问题会得到逐步解决。

一　早熟品种

1. 早黄蟠桃

（1）品种来源　中国农业科学院郑州果树研究所于1996年以大连8-20为母本、法国蟠桃为父本杂交育成的早熟黄肉蟠桃品种。

（2）物候期　在石家庄地区于3月中旬萌芽，花期较早，4月上旬盛花，6月下旬果实成熟，果实发育期为75~80天。

（3）果实性状　果实扁平，平均单果重90~100克，大果重120克。果顶凹入，两侧对称，缝合线较深。果皮底色为黄色，果面70%着玫瑰红色晕和细点，外观美，果皮可以剥离。果肉为橙黄色，软溶质，汁液多，纤维含量中等。风味甜，香气浓郁，可溶性固形物含量为11%~13%。半离核，核小。

（4）生长结果习性　树姿较直立，树体生长健壮，各类果枝均能结果。花为蔷薇型，雌蕊比雄蕊低，有花粉，自然坐果率为30%，丰产性强。

（5）栽培要点

1）加强夏季修剪，控制旺长，避免树冠郁闭。

2）冬季时应用长枝修剪。

3）及时疏果。

4）适时采收。

（6）综合评价　我国黄肉蟠桃品种较少，该品种为蟠桃家庭的新成员，改善了品种组成，丰富了品种资源。在城郊可适量发展，也适宜在观光桃园中栽植。

2. 红蜜蟠桃

（1）品种来源　河北农业大学园艺学院于2008年从早露蟠桃日光温室中选育出的优良品种。

（2）物候期　在石家庄地区于3月中旬萌芽，4月上中旬盛花，6月中下旬果实成熟，果实发育期为70天，比早露蟠桃晚5天左右。

（3）果实性状　果实扁平，平均单果重144克，大果重198克。果顶凹入，缝合线较明显，两侧不对称。梗洼浅而宽，果实与果柄结合紧密，采摘未见破皮现象。果皮底色为黄白色，果面80%以上着玫瑰红色，茸毛较少，果皮厚度中等，不易剥离；果肉为白色，皮下有少量红色素，近核处同肉色，硬溶质，耐贮运，商品货架期较长。汁液多，风味甜，可溶性固形物含量为13.2%。黏核。

（4）生长结果习性　树势中庸，树姿半开张。各类果枝均能结果，以长、中果枝结果为主。花芽易形成，复花芽多，花芽起始节位低。花为蔷薇型，花药为橙红色，有花粉，自然坐果率高，丰产性强。

（5）栽培要点

1）严格疏花疏果。

2）加强夏季修剪，尤其是采收后。冬季修剪采用长枝修剪法，进入盛果期枝头采取留果法控制枝头外延。

3）果实硬度较大，可以适时晚采收。

（6）综合评价　果实硬度较大，裂顶少，采摘不易破皮，是一个优良的早熟蟠桃品种。

3. 瑞蟠14号

（1）品种来源　北京市林业果树科学研究院于1996年以幻想为母本、瑞蟠2号为父本杂交育成的早熟蟠桃品种。

（2）物候期　在石家庄地区于3月中旬萌芽，4月中旬盛花，7月上旬果实成熟，果实发育期为87天左右。

（3）果实性状　果实呈扁平形，平均单果重137克，大果重172克。果形圆整，果个均匀。果顶凹入，不裂顶。果面着红色晕。果肉为黄白色，硬溶质，汁液多，纤维含量低，风味甜，有香气，可溶性固形物含量为11%。黏核。

（4）生长结果习性　树势中庸，萌芽率较高，成枝力较强。花芽形成好，复花芽多。花为蔷薇型，花粉量大，自然坐果率高，丰产性强。

（5）栽培要点

1）幼树期可适当利用徒长性结果枝结果。

2）及时疏果，合理留果。

3）注意平衡施肥。在采收前20~30天（果实膨大期），叶面喷0.3%磷酸二氢钾，以增大果个，促进果实着色，提高风味品质。

（6）综合评价　优质的早熟蟠桃品种，果肉较硬，品质佳。

二　中、晚熟品种

1. 农神蟠桃

（1）品种来源　1989年从法国引入的品种，亲本不详。

（2）物候期　在石家庄地区于3月中旬萌芽，4月上中旬盛花，7月

中旬果实成熟，果实发育期为100天。

（3）果实性状　果实呈扁平形，平均单果重110克，大果重150克。果顶凹入，缝合线浅。果皮底色为乳白色，面果着鲜红色晕，易剥离。果肉为乳白色，近核处有少量红色，硬溶质，风味浓甜，有香气，可溶性固形物含量为12.6%。离核，核极小。

（4）生长结果习性　树势中庸，树姿半开张。各类果枝均能结果。花芽形成良好，复花芽多。花芽着生节位为第1~2节。花芽细长是其主要特点。花为蔷薇型，花粉量大，雌蕊与雄蕊等高或略低于雄蕊，坐果率高，丰产性强。

（5）栽培要点　注意疏花疏果，增大果个。

（6）综合评价　该品种的主要特点是果面全红，外观美，风味浓甜，有香气，离核，耐贮运性好，丰产，易栽培，为优良的中熟蟠桃品种。唯果个偏小。

2. 瑞蟠3号

（1）品种来源　北京市林业果树科学研究院于1999年以大久保为母本、陈圃蟠桃为父本杂交育成的中熟蟠桃品种。

（2）物候期　在石家庄地区于3月中旬萌芽，4月上中旬盛花，7月底果实成熟，果实发育期为102~107天。

（3）果实性状　果实呈扁平形，平均单果重201克，大果重280克。果顶凹入，不易软。缝合线浅，两侧对称，梗洼宽而浅，果面稍有不平。茸毛稀。果皮底色为黄白色，果顶、缝合线、向阳面等均可着色，着色面积达果面的85%以上，外观美丽。果皮不易剥离，厚度中等，韧性强。果肉为乳白色，近核处无红色，硬溶质，风味甜，可溶性固形物含量为10.0%~12.2%。汁液量中等，纤维含量中等。黏核，核小。

（4）生长结果习性　树势强健，树姿半开张。花芽形成良好，复花芽多。花芽起始节位为第1~2节。各类果枝均能结果。花为蔷薇型，雌蕊比雄蕊低，花粉量大，丰产性强。

（5）栽培要点　加强夏季修剪和肥水管理，严格疏花疏果。

（6）综合评价　大果、优质、效益高的中熟蟠桃品种。丰产性极强，适应性强，易栽培管理，果实采收期长、硬度大、耐贮运。

3. 中蟠10号

（1）品种来源　中国农业科学院郑州果树研究所于2004年以红珊瑚为母本、91-4-18为父本杂交育成的中熟蟠桃品种（彩图8）。

（2）物候期 在石家庄地区于3月中旬萌芽，4月上旬盛花，7月上中旬果实成熟，果实发育期为95天。

（3）果实性状 果实呈扁平形，平均单果重180克，大果重210克。两侧对称，果顶凹入，梗洼浅，缝合线明显。果皮有毛，底色为乳白色，果面80%以上着明亮的鲜红色晕，呈虎皮花斑状，皮不能剥离。果肉为乳白色，硬溶质，耐贮运。汁液量中等，纤维含量中等。果实风味淡甜，可溶性固形物含量为11.5%。黏核。

（4）生长结果习性 树势中庸健壮，长、中、短果枝均能结果，徒长性结果枝长放时仍能结果。复花芽较多，花芽起始节位为第1~2节。花为蔷薇型，花粉量大。自花结实率高，丰产性强。

（5）栽培要点

1）长果枝上所结的果实个大，在冬季修剪时，要疏除短果枝和花束状果枝。

2）幼树可以利用徒长性结果枝结果。

3）严格疏果，合理负载。

（6）综合评价 果实个大，肉质细而硬，耐贮运，货架期较长，皮不能剥离，采收时果梗处不易被撕裂。果皮着色呈虎皮花斑状，果面略不平。缺点是风味较淡。

4. 中蟠11号

（1）品种来源 中国农业科学院郑州果树研究所于2004年以红珊瑚×（NJN78×奉化蟠桃）为母本、91-4-18为父本育成的晚熟蟠桃品种（彩图9）。

（2）物候期 在石家庄地区于3月中旬萌芽，4月上中旬盛花，8月上旬果实成熟，果实发育期为120天。

（3）果实性状 果实呈扁平形，两侧对称，果顶稍凹入，梗洼浅，缝合线明显且浅。平均单果重280克，大果重510克。果皮有毛，底色为黄色，果面60%以上着鲜红色，果皮不易剥离。果肉为橙黄色，硬溶质，汁液量中等，纤维含量中等。果实风味浓甜，可溶性固形物含量为14%。黏核。耐贮运。

（4）生长结果习性 树势健壮，树姿半开张。花为铃形，深粉红色，花粉量大，萼筒内壁为橙黄色，花药为橙红色。长、中、短果枝均能结果。成花容易，复花芽居多。花芽起始节位为第1~2节，自花结实，坐果率高。

（5）栽培要点

1）幼树生长势旺，容易形成较粗的长果枝，中间段盲芽多，需控制树势，减少氮肥的使用量，注意疏除背上的直立旺枝，以改善通风透光条件。

2）冬季修剪时多留健壮的长果枝，疏除细弱的短小果枝。

3）需严格疏花疏果。

（6）综合评价　果实个大，风味甜，肉质硬度大，耐贮运，货架期较长，皮不易剥离，采收时果梗处不易被撕裂。在河北省中部地区部分年份有轻微冻害，应慎重发展。

5. 玉霞蟠桃

（1）品种来源　江苏省农业科学院园艺研究所以瑞蟠 4 号为母本、瑞光 18 号为父本杂交育成的中熟蟠桃品种。

（2）物候期　在石家庄地区于 3 月中旬萌芽，4 月上中旬盛花，8 月中旬果实成熟，果实发育期为 120 天。

（3）果实性状　果实呈扁平形，平均单果重 174 克，大果重 337 克。果顶凹入，缝合线浅，梗洼浅。果皮底色为绿白色，果面 80%以上着红色或紫红色。果皮厚，不易剥离。果肉为白色，硬溶质，风味甜，香气中，纤维含量低，可溶性固形物含量为 11.5%～12.8%。品质优良。黏核。

（4）生长结果习性　树体生长健壮，树势中庸，树姿半开张。长、中、短果枝均可结果。花为蔷薇型，花粉量大。自花结实率高，丰产性强。

（5）栽培要点

1）幼龄树以整形为主，重视夏季修剪；冬季除主枝延长枝短截外，其余枝条轻剪长放。

2）保持水分均衡供应，避免因水分剧烈变化而造成果实生长不均衡引起果顶裂纹等现象。

3）加强花果管理，优先疏除有裂顶倾向的果实。

4）进行套袋栽培。

（6）综合评价　大果形、近全红的晚熟白肉蟠桃品种。

6. 瑞蟠 21 号

（1）品种来源　北京市林业果树科学研究院以幻想为母本、瑞蟠 4 号为父本杂交育成的极晚熟蟠桃品种。

（2）物候期 在石家庄地区于3月中旬萌芽，4月上中旬盛花，9月下旬果实成熟，比瑞蟠4号晚30～35天成熟，果实发育期为166天左右。

（3）果实性状 果实呈扁平形，大小均匀，远离缝合线一端的果肉较厚。果顶凹入，基本不裂，缝合线浅，梗洼浅。平均单果重220克，大果重294克。果皮底色为黄白色，果面1/3～1/2着紫红色晕，难剥离，茸毛少。果肉为白色，皮下无红丝，近核处为红色，硬溶质，汁液较多，纤维含量低，风味甜，可溶性固形物含量为13.5%。果核较小，黏核。

（4）生长结果习性 树势中庸，树姿半开张。各类果枝均能结果，幼树以长、中果枝结果为主。花芽形成较好，复花芽多，花芽起始节位低。花为蔷薇型，有花粉。雌蕊与雄蕊等高或略低，自然坐果率高，丰产性强。抗寒力较强。

（5）栽培要点

1）加强生长后期的肥水管理，采收前20～30天可叶面喷施0.3%磷酸二氢钾，注意及时灌水。

2）夏季修剪时应注意及时控制背上的直立旺枝。

3）合理留果，疏果时优先疏除果顶有自然伤口倾向的果实，尽量不留朝天果，幼树期可适当利用徒长性结果枝结果。

4）注意防治褐腐病和梨小食心虫等。

5）套袋栽培。

（6）综合评价 目前最晚熟的蟠桃品种，成熟期正值中秋节和国庆节。

第五节　不同地区的特色品种

关键知识点：

在长期栽培中，我国桃主产区形成了各具特色的桃优良品种，这些品种是在当地特定的土壤和环境条件下形成的，对当地具有很好的适应性，引种到其他地区，其生长结果表现不如当地，也就是说，这些品种的适应性较狭窄。目前，这些品种大都获得了地理标志产品认证，如深州蜜桃、肥城桃、湖景蜜露等。南方品种多为汁多味甜；北方品种多为硬肉，果实或有小尖。

一　北方桃产区

1. 深州蜜桃

（1）品种来源　原产河北省深州市西马庄一带，系北方蜜桃品种的一个群体。其中有红蜜和白蜜2个品系，目前生产中以深州红蜜为主（彩图10）。

（2）物候期　在石家庄地区于3月中下旬萌芽，4月上中旬盛花，花期较长，8月下旬~9月上旬果实成熟，果实发育期为132~135天。

（3）果实性状　果实呈椭圆形，平均单果重330克，大果重510克。果顶圆凸，有时为钝尖，呈嘴状，两侧不对称，缝合线深，梗洼深且宽。果皮底色为乳黄色，向阳面20%~30%可着红色。茸毛粗密。皮厚，韧性强，不易剥离。果肉为白色，肉质致密，硬溶质，汁液多，香气浓，风味浓甜，可溶性固形物含量为15.5%~18.5%，在20世纪70年代以前可溶性固形物含量达到20%以上。黏核。

（4）生长结果习性　树势强健，树姿较直立。中、短果枝结果较好，花芽起始节位高，一般为第4~5节。易形成“桃奴”。产生僵芽较多，尤其是长果枝，短果枝僵芽较轻。花为蔷薇型，花药为白色，无粉，雌蕊比雄蕊高，坐果率低。

（5）栽培要点

1）配置授粉品种，并进行人工授粉。

2）加强树体管理，促进枝芽成熟、充实，减少僵芽的产生。

3）幼树修剪要轻，进行长梢修剪，甩放出中、短果枝，并在中、短果枝上结果。

4）进行套袋栽培。

（6）综合评价　深州蜜桃是我国最为古老的蜜桃品种之一，曾作为贡品，可见其品质优良。其果形独特，为我国寿桃的典型代表。由于过于追求产量和果个，忽视内在品质，前几年含糖量降低，风味淡。可喜的是，近几年，深州市已采取相关措施，提高深州蜜桃的品质，让其重放光彩。该品种适应范围较窄，现仅在河北省深州市有少量栽培。

2. 肥城桃

（1）品种来源　山东省肥城地区良种，相传已有1000年的栽培历史。长期以来当地农民多采用实生繁殖与嫁接繁殖并举的方法，果实类型复杂。从果实大小、形状、果皮及果肉色泽、风味等区分，可分为2个大类，即红里和白里。

（2）物候期 在肥城地区于3月中下旬萌芽，4月中旬盛花，8月下旬~9月上旬果实成熟，果实发育期为130~145天。

（3）果实性状

1）红里。果实呈圆形，平均单果重250~300克，大果重900克，果顶微尖，缝合线深而明显，过顶，梗洼深且宽。果皮为米黄色，部分果阳面有片状红晕，果皮厚，茸毛多，不易剥离。果肉为乳白色或浅黄色，近核处微红，呈辐射状，肉质细嫩，汁液多，为硬溶质。风味甜酸适口，香气浓郁，品质佳。黏核。可溶性固形物含量为13%~16%。该品种坐果率较高，丰产性能稳定。优良单系有：黑牛山5号、黑牛山4号和玉皇山39号等。

2）白里。果实呈圆形或卵圆形，平均单果重150~250克，大果可重达500克。果顶微尖，缝合线较深，两侧较对称，梗洼深且宽，果形较整齐。果皮为乳黄色，阳面无红晕，茸毛多，皮中厚，不易剥离。果肉为白色，质细柔软，汁液略少，为硬溶质。风味甜，无酸味，香气浓，品质优。黏核。

（4）生长结果习性 树冠直立。花为蔷薇型，深粉红色，多数花的雌蕊与雄蕊等高，少数花的雌蕊高于雄蕊。正常花的花粉量大，部分花闭花授粉受精结果。

（5）栽培要点 培养短果枝结果；进行果实套袋；适时采收。

（6）综合评价 我国北方蜜桃品种中的主要类型之一。果个大，品质佳，香气浓。前几年由于追求产量而使品质下降。目前当地政府已积极采取相关措施，提高了肥城桃的品质。现主要在山东省肥城市栽培。

二 南方桃产区

1. 玉露桃

（1）品种来源 浙江省奉化市的张银崇于1883年自上海黄泥墙引进尖顶水蜜桃，并对其进行长期改良而成为现在的玉露桃。后又经长期改良驯化，培育出很多优良品系，主要有早玉露、平顶玉露、尖顶玉露和迟玉露等。现以平顶玉露为代表加以介绍。

（2）物候期 在杭州地区于3月上旬萌芽，3月底盛花，7月底~8月上旬果实成熟，果实发育期为110天。

（3）果实性状 果实呈圆形，平均单果重125克，大果重398克。果

顶圆平或微凹，缝合线浅，两侧较不对称，果实整齐。果皮为浅黄绿色，阳面分布较多红晕，茸毛中长而密，韧性较强。果肉为乳白色，近核处为紫红色，肉质细而致密，柔软，略有纤维，汁液多，软溶质。风味甜，香气浓，可溶性固形物含量为14%~16%。黏核。

（4）生长结果习性　树势强健。各类结果枝均能结果，但以长果枝结果为主。花芽起始节位为第2节，复花芽多。花为蔷薇型，粉红色，花粉量大，丰产稳产。

（5）栽培要点　及时疏果，控制负载量；果实要进行套袋栽培；适时采收。

（6）综合评价　品质上等，丰产，为南方地区经济栽培价值较高的鲜食桃品种。

2. 大团蜜露

（1）品种来源　上海市南汇区大团镇果园于1989年在以太仓水蜜桃为主要品种的桃园中发现并选出的晚熟桃品种。

（2）物候期　在上海地区于3月下旬萌芽，4月上旬盛花，7月下旬~8月初果实成熟，果实发育期为101天。

（3）果实性状　果实近圆形，平均单果重180克，大果重450克。果顶圆平，稍凹，缝合线深。果皮底色为黄绿色，果顶及阳面覆盖红霞，部分果实的果面有红色果点，茸毛短而稀，果皮不易剥离。果肉为白色，近核处稍有红色，肉质致密，纤维含量中等，汁液量中等。风味甜浓，香气淡。多雨年份有少量裂核。可溶性固形物含量为12%~14%，高者可达16.5%。黏核。

（4）生长结果习性　树势中等，树冠开张。萌芽力和成枝力强。结果初期以长果枝结果为主，盛果期各类果枝均能结果，但以中果枝和短果枝结果为主。花为蔷薇型，雌蕊比雄蕊高，无花粉，丰产性强。

（5）栽培要点

1）配置授粉品种，并进行人工授粉。

2）需长途运输时，应在八九成熟时采收，此时果实较耐贮藏。

3）可进行避雨栽培。

（6）综合评价　果个大，综合性状良好，抗炭疽病，是江浙沪一带的主要栽培品种。

3. 湖景蜜露

（1）品种来源　江苏省无锡市郊梅园乡（现为河埒乡）湖景村邵阿

盘于1964年在基康桃园中发现，成熟期在白凤之后，故又称之为晚白凤。1977年定名为湖景蜜露。

（2）物候期 在江苏省无锡地区于3月上中旬萌芽，4月上旬盛花，比其他品种略迟。7月中下旬成熟。果实发育期为110天左右。

（3）果实性状 果实呈圆形，平均单果重120克，大果重338克。果顶平，缝合线浅，两侧对称，果形整齐。果皮底色为浅黄白色，成熟后全果为粉红色，外观艳丽，皮易剥离。果肉为白色，肉质柔软，组织致密，汁液多，纤维含量低，味甜，有香气，可溶性固形物含量为12%~14%。黏核。

（4）生长结果习性 树势中庸，树姿开张，生长较旺盛。花芽起始节位为第2~3节，各类果枝均能结果，以中、长枝结果为主。复花芽多而饱满，蔷薇花型，花粉多。坐果率较高，丰产稳产。

（5）栽培要点

1）严格疏果。

2）充分成熟后采收，不宜过早，过早采收品质较差。

3）采用小包装或笼屉包装。

（6）综合评价 水蜜桃类型，果个大，品质佳，汁多味甜，不耐贮运。坐果率较高，丰产稳产。

4. 白花水蜜

（1）品种来源 系上海水蜜桃后裔，又名无锡水蜜桃，为我国南方桃品种群中一个较老的地方晚熟品种。品系较多，其中以平顶白花品质最佳。目前在江苏、上海和浙江等地区广为栽培。

（2）物候期 在上海地区于2月底3月初萌芽，4月初盛花，花期较迟，8月上中旬果实成熟，果实发育期为122天。

（3）果实性状 果实呈椭圆形，平均单果重150克，大果重350克。果顶稍圆或微尖，缝合线宽浅，梗洼狭而深，两侧不对称。果皮为浅黄白色，阳面为粉红色，果皮厚，可剥离，茸毛短、细密。果肉为乳白色，近核处为深红色，肉质致密且较坚实，纤维含量低，成熟后柔软多汁，为硬溶质。风味佳，香气浓，可溶性固形物含量为13%。黏核。

（4）生长结果习性 树势强健，树姿较开张。幼树生长旺盛，盛果期以中、短果枝结果为主。花为蔷薇型，花瓣大，近粉白色，故名白花。雌蕊高于雄蕊，无花粉。

（5）栽培要点

1）配置授粉品种。

2）修剪时采用拉枝、摘心等技术，冬季修剪宜采用轻剪长放，以缓和树势。

3）注意防治桃疮痂病，提高果实的外观品质。

4）进行套袋栽培。

5）适时采收。树冠中下部的中果枝桃开始上色即可采收。

（6）综合评价　白花水蜜是一个优良的水蜜桃品种，品质优，口感好，果个大，较耐贮运，丰产性强，深受消费者和果农喜爱。

5. 大红袍

（1）品种来源　湖北省大悟县大新店地方品种（彩图 11）。

（2）物候期　在湖北省孝感市于 3 月上中旬萌芽，3 月下旬~4 月初盛花，6 月中旬果实成熟，果实发育期为 85 天左右。

（3）果实性状　果实呈卵圆形，平均单果重 108 克，大果重 120 克。果顶部圆而先端凸起，缝合线浅，较对称，果顶微尖。果皮底色为浅绿色，果面着紫红色块状与条纹状，完熟时呈红色。茸毛密且多，果皮不易剥离；果肉为红色，硬溶质，汁液少。果实风味甜，香气中，可溶性固形物含量为 11.2%。离核，鲜食品质优。

（4）生长结果习性　树势强健，树姿半开张。以长果枝结果为主。花为蔷薇型，雌蕊与雄蕊等高，花粉量大，坐果率较高，丰产稳产。

（5）栽培要点

1）树冠高大，长势旺，适宜栽培密度为（3~4）米×（5~6）米。

2）加强夏季修剪，增加树冠的通透性；冬季修剪以疏为主，采用长梢修剪技术，促进早果丰产。

3）防治蚜虫、桃一点叶蝉、桃红颈天牛、桃蛀螟等虫害和桃疮痂病、桃流胶病等病害。

（6）综合评价　大红袍是我国的特色桃品种，湖北省优异的珍稀地方桃资源品种，具有果肉脆甜爽口、硬溶质、离核的优良鲜食性状。大红袍的果肉颜色和风味独特，在当地已得到消费者的认可。大红袍丰富了我国桃品种类型，填补了市场空缺，增加了桃品种的多样性和特色性，现主要分布于大悟、孝感、广水、安陆和武昌等地区。其抗旱性强，适宜在湖北省东北山区少量发展，其他地区几乎没有栽培。

第六节　其他品种

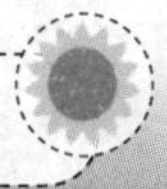

关键知识点：

桃果实类型多样，用途也多样化，除普通桃、油桃和蟠桃之外，可供栽培的品种类型还有油蟠桃品种、制罐黄桃品种、制汁用品种和观赏品种。

油蟠桃果形奇特，是将蟠桃基因与油桃隐性基因相结合重组获得的新类型，其果形扁平似蟠桃，果皮无毛似油桃，食用方便。油蟠桃集果实无毛和果实扁形于一体，色泽鲜艳，外观美丽，商品价值高，可用于观光采摘。另外，油蟠桃风味浓郁，可溶性固形物含量高，口感好，鲜食品质佳。油蟠桃也有一些缺点：一是果个较小；二是部分有裂果或裂顶现象；三是油蟠桃的育种历史较短，目前培育的油蟠桃新品种仍较少，品种成熟期不配套。

制罐黄桃品种和制汁用品种是指专用的加工品种，主要用于制罐和制汁。制罐品种一般为黄肉、黏核和不溶质。制汁品种多为黄肉，果实汁液丰富，出汁率高，不易褐变。观赏桃品种多为重瓣花，少数为单瓣；有鲜艳红色的，也有粉色的和白色的；有纯色的，也有杂色的；有大花瓣的，也有小型花瓣的（如菊花桃）；有直立、半直立的，也有垂枝的。大多花期较长，一般为10天左右，多者达15天。

一　油蟠桃品种

1. 中油蟠4号

（1）品种来源　中国农业科学院郑州果树研究所于2004年以WPN（NJN78×奉化蟠桃）为母本、曙光为父本杂交育成的晚熟油蟠桃品种。

（2）物候期　在石家庄地区于3月中下旬萌芽，4月上中旬盛花，7月底~8月上旬果实成熟，果实发育期为115天左右。

（3）果实性状　果实扁平，平均单果重210克，大果重280克。果顶圆平凹入，两侧对称，缝合线中深。果皮底色为黄色，光滑无毛，果面80%着红色，外观美。果肉为黄色，硬溶质，致密，汁液量中等，风味浓甜，可溶性固形物含量为13.5%。核小，黏核。在多雨年份有轻微裂果。

有的年份“桃奴”较多。

（4）生长结果习性 树势中等，树姿较开张。长、中、短果枝均可结果。花芽起始节位为第3~4节，复花芽居多。花为蔷薇形，花粉量大。产量偏低，不稳定。

（5）栽培要点

1）在雨水多或灌溉不合理时容易出现裂果，所以要均匀、平衡供水。

2）果实套袋可以减轻裂果。

（6）综合评价 果个较大，着色鲜艳，果实硬度较大，风味浓甜，有轻微裂果，采收期较长，适于观光采摘园中的品种搭配。

2. 金霞油蟠桃

（1）品种来源 江苏省农业科学院园艺研究所于2008年以霞光为母本、NF（油蟠桃品系）为父本杂交育成的油蟠桃品种（彩图12）。

（2）物候期 在石家庄地区于3月中旬萌芽，4月上中旬盛花，7月底果实成熟，果实发育期为110天。

（3）果实性状 果实呈扁平形，纵径较普通蟠桃大，平均单果重180克，大果重210克。果顶凹入，基本不裂。缝合线浅，梗洼中广（梗洼深度中等，宽度较广），两侧较对称。果面30%以上着红色。果肉为黄色，肉质硬脆爽口，完熟后柔软多汁，纤维含量中等，风味甜，品质佳，可溶性固形物含量为14%。黏核。

（4）生长结果习性 树体生长健壮，树姿较开张。花芽形成较好，复花芽多，花芽起始节位较低。盛果期树各类果枝均能结果。花为蔷薇型，花粉量大，坐果率高，丰产稳产。

（5）栽培要点

1）幼树生长旺盛，冬季以疏剪长放为主，注意夏季修剪，及时控制背上直立旺枝，以利通风透光。

2）保持水分均衡供应，果实采收前20天忌大肥大水，防止裂果。

3）合理负载，尽量不留朝天果，采用白色果实袋套袋栽培可减轻裂果，并可提高商品果率。

（6）综合评价 中熟大果型油蟠桃新品种。果肉为黄色，风味甜，品质佳。栽培中要进行套袋，减少裂果发生。

3. 瑞油蟠2号

（1）品种来源 北京市林业果树科学研究院于2013年以瑞光27号为

母本、93-1-24 为父本杂交育成的中熟油蟠桃品种。

(2) 物候期 在北京地区于 3 月下旬萌芽，4 月中旬盛花，8 月中旬果实成熟，果实发育期为 119 天。

(3) 果实性状 果实呈扁平形。平均单果重 122 克，大果重 150 克。果顶凹入，基本不裂，部分果实顶部凹陷处有少量果锈。缝合线浅，梗洼浅而宽。果皮底色为黄白色，果面近全面着紫红色晕。果面无茸毛。果皮厚度中等，不能剥离。果肉为白色，果肉皮下和近核处有少量红色，硬溶质，汁液量中等，风味甜，较硬，可溶性固形物含量为 13.5%。核较小，黏核。

(4) 生长结果习性 树势强健，树姿半开张。各类果枝均能结果，花芽形成好，复花芽多，花芽起始节位低。花为蔷薇型，花粉量大，雌蕊比雄蕊略低。自然坐果率高，丰产性强。

(5) 栽培要点

1）北方地区春季干旱，需及时灌水。

2）合理留果。

3）建议使用套袋措施，采收前 7 天解袋。

4）徒长性结果枝坐果良好，幼树期可适当利用徒长性结果枝结果。

5）冬季修剪注意多留中、长果枝。根据树体的不同部位、不同单株的成熟状况，适时分批采收，通常先采中上部，后采下部和内膛果，保证果实品质。

(6) 综合评价 中熟白肉油蟠桃品种。风味甜，品质佳。栽培中要进行套袋，减少裂果发生。

二 制罐黄桃品种

1. 郑黄 2 号

(1) 品种来源 中国农业科学院郑州果树研究所于 1988 年以罐桃 5 号为母本、丰黄为父本杂交育成的早熟罐藏黄肉桃品种。

(2) 物候期 在郑州地区于 3 月中旬萌芽，4 月上旬盛花，6 月底果实成熟，果实发育期为 72~78 天。

(3) 果实性状 果实近圆形，平均单果重 123 克。果顶圆，顶点有小尖。两侧较对称，缝合线浅，梗洼中广。果皮为金黄色，果面着红晕。果肉为橙黄，香气中等，酸甜适中，可溶性固形物含量为9%~10%。黏核。果实耐贮运。果实加工合格率为 88%，原料利用率为

57.6%，吨耗率为 1.18：1。成品为橙黄色，块形完整，质地细韧，香气浓，风味甜酸适中。

（4）生长结果习性　树势强健，树姿半开张。花芽形成良好，复花芽多。花为蔷薇型，无花粉。

（5）栽培要点　配置授粉品种或进行人工授粉；及时疏花疏果；适时采收。

（6）综合评价　早熟罐藏黄桃品种，果肉细韧，有红色素，加工性能优良，罐头成品香气浓。

2. 金露

（1）品种来源　大连市农业科学研究院于 1975 年以黄露为母本、17-39（黄金桃×中割谷）为父本杂交育成的罐藏黄桃品种。

（2）物候期　在石家庄地区于 3 月中旬萌芽，4 月上中旬盛花，8 月中旬果实成熟，果实发育期为 120 天。

（3）果实性状　果实呈圆形，平均单果重 201 克，大果重 237 克。果顶圆，两侧对称。果皮为浅橙黄色，向阳面呈暗红色晕和条纹。果肉为橙黄色，鲜艳，肉质细而致密，韧性较强，不溶质，耐贮运，近核处稍有红晕，汁液量中等，风味酸甜，有清香味，可溶性固形物含量为 10.14%，可食率为 93.0%。黏核。加工成罐头的果肉块形完整，外观美丽，风味佳。

（4）生长结果习性　树势强健，抽生副梢的能力强。长、中、短果枝均可坐果。复花芽所占的比例高。花为铃形，有花粉，自然坐果率较高，丰产性强。

（5）栽培要点

1）严格疏果，适当增施有机肥。

2）适时采收。金露过熟时，向阳面果肉内有红晕，影响加工品质，应在八成熟时采收。如果用于鲜食，可于充分成熟后采收，此时酸味轻，风味较浓。

（6）综合评价　鲜食与加工兼用品种，晚熟，果个大，加工品质好。如果增加有机肥的施用量，可以提高果实的糖度，向阳面的果实可以用于鲜食。

3. 金童 5 号

（1）品种来源　美国新泽西州 New Brunswick 农业试验站于 1961 年以 PI35201（云南桃实生）为母本、NJ196［NJ76925PO（J. H. Hale×Goldfinch）］为父本杂交育成的中熟罐藏黄桃品种。

（2）物候期 在南京地区于3月中旬萌芽，4月上旬盛花，7月下旬果实成熟，果实发育期为115天。

（3）果实性状 果实近圆形，略扁，平均单果重160克，大果重275克。果顶圆平，凹入，两侧不对称，缝合线浅。果皮底色为金黄色，果面50%着红晕，近核处与肉色相同。不溶质，肉质致密，汁液量中等，香气浓，风味甜酸适中，可溶性固形物含量为10.4%~11.5%。黏核。易去皮，耐煮，果肉红丝消失，成品块形完整，金黄色至橙黄色，肉质致密，香气中等，甜酸适中。

（4）生长结果习性 树势强健，树姿半开张。萌芽力中等，成枝力强。花芽起始节位低。各类果枝均能结果。花为铃形，花粉量大，雌蕊与雄蕊等高，坐果率高，丰产性强。

（5）栽培要点 注意合理负载，及时防治病虫害。

（6）综合评价 中熟罐藏黄桃品种，果肉细韧，缝合线处的果肉有红色素，香气浓。加工品质优，适宜各地栽培。

4. 金童6号

（1）品种来源 美国新泽西州New Brunswick农业试验站于1961年以PI36126（J. H. Hale×Bdivian cling）为母本、NJ196（J. H. Hale×Goldfieh）为父本杂交育成的晚熟罐藏黄肉桃品种。

（2）物候期 在南京地区于3月上旬萌芽，3月底~4月初盛花，8月上旬果实成熟，果实发育期为123天。

（3）果实性状 果实呈圆形，略扁，平均单果重230克，大果重288克。果顶圆，两侧不对称，缝合线浅，梗洼深而窄。果皮底色为金黄色至橙黄色，果面着玫瑰红色细点和条纹。茸毛中粗而密。果皮不易剥离。果肉为金黄色，带少量红丝，近核处着红晕或无红晕。不溶质，汁液量中等，香气浓，甜酸适中，可溶性固形物含量为11.8%。黏核。加工时易去皮，耐煮，果肉红丝消失，但仍需修正，成品块形完整，橙黄色，肉质稍软，香气中等，甜酸适中。

（4）生长结果习性 树势强健，树姿半开张。枝条粗壮。萌芽力中等，成枝力强，顶端优势明显。花芽着生节位较高。花为铃形，花粉量大，雌蕊比雄蕊高，较丰产。

（5）栽培要点 注意合理负载，及时防治病虫害。

（6）综合评价 晚熟罐藏黄桃品种，果实呈圆形且略扁，肉质细，

风味爽口，香气浓，丰产性和适应性强，适宜各地栽培。

三　制汁用品种

1. 哈布丽特

（1）品种来源　加拿大Harrow研究发展中心于1969年以Redskin为母本、Sunhaven为父本杂交育成的中熟黄肉桃品种，英文名为Harbrite。

（2）物候期　在郑州地区于3月上中旬萌芽，4月初开花，7月上中旬果实成熟，果实发育期为100天。

（3）果实性状　果实呈圆形，平均单果重130克，大果重190克。果顶圆凸，两侧对称，茸毛量中等。果皮为橙黄色，果面70%~90%着紫红色斑点或晕，易剥离。果肉为橙黄色，红色素中等，近核处红色素少，软溶质，汁液多，香气淡，风味酸多甜少，纤维含量中等，可溶性固形物含量为12%。离核。果汁风味浓。

（4）生长结果习性　树势强健，树姿半开张。长、中、短果枝所占比例分别为18.67%、13.25%、36.14%。花芽起始节位为第4节。花为铃形，有花粉，坐果率高。

（5）栽培要点　采收成熟度控制在九成熟时较好。

（6）综合评价　优良的中熟制汁品种。果肉软，果汁色清味香，出汁率高，制汁品质优良。

2. 红港

（1）品种来源　美国密歇根州农业试验站于1940年以Halehaven为母本、Kalhaven为父本杂交选育而成，1977年引入我国，英文名为Redhaven。

（2）物候期　在郑州地区于4月初始花，7月中旬果实采收，果实发育期为97天。

（3）果实性状　果实近圆形，平均单果重130克，大果重200克。果顶圆，顶点有小尖，缝合线中深，两侧较对称。果皮为橙黄色，果面着玫瑰红色晕，茸毛少，果皮厚度中等，韧性中等，易剥离。果肉为橙黄色，近核处少有红色，肉质稍粗，纤维含量中等，汁液量中等，充分成熟后为软溶质。风味浓，酸甜适中，有香气。离核。果汁风味浓。

（4）生长结果习性　树势生长旺盛，树姿半开张。以中、长果枝结果为主，花芽起始节位为第4~5节，复花芽多，坐果率高。花为铃形，深红色，花粉量大，坐果率高，丰产性强。

（5）栽培要点　采收成熟度控制在九成熟时较好。

（6）综合评价 果实外观美，肉质较硬，缝合线处有红色素。果实出汁率高，果汁味浓有香味，制汁品质优良。

3. 法伏莱特3号

（1）品种来源 意大利佛罗伦萨大学DOFI于1966年以Gialla Di Firenze为母本、Fertilia Ⅰ为父本杂交育成的黄肉桃品种，英文名为Favolate 3，1974年被中国农业科学院郑州果树研究所引入。

（2）物候期 在郑州地区于4月初开花，6月下旬果实成熟，果实发育期为80天。

（3）果实性状 果实呈卵圆形，果顶尖圆。平均单果重104克。果皮底色为黄色，果面80%~100%着紫红色，果皮易剥离。果肉为黄色，有少量红色素，汁液较多，风味酸甜适中，可溶性固形物含量为10.5%。淡香。半离核。

（4）生长结果习性 树势强健，树姿半开张。以长、中果枝结果为主，花芽起始节位较低，复花芽多。花为蔷薇型，有花粉，丰产性好。

（5）栽培要点

1）坐果率高，丰产性强，注意疏花疏果。

2）注意防治炭疽病和褐腐病。

（6）综合评价 果实外观漂亮，果肉红色素少。

4. 佛尔蒂尼·莫蒂尼

（1）品种来源 意大利佛罗伦萨大学DOFI于1967年以Gialla Di Firenze为母本、Fertilia Ⅰ为父本杂交育成的黄肉桃品种，1974年被中国农业科学院郑州果树研究所引入，亲本不详。英文名为Fertilia Morettini。

（2）物候期 在郑州地区于4月初始花，6月下旬果实采收，果实发育期约83天。

（3）果实性状 果实呈圆形，平均单果重105克，大果重170克。果顶圆，缝合线中深，两侧较对称；果皮为黄色，果面大部分着红晕和红色条纹，茸毛较密，皮厚，韧性中等，易剥离。果肉为橙黄色，近核处少有红色素，肉质粗，纤维含量高，汁液量中等，硬溶质。风味较酸，有香气。离核。

（4）生长结果习性 树势中庸，树姿半开张。以长、中果枝结果为主，花芽起始节位为第5~6节，复花芽较多，坐果率高。花为蔷薇型，花粉量大，较丰产。

（5）栽培要点 果肉较硬，注意控制采收成熟度在九成熟。

（6）综合评价　中熟黄肉桃品种，品质中等。外观较好，果肉为橙黄色，少量裂核。果肉酸甜味浓，出汁率高。制汁品质良好。

5. 橙香

（1）品种来源　大连市农业科学研究院于1960年从早生黄金的自然杂交后代中选出，1971年定名。

（2）物候期　在河南省郑州地区于4月上旬盛花，6月29日~7月4日果实成熟，果实发育期为88~93天。

（3）果实性状　果实呈卵圆形，平均单果重173.9克，大果重198克。两侧较对称，果顶圆微凸，缝合线明显，梗洼狭窄、中深。果皮底色为黄色，阳面着暗红色短条纹，茸毛量中等，皮易剥离。果肉为黄色，有少量红色素渗入果肉，近核处与肉色相同，肉质柔软，汁液多，纤维稍粗，风味酸甜，香气浓，可溶性固形物含量为9%~10%。离核。果汁成品香味浓。

（4）生长结果习性　树姿半开张，树势强健。成枝力强，直立枝较多，幼树以徒长性结果枝为主，随着树龄的增长，中、短果枝的比例增加，复花芽多，花芽起始节位为第3节。花为蔷薇型，花粉量大，坐果率为28.8%，丰产性良好。

（5）栽培要点　采收成熟度控制在九成熟为好。

（6）综合评价　早中熟黄肉桃品种，制汁性能较好。

6. 白凤

（1）品种来源　日本神奈川农业试验场于1933年以冈山白为母本、桔早生为父本杂交育成的中熟品种。

（2）物候期　在河南省郑州地区于3月中旬萌芽，4月初始花，7月上中旬果实成熟，果实发育期为100天。

（3）果实性状　果实呈圆形，平均单果重106克，大果重163克。果顶圆平微凹。果皮底色为乳白色，阳面着玫瑰红色晕，外观美，皮易剥离。果肉为乳白色，近核处微红，肉质细，微密，纤维含量低，汁液多，风味甜香，可溶性固形物含量为12%，品质上等。黏核。

（4）生长结果习性　树姿开张，树势中庸。幼树以长、中果枝较多，随树龄的增长，树势逐渐缓和，中、短果枝增多，复花芽多而饱满。花为蔷薇型，花粉量大，坐果率高，丰产稳产。

（5）栽培要点　注意疏花疏果，以增大果个；盛果期后易采用短梢修剪方法。

(6) 综合评价 白凤适应性强，抗寒、抗湿能力都比较强。果形圆整，风味浓甜纯正，品质优良，制汁品质优。

四 观赏品种

1. 探春

(1) 品种来源 中国农业科学院郑州果树研究所于1996年以迎春为母本、白花山碧桃为父本杂交育成的观花品种。

(2) 观赏性状 树体直立，小乔木。郑州地区始花期在3月上旬，盛花终期在3月底，开花持续天数在20天以上。花重瓣，牡丹型，花蕾为红色，花朵为粉红色，花径为4.4厘米，花瓣4~6轮，花瓣数为22片，花药为橘红色。

(3) 栽培要点 需冷量满足后，设施栽培一般升温到开花需1个月，注意每年春节期间合理安排升温时间。

(4) 综合评价 目前我国需冷量最低的粉红色、重瓣桃花品种，花期较普通碧桃提早20天左右，主要于春节上市。

2. 满天红

(1) 品种来源 中国农业科学院郑州果树研究所于1992年以北京2-7（白凤×红花重瓣寿星桃）自然授粉种子进行实生育成。

(2) 观赏性状 树体直立，小乔木。石家庄地区花期比普通桃品种晚5~7天。始花期在4月中旬，盛花期在4月下旬，开花持续天数为15天。花重瓣，蔷薇型，花蕾为红色，花为红色，花径为4.4厘米，花瓣4~6轮，花瓣数22片；花丝为粉白色，45条，花药为橘红色。

(3) 果实性状 果个大，平均单果重127克，果面50%着红色。果肉为白色，软溶质。黏核。风味甜，可溶性固形物含量为12%。丰产性好，果实7月下旬成熟。

(4) 栽培要点

1）枝条成花容易，耐剪性强。

2）露地栽培时，谢花后对枝组、长果枝进行重回缩，以使树体紧凑。

(5) 综合评价 花色鲜艳、着花状态密集，果实具有一定的可食性，是优良的观赏、鲜食兼用品种，适于盆栽、庭院、行道树及观光果园。满天红花红、花大、花密，果实可以食用。

3. 报春

(1) 品种来源 中国农业科学院郑州果树研究所于1996年以满天红

为母本、白花山碧桃为父本杂交育成。

（2）观赏性状 树势旺盛，枝条较紧凑。长果枝一般在60厘米左右，内膛细枝多。叶片呈长椭圆披针形，较小。长果枝上布满花芽，多为复花芽，并有一节多花芽现象，节间短，1厘米左右，花芽起始节位为第1~2节。花为蔷薇型，花瓣为粉红色，5轮，30片左右，外轮花瓣个别萼片化，花径为4.9厘米。花丝为粉白色，48条，花药为橙黄色且略有红色，有花粉。雌蕊1枚，低或略低。石家庄地区现蕾期在3月底4月初，始花期在4月上中旬，盛花期在4月中下旬，开花持续天数为15天。

（3）果实性状 果实圆正，果小，平均单果重30克。果实为黄绿色，果肉薄，有苦味，不宜食用。黏核。

（4）栽培要点

1）适宜选用露地和设施栽培。在满足需冷量550~600小时地区均可以栽培。

2）盆栽时在夏季应注意多次摘心，前期增加分枝量，后期控制旺长，促进营养生长向生殖生长转化。

3）在进行反季节生产时，一般落叶后25~30天就能自然满足需冷量要求，升温后25~30天开花。如果采用遮阴覆盖的方法，20天即可满足需冷量的要求。在庭院、街道、公园等露地栽培时，管理同一般桃树。

（5）综合评价 花朵为粉红色，鲜艳美丽，重瓣，最大的特点是需冷量少，需热量也少，开花早，节间短，开花密集，适合保护地栽培。

第三章　桃树萌芽至开花期的管理

石家庄地区桃树萌芽至开花期一般在3月中旬~4月上中旬。不同地区发生时间不同，但持续时间基本一致，一般是25~30天。萌芽至开花期是桃树生命周期的重要阶段，其体内进行着复杂的生命活动，在当年桃树生长发育与丰产中起着重要的作用。开花期早晚与这一时期温度的变化有密切联系。

第一节　桃树土肥水管理

关键知识点：

掌握合理的施肥原则，满足桃树该阶段生长所需要的各种养分。依据树体生长和产量水平进行追肥，可以施入适量的氮、磷、钾复合肥，氮肥在该阶段可以适量施入，以后尽量少施或不施。还要依据不同土壤的特点进行施肥。如果遇到冬季干旱，该阶段一定要灌水。要重视桃园生草，如果没有条件进行人工种草，必须进行自然生草，既可以逐渐增加土壤有机质含量，又可以改善小候，以利于控制病虫害的发生。

一　合理施肥的原则

1. 以有机肥料为主，有机肥料和无机肥料配合施用，互相促进

有机肥料养分丰富，除含有多种营养元素之外，还含有植物激素和有机酸等，肥效时间比较长，而且长期施用可增加土壤有机质含量，改良土壤的物理特性，提高土壤肥力。可见，有机肥料是不可缺少的重要肥源。但是有机肥料的肥效较慢，难以满足桃树在不同生育阶段的需肥要求，而

且所含养分也不一定能满足桃树一生中总需肥量的需求。

无机肥料则养分含量高、浓度大、易溶性强、肥效快，施后对桃树的生长发育有极其明显的促进作用，已成为增产和高产不可缺少的重要肥源。但无机肥料中的养分比较单一，即使是含有多种营养元素的复合肥料，其养分含量也较有机肥料少得多，而且长期施用会破坏土壤结构。

如果将有机肥料与无机肥料配合施用，不仅可以取长补短，缓急相济，有节奏地平衡供应桃树生产所需的养分，符合桃树的生长发育规律和需肥特点，有利于实现高产、稳产和优质，而且还能相互促进，提高肥料的利用率和增进肥效，节省肥料，降低生产成本。

有机肥料对无机肥料的促进表现在以下3个方面：第一，它能吸附和保存无机肥料中的养分，减轻挥发、流失或固定，一些微量元素就应与有机肥料混合后施入土壤中；第二，分解出的一些有机酸可以溶解一些难溶性养分供桃树吸收利用；第三，能疏松土壤，减轻由于长期施用无机肥料造成的土壤板结。

无机肥料对有机肥料也有良好的促进作用。首先，无机肥料能提高桃树对辐射能和二氧化碳的利用，改善农田生态环境，大量增加有机物质来源。其次，有机物质的增加，为厩肥、堆肥的增加提供了有利条件，扩大了营养物质的良性循环。最后，无机肥料能协调桃树对养分的需求，提高其对有机肥料和土壤潜在肥力的利用。

2. 氮、磷、钾三要素合理配比，重视钾肥的应用

在生产中往往出现重视氮、磷肥，尤其重视氮肥，而忽视钾肥的现象，造成产量低、品质差。不同肥料之间的合理配合施用，可以充分发挥它们之间的协助作用，大大提高肥料的经济效益。例如，氮、磷两种元素具有相互促进的作用，特别在肥力较低的地块尤为明显。据调查，一般单施氮素的利用率为35.3%，而氮、磷配施的利用率可提高至51.7%。所以说，在施用氮肥的基础上，配合施用一定的磷肥，两者之间相互促进，即使在不增加氮肥用量的情况下，也能使产量进一步提高。磷、钾肥配合施用，效果更佳。桃树是需钾较多的树种，要提高产量和品质，必须重视施用钾肥。

3. 不同施肥方法结合使用，并以基肥为主

施肥方法主要有基肥、根部追肥和根外追肥3种。一般基肥应占施肥总量的50%~80%，还应根据土壤自身肥力和施用肥料特性而定。根部追肥具有简单易行而灵活的特点，是生产中广为采用的方法。对于桃树需要量小、成本较高、没有再利用能力的微量元素，一方面可以采用叶面喷施的方法，既可节约成本，效果也比较好，另一方面可将其与基肥充分混合后施入土壤中。也可以结合喷药，加入一些尿素、磷酸二氢钾来提高光合作用，改善果实品质，提高桃树的抗寒力。

二 土壤追肥

1. 桃树对主要营养元素的需求特点

（1）主要营养元素的生理作用

1）氮。叶绿素、原生质、蛋白质、核酸等重要的组成成分。它能促进一切活组织的生长发育。

2）磷。植物细胞核的重要成分，与细胞分裂关系密切。磷的含量与光合作用、呼吸作用，以及碳水化合物、氮化合物的代谢与运转有关。磷在树体内可以转移。

3）钾。虽然不是植物组织的组成成分，但它与植物体内许多酶的活性有关。钾对碳水化合物的代谢、细胞中水分的调节及蛋白质、氨基酸的合成有重要的作用。

4）钙。以果胶钙的形式构成细胞壁，为正常的细胞分裂所必需，也是某些酶的活化剂。

5）镁。叶绿素的组成成分，是许多酶系统的活化剂，能促进磷的吸收和转移，有助于植物体内糖的运转。镁在植物体内可运转并被重新利用，但桃树常表现为上部和基部同时出现缺素症。

6）铁。叶绿素合成和保持所必需的元素，并参与光合作用，是许多酶的成分。铁在植物体内不易移动，缺铁症从幼叶开始。

7）硼。影响某些酶的活性，促进糖分在植物体内的运输，能促进花粉萌发和花粉管生长。

8）锌。参与生长素、核酸和蛋白质的合成，是某些酶的组成成分。

9）锰。形成叶绿素和维持叶绿素结构所必需的元素，也是许多酶的活化剂，在光合作用中有重要功能，并参与呼吸过程。

（2）需求特点

1）桃树需钾素较多，其吸收量是氮素的1.6倍，其中以果实的吸收量为最大，其次是叶片，它们的吸收量占钾吸收总量的91.4%。因此，满足桃树对钾素的需要，是丰产、果品优质的关键。

2）桃树需氮量较高，并反应敏感，其中以叶片吸收量为最大，占氮

吸收总量的近50%。氮素供应充足是保证桃树丰产的基础。

3）桃树对磷、钙的吸收量较高。磷、钙吸收量与氮吸收量的比值分别为10∶4和10∶20。磷在叶片和果实中吸收量大，钙在叶片中含量最高。要注意的是，在易缺钙的沙性土中更需注意补充钙。

4）各器官对氮、磷、钾三种要素的吸收量，以氮为标准，其比值分别为：叶10∶2.6∶13.7；果10∶5.2∶24；根10∶6.3∶5.4。对这三种要素的总吸收量的比值为10∶(3~4)∶(13~16)。

2. 化肥的种类与特点

土壤追肥的肥料种类是化学肥料，化学肥料又称无机肥料，简称化肥。

(1) 种类　常用的化肥可以分为氮肥、磷肥、钾肥、复合肥料和微量元素肥料等（表3-1）。缓释肥是化肥的一种，就是在化肥颗粒表面包上一层很薄的疏水物质制成包膜化肥，水分可以进入多孔的半透膜，溶解的养分向膜外扩散，不断供给作物，即对肥料养分释放速度进行调整，根据作物需求释放养分，达到元素供肥强度与作物生理需求的动态平衡。市场上的涂层尿素、覆膜尿素和长效碳铵就属于缓释肥。

表3-1　化肥的主要类型

种类	类型	肥料品种
氮肥	铵态	硫酸铵、碳酸氢铵、氯化铵
	硝态	硝酸铵
	酰胺态	尿素
磷肥	水溶性	过磷酸钙、重过磷酸钙
	弱溶性	钙镁磷肥、钢渣磷肥、偏磷酸钙
	难溶性	磷矿粉
钾肥		氯化钾、硫酸钾、窑灰钾肥
二元复合肥		磷酸一铵、磷酸二铵、硝酸钾、磷酸二氢钾
微量元素肥料		硼砂、硼酸、硫酸亚铁、硫酸锰、硫酸锌
缓释肥		合成缓释肥有机蛋白、合成缓释肥无机蛋白、包膜缓释和生产抑制剂改良

(2) 特点

1）养分含量高，成分单一。化肥与有机肥相比，养分含量高。0.5千克过磷酸钙中所含磷素的量相当于30~40千克厩肥中所含磷素的量。

0.5 千克硫酸钾所含钾素的量相当于 5 千克左右的草木灰中所含钾素的量。高效化肥含有更多的养分，并便于包装、运输、贮存和施用。化肥所含营养单一，一般只有一种或少数几种营养元素，可以在桃树需要时再施用。

2）肥效快而短。多数化肥易溶于水，施入土壤中能很快被桃树吸收利用，能及时满足桃树对养分的需要。但化肥的肥效不如有机肥持久。缓释肥的释放速度比普通化肥稍慢一些，其肥效比普通化肥长 30 天以上。

3）有酸碱反应。有化学酸碱反应和生理酸碱反应 2 种。化学酸碱反应是指化肥溶解于水后的酸碱反应，过磷酸钙为酸性，碳酸氢铵为碱性，尿素为中性。生理酸碱反应是指化肥经桃树吸收以后产生的酸碱反应。硝酸钠为生理碱性肥料，硫酸铵、氯化铵为生理酸性肥料。

4）缓释肥与普通化肥相比，有以下优点。

① 化肥用量减少，利用率提高。缓释肥淋溶和挥发损失较少，化肥用量比常规施肥可以减少 10%~20%。

② 施用方便，省工安全。可以与速效肥料配合作为基肥一次性施用，施肥用工减少 25%，并且施用安全，减少了肥害的发生。

3. 萌芽后追肥的好处

追肥是指在植株生长期施用肥料，以满足不同生长发育过程对某些营养成分的特殊需要。根部追肥就是将速效性肥料施于根系附近，使养分通过根系吸收到植株的各个部位，尤其是生长中心。萌芽后进行追肥，主要是弥补上年树体贮藏营养的不足，促进根系和新梢生长，提高坐果率。以氮肥为主，秋施基肥时可加入磷肥。

4. 追肥方法

采用穴施，在树冠投影下，距树干 80 厘米之外，均匀挖小穴，穴间距为 30~40 厘米。施肥深度为 10~15 厘米。施后盖土，然后浇水。注意不要地面撒施，以提高肥效和肥料利用率。

三 桃树的施肥量

1. 影响施肥量的因素

（1）品种 开张性品种（如大久保）的生长较弱，结果早，应多施肥；直立性品种，生长旺，可适量少施肥。坐果率高、丰产性强的品种应多施肥，反之则少施。

（2）树龄、树势和产量 树龄、树势和产量三者是相互联系的。树

龄低的树，一般树势旺，产量低，可以少施氮肥，多施磷、钾肥。成年树，树势减弱，产量增加，应多施肥，注意氮、磷和钾肥的配合，以保持生长和结果的平衡。衰老树长势弱，产量降低，应增施氮肥，促进新梢生长和更新复壮。

一般幼树的施肥量为成年树的20%~30%，4~5年生树的施肥量为成年树的50%~60%，6年生以上的树的施肥量达到盛果期的施肥量。

（3）土质　土壤瘠薄的沙土地、山坡地应多施肥；肥沃的土地，应相应少施肥。

2. 确定施肥量的方法

（1）配方施肥　通过叶片营养分析和土壤营养元素分析进行配方施肥，这方面的工作开展得很少，没有形成可供参考的施肥量，应加强这方面的研究。

（2）施肥试验　由于桃树为多年生作物，施肥试验需要较长的时间，因此这方面工作开展得较晚，只有一些零星资料，尚不完整。

（3）经验施肥　现在的施肥多处于经验施肥阶段。各地根据多年的施肥实践，总结出了适宜当地的施肥量，以供参考（表3-2）。

表3-2　各地经验施肥量

地　点	项　目	施肥种类和数量
北京平谷	每亩施肥量（成年树）	农家肥5000千克，过磷酸钙150千克，桃树专用肥84~140千克（含氮、磷、钾分别为10%、10%和15%），喷施0.4%尿素和0.3%磷酸二氢钾各1次
河北石家庄	每亩施肥量	优质有机肥（鸡粪）5000千克，过磷酸钙200千克，尿素30~40千克，硫酸钾40千克
山东肥城	每株施肥量（成年树）	基肥100~200千克，豆饼2.5~7.0千克（或人粪尿50千克）
江苏	每株施肥量（成年树）	饼肥5千克（或猪粪60千克），磷矿粉5千克，尿素1.5千克

3. 施肥量的计算

不同的土壤所含氮、磷、钾三种要素的含量各异，每生产100千克果实，约需吸收0.46千克氮（N）、0.29千克磷（P_2O_5）、0.74千克钾（K_2O）。例如，某桃园计划每亩产桃2000千克，该测定，该块地土壤速效氮含量为14.1毫克/千克、有效磷含量为9.2毫克/千克、有效钾含量为 51. 9 毫克/千克，计划每亩施 4000 千克有机肥作为基肥，通过计算得出还需施尿素 18. 35 千克、过磷酸钙 36. 19 千克、硫酸钾 21. 66 千克，如果不施有机肥，应施尿素 27. 1 千克、过磷酸钙 66. 2 千克、硫酸钾 28. 9 千克。

注意　以上只是理论数值，可供参考，实际施用量大于理论值。

四　不同土壤的施肥特点

1. 旱地桃树

为提高桃树的抗旱性，应将旱地桃树根系引向深层土壤。旱地桃树施肥应以增施和深施有机肥料为主。可选择圈肥、堆肥、畜肥和土杂肥等，化肥作为补充肥料。有机肥供给桃树所需的各种营养元素，提高土壤有机质含量，增加土壤蓄水保墒抗板结能力以及抗寒和抗旱的能力。

（1）基肥　施基肥要改秋施为雨季前施用。旱地桃树施基肥不宜在秋季进行，这是因为：一是秋施基肥无大雨，肥效长期不能发挥，多数年份必须等到第二年雨季大雨过后才逐渐发挥肥效；二是秋季开沟施基肥等于凉墒，土壤水分损失严重；三是施肥沟周围的土壤溶液浓度大幅度升高，周围分布的根系有明显的烧伤现象，严重影响桃树根系的吸收和树体的生长。改秋施为雨季前施用，待雨季时土壤水分充足，空气湿度大，即使开沟施肥会损失部分水分，也会很快遇到雨水，土壤水分就会得到补充，不会对根系有烧伤作用。雨季温度高、水分足，施入的肥料、秸秆、杂草很快腐熟分解，有利于桃树根系吸收，对当年树体生长、果实发育和花芽分化有好处。盛果期的施肥量为优质有机肥 5000~6000 千克/亩。

（2）秸秆杂草覆盖　每年覆盖 1 次秸秆杂草覆盖物，近地面处每年腐烂一层，腐烂了的秸秆杂草便是优质的有机肥料，随雨水渗入土壤中，所以连年覆盖秸秆杂草的桃园，土壤肥力、有机质含量、土壤结构及其理化性会得到改善，并减少普通栽培施用基肥的大量用工和用料的投资。

（3）根部追肥　旱地桃树追肥要看天追肥或冒雨追肥，以速效肥为主，前期可适当追施氮肥，如人粪尿、尿素等，后期则以追施磷、钾肥为主，如过磷酸钙、骨粉、草木灰等。追施方法为距植株 50 厘米以外开浅

沟和穴施，施后覆土，施肥量不宜过大。

（4）穴贮肥水　早春在整好的树盘中，自冠缘向里 0.5 米以外挖深 50 厘米、直径 30 厘米的小穴，穴数依树体大小而定，一般为 2~5 个，将玉米秸、麦秸等捆成长 40 厘米、粗 25 厘米左右的草把，并先将草把放入人粪尿或 0.5%尿素液中浸泡，再放入穴中，然后肥土掺匀回填，或者每穴追加 100 克尿素和 100 克过磷酸钙或复合肥，灌水覆膜。埋入草把后的穴略低于树盘，此后每 1~2 年可变换 1 次穴位。

2. 南方酸性土壤中种植的桃树

南方土壤多为酸性，pH 为 5.0~6.5。酸性土壤的风化作用和淋溶作用较强，有机质分解速度较快，保肥供肥能力弱。有的土质黏重，结构不良，物理性能较差。施肥时应做到以下几点：

（1）增施有机肥　大量施用有机肥料，最好结合覆草或间作绿肥作物，增加土壤中有机质含量，培肥地力。

（2）施用磷肥和石灰　钙镁磷肥是微碱性肥料，不溶于水而溶于弱酸。因此，把钙镁磷肥施在酸性土壤中，既有利于提高这种磷肥的有效性，又具有培肥地力的作用。在酸性较强的土壤中，施用磷矿粉效果也很显著。施用石灰可以中和土壤酸度，促进有益微生物活动，促进养分转化，提高土壤养分有效性，尤其是磷、速效钾的有效性。

（3）重视氮、钾肥的施用　酸性土壤高度的淋溶和矿化作用，使土壤中氮和钾元素贫乏，加之这些矿质元素容易流失，因此必须增施氮、钾肥，并注意少量多次施用，以减少流失。

（4）尽量避免施用生理酸性肥料　生理酸性肥料会进一步加剧土壤的酸化程度。硫酸铵、氯化铵和氯化钾等肥料对土壤酸化作用较强，应尽量避免施用，或者不连续多次使用。

3. 盐碱地桃树

（1）灌水压碱　在萌芽前、花后和结冻前浇水，可进行三四次大水洗碱，而在生长季节可依干旱情况而定，但要尽量减少次数。

（2）增施有机肥　每亩施 4000~5000 千克有机肥，撒施或挖浅沟施于树盘表层内，施后翻 15~25 厘米，施后浇水。

（3）尽量施用生理酸性肥料　例如，硫酸铵、氯化铵和氯化钾等，这些肥料可有效酸化土壤，在水浇条件较好的地区，一般也不易造成氯中毒。

（4）磷肥用磷酸二铵或过磷酸钙　碱性土壤施用磷酸二铵和过磷酸

钙效果更好。

对微量元素缺乏症，可将相应的无机肥料与有机肥料一起腐熟，增加微肥的有效性。对于生长季节出现的缺素症，可以喷施有机螯合叶面肥。可用土壤调酸法治桃黄叶病。

4. 沙质土壤桃树

（1）多施有机肥，施用化肥尽可能做到少量多次 一次施肥量不能过大（尤其是氮肥），以免引起肥害，或者造成肥料严重流失。

（2）氮、磷、钾在基肥中占全年施用量的30%~50% 其余用量，在不同生育期均匀施用。

（3）微肥要与有机肥一起施用 沙质土壤种植桃树易造成硼、锌和镁等元素缺素症，这些元素单独施用也易造成流失或造成局部中毒，所以要与有机肥一起施用。

5. 黏性土壤桃树

（1）桃园生草或种植绿肥 黏性土壤相对比较肥沃，通过生草或种植绿肥，可以增加土壤中有机质含量，改善土壤结构，提高土壤养分利用率。生草还可提高早春地温，降低夏季高温，减少水土流失，有利于桃树的生长发育。

（2）施菌肥 通过有益微生物的生命活动，释放出土壤胶体所固定的各种养分，提高土壤养分利用率。

（3）重视基肥 黏性土壤种植桃树，往往春季发芽晚，秋季生长旺盛。秋季早施基肥，有利于秋季增加贮藏养分。在增施有机肥的基础上，氮、磷、钾的施用量可占整个生育期施用量的50%~70%。

五 萌芽后灌水

1. 萌芽后灌水的好处

花期是桃树需水的第一个关键时期。如果花期水分不足，则开花不整齐，坐果率低。这次灌水是补充长时间的冬季干旱，为使桃树萌芽、开花、展叶、提高坐果率和早春新梢生长，扩大枝、叶面积做准备。

2. 灌水量

此次灌水量要大。

3. 灌水方法

灌水可以采用地面漫灌、滴灌或喷灌等方法。

4. 春季抗旱的措施

（1）适时浇水，及时中耕　对于严重缺墒的桃园，要尽早浇水，以当日平均气温稳定在3℃以上，白天浇水后能较快下渗为前提。提倡使用节水灌溉技术，有条件的桃园可进行喷灌、滴灌。对于有一定墒情的桃园可以全园浅锄1次，深度为5~10厘米，可以起到较好的保墒效果。

（2）树盘覆膜　灌水后，可覆盖农膜。结果大树可在树盘内沿树两侧各1米通行覆盖农膜。幼树以树干为中心，覆盖要整成内低外高，以利于接纳雨水和浇灌。或者沿树1米宽通行覆盖。膜的四周用细土压实，间隔3~5米压1个土堺，以防风卷。

（3）桃园覆草　桃园覆草的主要草源是作物秸秆，所以覆草又叫覆盖作物秸秆。桃园覆草能有效地减少土壤水分的地面蒸腾，增加土壤蓄水保水和抗旱能力，还可以充分利用自然降水。

覆草可在土温达到10℃左右时进行。可以充分利用丰富的麦秸、麦糠等。覆草以前应先浇透水，然后平整园地，整修树盘，使树干处略高于树冠下。进行全园覆盖时，每亩可用干草1500千克左右，若草源不足，可只进行树盘覆盖。不管是哪种覆盖，覆草厚度一般应在15~20厘米，并加尿素10~15千克。

提示　*覆草后，在树行间开深沟，以便蓄水和排水，起出的土可以撒在草上，以防止风刮或火灾，并可促使其尽快腐烂。*

（4）及时修剪，保护较大的伤口　对桃树及时进行修剪，并对较大的伤口进行涂油漆保护，可防止水分蒸发和病虫害侵染。

5. 节水措施

下面介绍一下喷灌、滴灌、塑料管道、调亏灌溉、根系分区灌溉和沟灌。

（1）喷灌　喷灌在我国发展较晚，近10年发展迅速。喷灌比地面灌溉省水30%~50%，并有喷布均匀、减少土壤流失、调节桃园小气候、增加桃园空气湿度，以及避免干热、低温和晚霜对桃树的伤害等优点，同时节省土地和劳力，便于机械化操作。

（2）滴灌　将灌溉用水在低压管系统中送达滴头，由滴头形成水滴后，滴入土壤而进行灌溉，用水量仅为沟灌的1/5~1/4，是喷灌的1/2左右，而且不会破坏土壤结构，不妨碍桃树根系的正常吸收，具有节省土地、增加产量、防止土壤次生盐渍化等优点，有利于提高果品的产量和品质，特别是在我国缺水的北方，应用前途广阔。

桃园进行滴灌时，滴灌的次数和灌水量，因灌水时期和土壤水分状况不同而不同。在桃树的需水临界期进行滴灌时，春旱年份可隔天灌水，一般年份可5~7天灌水1次。每次灌溉时，应以滴头下一定范围内土壤水分达到田间最大持水量而又无渗漏为最好。采收前的灌水量，以使土壤湿度保持在田间最大持水量的60%左右为宜。

（3）塑料管道 塑料管道有2种：一种是适用于地面输水的维塑管道；另一种是埋入地下的硬塑管道。地面管道输水有使用方便、铺设简单、可以随意搬动、不占耕地和用后易收藏等优点，最主要的是可避免沿途水量的蒸发渗漏和跑水。据实测，水的有效利用率达98%，比土渠输水节省30%~36%。采用地下管道输水灌溉，有技术性能好、使用寿命长、节水、节地、节电、增产、增效和输水方便等优点。

（4）调亏灌溉 桃树调亏灌溉是在桃树某一生长发育阶段，人为地施加一定程度的水分胁迫，改变桃树的生理生化过程，调节光合产物在不同器官之间的分配，在不明显降低产量的前提下，提高肥水利用效率和改善果实品质。

桃果实生长可分为三个阶段，第一阶段和第三阶段果实生长快，第二阶段果实生长较慢。桃树实施调亏灌溉的时期是在果实生长的第一阶段后期（约开花后4周）和第二阶段，在此期间严格控制灌溉次数及灌溉水量，使桃树承受一定程度的水分亏缺，控制营养性生长，到果实快速生长的第三阶段，对桃树恢复充分灌溉，使果实迅速膨大。

（5）根系分区灌溉 根系分区灌溉是一种新型节水灌溉技术，是指仅对植株部分根系灌水，其余根系受到人为的干旱控制，灌溉区根系吸水维持植株正常的生理活动，植株减小了气孔开度，降低了蒸腾速率，达到了节水目的。根系分区灌溉又可分为交替灌溉和固定灌溉。同时可以平衡桃树营养与生殖生长的矛盾，在取得一定产量的同时，又限制了过多的营养生长，不仅可提高水分利用率，降低修剪强度，还可改善树体的通风透光情况，从而有利于提高果实品质。根系分区交替灌溉和固定灌溉比常规灌溉节水50%。

（6）沟灌 沟灌时，在桃园行间开一条宽40~60厘米、深20~30厘米的条状沟，通过沟向桃园灌水，使水渗透至整个桃园。沟灌有如下优点：

1）节水。灌溉水经沟底和沟壁渗入土中，水分的蒸发量与流失量较

少，达到节水效果。

2）减轻土壤板结。灌溉水经沟底和沟壁渗入土中，对全园土壤浸湿较均匀，可防止土壤结构的破坏，使土壤保持良好的通气性能，有利于土壤微生物的活动，减轻了大水漫灌引起的土壤板结。

3）保土保肥。大水漫灌很容易造成土肥的流失，沟灌水只在沟内流，大大减轻了桃园中的土肥流失。

4）不容易传播病害。

六　桃园清耕

农田表层经常与大气及太阳辐射接触，成为植物蒸发、蒸腾、水热交换和植物营养的转化地带，同时它是由各级团聚体所组成的多级分散系，在外界气候的影响下，在这一带有不断进行凝聚、胶粒移动和重力下沉等缩小表面积的倾向，结果使土壤板结，形成不利于植物生长的物理环境。

1. 桃园清耕的好处

桃园清耕是目前最为常用的桃园土壤管理制度。桃园清耕有以下好处：

（1）提高土壤温度　在少雨地区，春季中耕松土，能疏松土壤，增大受光面积，增强吸收太阳辐射能，减弱散热能力，并能使热量很快地向土壤深层传导，提高土壤温度。尤其是早春对黏重紧实的土壤进行中耕，效果更为明显，促进根系生长和养分吸收。

（2）增加土壤有效养分含量　土壤中的有机质和矿物质养分，必须经过土壤微生物的分解，才能被作物吸收利用。干旱土壤中绝大多数微生物都是好气性的，当土壤板结不通气，土壤中氧气不足时，微生物活动能力弱，土壤养分不能被充分分解和释放。中耕松土后，土壤中的微生物因氧气充足而活动旺盛，有效地促进微生物繁殖和有机物氧化分解，大量分解和释放土壤潜在养分，显著改善和增加土壤中有机态氮素，提高土壤养分的利用率。

（3）调节土壤水分含量　干旱时中耕，能切断土壤表层的毛细管，减少土壤水分向土表运送而蒸发散失，提高土壤的抗旱能力。

2. 桃园清耕的缺点

如果长期采用清耕法，在有机肥施入量不足的情况下，土壤中的有机质会迅速减少，使土壤结构遭到破坏，在雨量较多的地区或降水较为集中的季节，容易造成水土流失。桃园清耕易导致桃园生态退化、地力下降、投入增加、果树早衰和品质下降。在有条件的地区提倡实行桃园生草。

3. 桃园清耕的方法

用锄或机械进行中耕，深度在5厘米以上。

七 桃园生草

1. 桃园生草的作用

桃园生草技术就是在桃园种植绿肥作物。桃园生草有以下优点：

（1）绿肥营养丰富，可为桃树提供各种营养 绿肥含有较多的有机质、大量元素和微量元素。据测定，绿肥作物有机质含量为84.6%~94.0%，氮、磷、钾含量分别为2.40~3.44克/千克、0.193~0.406克/千克和1.39~2.94克/千克。微量元素含量也很丰富，其中含钙、镁、锌、铁、锰和硼最多的分别为三叶草、箭豌豆、紫花苜蓿、沙打旺、紫云英。桃园种植绿肥，可以增加土壤有机质，为桃树提供各种营养。

（2）桃园生草能够显著提高土壤中有机质含量，提高营养元素的有效性 由于草根的分泌物和残根，桃园生草促进了土壤微生物活动，有助于土壤团粒结构形成。同时，绿肥翻压腐解后，又可向土壤提供大量有机质和矿物质。据测定，桃园生草3年后，土壤有机质含量可提高20%以上，同时提高土壤养分的有效性，提高土壤养分利用率。草对磷、铁、钙、锌、硼等有很强的吸收能力，通过吸收和转化，这些元素（多数是微量元素）已由不可吸收态变成可吸收态。所以，生草桃园的桃树缺磷、缺钙的症状少，并且很少或根本看不到缺铁、缺锌和缺硼导致的黄叶病、小叶病和缩果病。即使桃园不增施有机肥，生草后土壤中的腐殖质也可保持在1%以上，而且土壤结构良好，尤其对质地黏重的土壤，对土壤改良作用更大。国外许多桃园由于生草而减少大量有机肥的施用。我国一些地区土壤有机质含量低，并且肥源不足，采用桃园生草是一个良好措施。

（3）桃园生草改善小气候，增加天敌数量，有利于桃园的生态平衡 夏季可使桃园内的温度降低5~7℃，有效防止日灼。冬季提高地温1~3℃，有利于桃树抗寒。在桃园种植紫花苜蓿和三叶草等，形成有利于天敌而不利于害虫的生态环境，可充分发挥自然界天敌对害虫的自然控制作用，减少农药用量，这是对害虫进行生物防治的一条有效途径。

（4）桃园生草增加地面覆盖层，减少土壤表层温度变幅，有利于桃树根系生长发育 夏季中午，沙地清耕桃园裸露地表的温度可达65~70℃，而生草园仅为25~40℃，可以避免果树的表层根系因高温而引起老

化死亡。晚秋地温又相对比清耕高 4.7℃，增加营养积累，促进花芽分化。北方寒冷的冬季，清耕桃园冻土层可深达 25~40 厘米，而生草园冻土层仅深 15~35 厘米。

(5) 桃园生草有利于改善果实品质 一般桃园容易偏施氮肥，往往造成果实品质不佳。桃园生草能使土壤中含氮量降低，磷素和钙素有效含量提高，使桃树营养均衡，叶片肥厚，花芽增多，坐果率高；能增加果实中可溶性固形物含量和果实硬度，促进果实着色，提高果实的抗病性和耐贮性，生理病害减少，果面洁净，从而提高果实的商品价值。另外，生草覆盖地面可减轻采前落果和采收时果实的损伤。

(6) 山地、坡地桃园生草可起到水土保持作用 桃园生草形成致密的地面植被可固沙固土，减少地表径流对山地和坡地土壤的侵蚀。同时，生草可将无机肥转变为有机肥，固定在土壤中，增加土壤的蓄水能力，减少水、肥流失。

(7) 减少桃园投入 桃园生草不必每年进行土壤耕翻和除草，一年只需割几次草，因此节省了用工及费用，降低了生产成本。由于生草，各种养分含量高，土壤保蓄能力强，又可减少肥料的投入。

(8) 提高土地利用率，促进畜牧业发展，同时促进桃树生产的可持续发展 有些草含有丰富的蛋白质、淀粉、维生素等养料，是家畜、家禽的优质饲料。畜禽产生的粪便又是优质有机肥，增加了桃园的肥源，这样就形成了一个良性生物圈，以草养田，以草养畜，以畜积肥，以肥养地，提高果实品质。

2. 桃园生草技术

(1) 桃园生草种类的选择依据 适于桃园种的草应具备以下特点：

1）对环境适应性强。这类草主要是在树冠下和行间作业道生长，要求生草品种具备耐荫、耐踩和抗旱的特点，同时要求对土壤、气候有广泛的适应性。

2）水土保持效果好。一般要求草种须根发达，固地性强，最好是匍匐生长，有利于保持水土。

3）有利于培肥土壤。要求草种生长快，产量高，富集养分能力强，刈割后易腐烂，有利于土壤肥力的提高。

4）不分泌毒素或无克生现象。草种根系生长过程中，或者植物体腐烂过程中，不会分泌或排放对桃树有害的化学物质。

5）有利于防治桃园病虫害。要选择与桃树无共同病虫害，又有利于保护害虫天敌的草种。

6）有利于田间管理。草种应矮小（一般不超过40厘米），并且不具缠绕茎和攀缘茎，覆盖性好，方便桃园管理和作业。

7）容易栽培。要求草种易繁殖、栽培，早发性好，覆盖期长，易被控制，以及病虫害少等。

（2）桃园生草的适宜种类 草种最好选用三叶草、紫花苜蓿、扁豆、黄芪、绿豆、田菁等豆科牧草，国外多采用禾本科牧草（如黑麦草）。也可用豆科和禾本科牧草混播或与有益杂草（如夏至草）搭配。下面介绍2种主要的生草种类：

1）白三叶草。白三叶草是目前生草品种中应用最广泛的一个（彩图13），为豆科白三叶草属多年生草本作物。主根短，侧根发达，85%的根系分布在20厘米深的土层内，茎长30~60厘米，实心，光滑，匍匐生长，能节节生根，并长出新的匍匐茎，密生根瘤。叶柄细长，三出复叶，小叶呈倒卵形至倒心形，叶片中央有白色“V”形斑纹，头形总状花序自叶腋伸出，花小而多，含40~100朵小花，花梗长于叶柄，白色蝶形花冠，每个单花着生2粒种子。种草1~2年后，桃园行间即可形成30厘米厚的绿色地毯，人踩踏后2~3天自然恢复。种草2年后观察，土壤团粒结构增多，草下有蚯蚓等动物及残体。

白三叶草耐热、耐寒，在3~35℃范围内均能生长，适宜的生长温度为19~24℃，喜温，抗旱，苗期生长迟缓，幼苗抗旱性能差，一旦度过苗期，则具有很强的竞争力，具有控制、压灭杂草的作用。白三叶草耐荫性好，能在30%透光率的环境下生长，适宜在桃园种植。

白三叶草的根瘤具有生物固氮作用，可以固定、利用大气中的氮素，培肥效应明显。

另外，白三叶草也是良好的饲料。据测定，白三叶草干物质中含粗蛋白质28.8%、粗脂肪3.5%、粗纤维15.7%，是牛、马、羊、猪、兔等动物的好饲料。长成草后，每年可割2~4次，每亩产鲜草3000千克。

2）紫花苜蓿。紫花苜蓿又称紫苜蓿、牧蓿、苜蓿，为异花授粉，根系发达，主根入土深达数米至数十米。根颈密生许多茎芽，显露于地面或埋入表土中，颈蘖枝条多达十余条至上百条。茎秆斜上或直立，光滑，略呈方形，高100~150厘米，分枝很多。叶为羽状三出复叶，小叶呈长圆形或卵圆形，先端有锯齿，中叶略大。总状花序簇生，每簇有小花20~30朵，蝶形花有短柄，雄蕊10枚，雌蕊1枚。荚果呈螺旋形，

表面光滑，成熟后为黑褐色，不开裂，每荚含种子 2~9 粒。种子呈肾形，黄色或浅黄褐色，表面有光泽，千粒重 1.5~2.3 克。

紫花苜蓿喜温暖半干燥气候，生长期一般为 3~5 年。日平均气温为 15~25℃、昼暖夜凉的条件下，最适合紫花苜蓿生长。在华北地区 4~6 月是紫花苜蓿生长的好季节。紫花苜蓿抗寒性强，可耐-20℃的温度，在有雪覆盖时，可耐-40℃的温度。紫花苜蓿根系深，抗旱性强，在年降水量为 250~800 毫米、无霜期在 100 天以上的地区均可种植。对土壤要求不严，喜中性或微碱性土壤，pH 以 6~8 为宜。有一定耐盐性，能在表层含盐量达 0.85%的盐土上出苗并生长发育。不耐强酸或强碱性土壤。播种当年生长较慢，第二年生长迅速，每年割 2~4 次。含氮量很丰富，含粗蛋白质 17.9%、粗脂肪 2%~3%、粗纤维 32.2%，也是优质饲料。

（3）播种方法及管理（以白三叶草为例）

1）播种方法。撒播和条播均可。撒播操作简便易行，工效高，但土壤墒情不易控制，出苗不整齐，苗期管理难度大，缺苗现象严重。条播可以用覆草进行保湿，利于出苗和幼苗生长，极易成坪。条播节省草种，有利于白三叶草分生侧茎和在幼苗期灭除杂草。条播行距视土壤肥力而定，土壤质地好、肥沃，并且有灌水条件时，行距可大，反之则小。一般为 15~30 厘米。

2）播种时间。应根据具体情况而定。春季具备灌水条件的可在 3~4 月（地温升到 12℃以上时）播种，到 11 月可形成 20~30 厘米厚的致密草坪。5~7 月播种，生长也较好，但苗期杂草多，生长势强，管理较费工。8~9 月播种，杂草生长势弱，管理省工。9 月中旬以后播种，则冬前很少分生侧茎，植株弱，越冬易受冻死亡。

3）播种量。一般每亩播种量以 0.5~0.75 千克为宜。播种时土壤墒情好，播种量宜小；土壤墒情差，播种量宜大。

4）播种具体操作。白三叶草种子小，顶土力弱，幼苗期生长缓慢，土壤必须底墒较好。每亩施细碎有机肥料 1500 千克以上和过磷酸钙 30 千克，然后精细整地，耕翻深度为 30 厘米，破碎土块，耙平土面。

播种时用过筛细土或沙与种子以（10~20）∶1 的比例混合，以确保播种均匀。条播覆土 1 厘米，沿行用脚踏实。采用撒播时，用竹扫帚来回拨扫覆土或用铁耙子轻耙覆土。覆土后用铁耙镇压，使种子与土壤紧密结合，以利于出苗和生长。播好后覆盖地膜，保墒好，出苗快而齐全。

(4) 播后管理

1) 苗期管理。白三叶草幼苗生长缓慢，抗旱性差。若苗期土壤墒情差，会出现幼苗干枯致死的情况。凡播后至苗期土壤墒情较好的，出苗整齐，幼苗生长旺盛。若苗期喷施2~3次叶面肥，可提早5~10天成坪。幼苗期遇干旱时要适当浇水补墒，同时灌水后应及时划锄，清除野生杂草。5~7月播种，杂草较多，雨季灭除杂草是管理的关键环节。及早拔除禾本科杂草，或者当杂草高度超过白三叶草时，用10.8%盖草能乳油500~700倍液均匀喷雾，效果很好。白三叶草成坪后，有很强的抑制杂草生长的能力，一般不再人工除草。白三叶草播后第一年尚不能形成根瘤，需要补充少量氮肥，以促进根瘤生长。对于过晚播种的要用碎麦秸等进行覆盖，以防冻害。

2) 雨季移栽。7~8月降雨较多，适于移栽。方法是将长势旺盛的白三叶草分墩带土挖出，在未种草行间挖同样大小的坑移植，栽后灌水。

3) 病虫害防治。在白三叶草上发生的病虫害较轻，以虫害为主，主要防治对象为棉铃虫、斑潜蝇、地老虎等。一般年份防治桃树病虫害时可兼治，不需要专门用药。若虫害大发生时，可选用Bt乳剂等进行防治。

4) 成坪后的管理。白三叶草草坪管理有2种方式。一是刈割2~3次。第一次刈割以初花期为宜，割后长到30厘米以上再刈割。每次刈割宜选在雨后进行。刈割留茬5~10厘米，一般不低于5厘米，以利于再生。割下的草可集中覆盖树盘，或者作为饲草发展畜禽业。二是任其自生自灭，自然更新，草坪高度在生长期内保持20~30厘米。桃树施肥开沟或挖穴时，将白三叶草连根带土挖出，施肥后再放回原处踩实即可。

3. 桃园自然生草

(1) 适宜自然生草的草种 选留无直立或强大的直根系、须根多、植株生长矮小、茎部不易木质化、匍匐茎生长能力强、能尽快覆盖地面的草种，能够适应当地的土壤和气候条件，需水量少，与桃树无共同病虫害且有利于桃树害虫天敌及微生物活动。

(2) 主要种类 夏至草、斑种草、马唐、稗草、牛筋草、狗尾草等。

(3) 自然生草模式 可以对全园地面生草，也可以在桃园行间生草，行内清耕，行间杂草刈割后覆于行内。或者对树干周围50厘米的树盘进行清耕，其他地面生草。

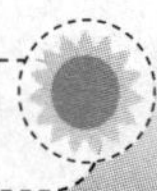

第二节　桃树疏花与人工授粉

关键知识点：

疏花与人工授粉的目的完全不同。疏花是针对坐果率高的品种进行的，以节省营养为目的，而人工授粉是针对无花粉品种进行的，以提高坐果率为目的。

疏花时要遵循“宁可少疏，不可多疏”的原则。疏少了，以后可以疏果，如果疏多了，就没有补救措施了。

疏花时，一定要注意：对坐果率没有保障的品种（无花粉品种）或地区，不易进行疏花。不适宜地区主要是指易受冻害和不良气候（晚霜、风沙、阴雨）影响的地区。

人工授粉时要掌握采集花粉的适宜时期，同时要保证花粉的质量，最好随采随用，在授粉期间，要保存好花粉。授粉的位置一定要在柱头上。如果采用蜜蜂授粉，一定要加大蜜蜂的数量。

一　桃树疏花

1. 疏花的好处

（1）节省营养　疏花包括疏花蕾和已经开放的花。一株盛果期的桃树要开12000~15000朵花，理论上全树只要留下400~500朵花用来坐果就可以。如果15000朵花全部开放，就消耗150克营养物质，所以说疏花蕾比疏花更节省营养。如果进行疏花，就可以将这些营养用于果实发育，增大果个，提高品质，也比疏果节省营养。

（2）增加果实的单果重　疏花试验表明，果皮细胞分裂一直持续到盛花后第6周。疏花明显促进了花后3周内幼果中果皮的细胞分裂，增加了果实中果皮细胞层数和果皮厚度，这是导致成熟果实体积增大的主要原因。疏上部花和下部花的单果重最大。

2. 疏花的时期

疏花蕾应在花前1周至始花前进行。疏花是在始花至终花期进行。对易受冻害的品种及处于易受晚霜、风沙、阴雨等不良气候影响地区的品种，一般不进行疏花。对于无花粉品种，建议不进行疏花。只对坐果率高的品种进行疏花。

3. 疏花的方法

疏花蕾时，应去掉发育差、花朵小、畸形的花蕾。对长果枝应疏掉前部和后部的花蕾，留中间位置的花蕾；对短果枝和花束状果枝则去掉后部花蕾。疏花时，先疏去晚开的花、畸形花、朝天花和无枝叶的花。对结果枝应疏基部花，留中、上部花，中、上部花若为双花，应留单花；预备枝上的花全部疏掉；对于短果枝和花束状果枝，则要保留枝条顶部朝向地面的花蕾。

4. 疏花量

疏花量一般为总花量的1/4~1/3。

二 桃树人工授粉

1. 影响授粉和坐果的因素

（1）品种　不同品种的自然坐果率和自花结实率有一定差异。一般有花粉品种的坐果率高，在生产中不需要配置授粉品种，也不需要进行人工授粉。无花粉品种的坐果率相对较低，但有些无花粉品种如华玉、仓方早生和早凤王等，近几年表现较好，在市场上深受欢迎，要想获得理想的产量，必须在配置足量授粉树的基础上，加强人工授粉。

（2）花朵质量　花朵质量的好坏与授粉和受精有很大的关系。花芽分化质量好，冬季树体营养储备充足时，花朵质量好，柱头接受花粉的能力强，坐果率就高。

（3）气候因素　桃树开花期的温度与授粉和坐果也有密切的关系。当花期温度在18℃左右时，花期持续时间较长，授粉机会多，坐果率高；如果花期温度高于25℃，则花期较短，开花速度快，坐果率低。试验表明，在人工授粉条件下，在18~28℃的范围内，温度越高，桃花粉发芽率也越高；温度为0~6℃时，也有相当数量的花粉能够发芽；当温度达到28℃时，桃花粉发芽率为87.1%；温度为4~6℃时，发芽率为72.4%；温度为0~2℃时，发芽率为47.2%。

提示　这就提供了一个信息，即使花期遇上寒流，对桃树来说，还有相当数量的花能够授粉。花期遇微风有利于授粉，但若遇大风，则柱头易干，不利于授粉。

2. 人工授粉

对于无花粉品种，在培养中庸树势和适宜结果枝的基础上，要进行人工授粉（彩图 14）。

（1）采花蕾　选择生长健壮、花粉量大、花期稍早于无花粉的桃品种，摘取含苞待放的花蕾（大气球期）。采花蕾既不能太早，也不能太迟。采得太早，花粉粒还未形成好；采得太迟，花粉已散开。

（2）制粉　从花蕾中剥出花药，用细筛筛一遍，除去花瓣、花丝等杂质。将花药薄薄地铺在表面比较光亮的纸（如挂历纸等）上，置于室内阴干（室内要求干燥、通风、无尘、无风），大约经 24 小时花药自动裂开，花粉散出。将花粉装入棕色玻璃瓶中，放在冰箱冷藏室内储存备用。

注意　花粉不能在阳光下暴晒或在锅中炒，以免失去活力。

（3）授粉　授粉时间是在初花期至盛花期。采用人工点授的方法，用容易粘着花粉的橡皮头、软海绵或纸捻等醮上花粉，点授位于花中央的柱头，逐花进行。对于长果枝（长于 40 厘米的未短截的果枝），应授其中、上部的花。上午可授前一天晚上和上午开的花，下午可授上午和下午开的花，可以说一天内均可进行授粉。全园一般应进行 2~3 次。

提示　应当授刚开（白色）的花，粉色或红色花的柱头接受花粉的能力已下降。

3. 蜜蜂授粉

据河北省农林科学院石家庄果树研究所观察，由于无花粉的品种，采粉蜜蜂（彩图 15）一般不去访问，只有采蜜的蜜蜂才去访问，而采蜜蜜蜂的身上及腿部不粘着花粉，所以授粉效果较差。根据试验，只有将蜜蜂数量扩大到一般有花粉的 2~3 倍及以上时才能取得较好的效果。

注意　蜜蜂活动较易受气候好坏的影响，如温度在 14℃以下，几乎不能活动，在 21℃时活动最好；有风则不利于蜜蜂活动与访花，风速为 11.2 米/秒时就停止活动；降雨也影响蜜蜂活动。花期不宜打药。

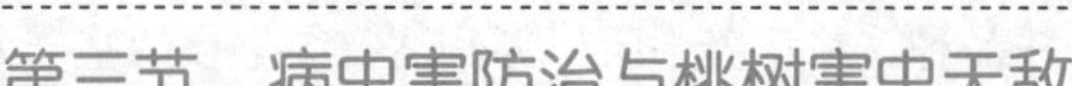

第三节 病虫害防治与桃树害虫天敌

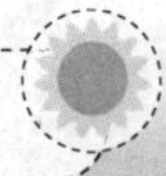

关键知识点：

此期正值桃树生长初期，也正是天敌繁殖初期，对农药较为敏感，要保护好天敌，尽量少打药，多采用农业、生物和物理防治方法。此期没有病害发生，应以防为主，重视病害防治，尤其是对于近年来病害发生较重的桃园。喷农药时，一定要注意农药的安全使用。

一 主要虫害及防治

此期发生的主要虫害有蚜虫、苹毛金龟子、绿盲蝽和桃红颈天牛等。

1. 蚜虫

为害桃树的蚜虫主要有3种：桃蚜、桃粉蚜和桃瘤蚜。生产中常见的主要是桃蚜。

【为害症状】 桃蚜与桃粉蚜以成虫或若虫群集叶背吸食汁液。受桃蚜为害的嫩叶皱缩扭曲，严重时被害树当年枝梢生长和果实发育受影响(彩图16)。桃粉蚜发生时期晚于桃蚜，桃粉蚜为害嫩叶时，叶背布满白粉，有时也在成熟的叶片上为害。桃瘤蚜对嫩叶、老叶均可为害，被害叶的叶缘向背面纵卷，卷曲处组织增厚，凹凸不平，初为浅绿色，渐变为紫红色，严重时全叶卷曲。

【发生规律】 蚜虫在华北地区1年发生10余代。卵在桃树枝条间隙及芽腋中越冬，3月中下旬开始孤雌胎生繁殖，新梢展叶后开始为害。有些在盛花期时为害花器，刺吸子房，影响坐果。繁殖几代后，在5月开始产生有翅成虫，6~7月飞迁至第二寄主，如烟草及萝卜等蔬菜上，到10月再次飞回桃树上产卵越冬。

【防治方法】

1）农业防治。清除枯枝落叶，将被害枝梢剪除并集中烧毁。在桃树行间或桃园附近，不宜种植烟草、白菜和萝卜等，以减少蚜虫的夏季繁殖场所。桃园内种植大蒜，可相应减轻蚜虫为害。

2）生物防治。蚜虫的天敌很多，有瓢虫、食蚜蝇、草蛉和蜘蛛等，对蚜虫有很强的抑制作用。应尽量避免在天敌多时喷药。

3）化学防治。在桃树盛花末期至落花初期，喷22.4%螺虫乙酯悬浮剂3000~4000倍液。

注意　喷药应及时、细致、周到，不漏树、不漏枝，喷1次即可控制。

2. 苹毛金龟子

【为害症状】　主要为害花器和叶片。据观察，苹毛金龟子多在树冠外围的果枝上为害，啃食花器时有群居特性，多只聚于一个果枝上为害，有时达10多只。

【发生规律】　1年发生1代，以成虫在土中越冬。第二年春季3月下旬开始出土活动，主要为害花蕾。在桃树上4月上中旬危害最重。产卵盛期为4月下旬~5月上旬，卵期为20天，幼虫发生盛期为5月底~6月初，化蛹盛期为8月中下旬，羽化盛期为9月中旬。羽化后的成虫不出土，即在土中越冬。成虫具有假死性，当平均温度达20℃以上时，成虫在树上过夜，温度较低时潜入土中过夜。

【防治方法】　该虫的虫源来自多方，特别是荒地虫量最多，故桃园中应以消灭成虫为主。

1）农业防治。在成虫发生期的早晨或傍晚，人工敲击树干，使成虫落在地上，此时由于温度较低，成虫不易飞，易于集中消灭。

2）化学防治。主要是在地面施药，控制潜土成虫。常用药剂为5%辛硫磷颗粒剂，每亩撒施3千克。未腐熟的猪、鸡粪等在施入桃园前需进行高温发酵处理，堆积腐熟时最好每立方米粪加5.0~7.5千克磷酸氢铵。

3. 绿盲蝽

【为害症状】　以成虫和若虫通过刺吸式口器吮吸桃幼嫩叶和果实汁液。被害幼叶最初出现细小的黑色坏死斑点，长大后形成无数孔洞（彩图17)。被害果实表面形成木栓化连片斑点。

【发生规律】　绿盲蝽1年发生4代以上，以卵在树皮下及附近浅层土壤中或杂草上等越冬。4月上中旬花期以后开始为害幼叶，成虫多在夜晚或清晨取食为害。在幼果发育初期为害果实，以后主要为害桃树嫩梢和嫩叶，一般不为害硬核期以后的果实和成熟的叶片。10月上旬产卵越冬。成虫飞行能力极强，稍受惊动便迅速爬迁。因其个体较小，体色与叶色相近，不容易被发现。

【防治方法】　3月中旬在树干30~50厘米处缠粘虫胶，可阻止绿盲蝽上树为害。3 月中下旬在桃树萌芽前喷 3~5 波美度石硫合剂，在萌芽期结合其他害虫防治喷药，以后依各代发生情况进行防治。所选药剂应具有内吸、熏蒸和触杀作用，如 2%阿维菌素乳油 3000~4000 倍液、10%高效氯氰菊酯乳油 3000~4000 倍液和 2.5%高效氯氟氰菊酯乳油 3000~4000 倍液。

4. 桃红颈天牛

【为害症状】 幼虫为害桃主干或主枝基部皮下的形成层和木质部浅层部分，在为害部位的蛀孔外有大堆虫粪（彩图 18）。当树干形成层被钻蛀对环后，整株树可死亡。

【发生规律】 2~3 年发生 1 代，以幼虫在树干蛀道内越冬。成虫在 6 月开始羽化，中午多静息在枝干上，交尾后产卵于树干、大枝基部的缝隙或锯口附近，卵经 10 天左右孵化成幼虫，在树皮下为害，以后逐渐深入韧皮部和木质部。

【防治方法】 4~9 月，在发现有虫粪的地方挖、熏、毒杀幼虫。

5. 黑绒金龟

【为害症状】 成虫在春末夏初温度高时出现，多于傍晚活动，16：00后开始出土，主要为害桃树叶片及嫩芽，出土早者为害花蕾和正在开放的花。

【发生规律】 1 年发生 1 代，主要以成虫在土中越冬。第二年 4 月成虫出土，4 月下旬~6 月中旬进入盛发期，5~7 月交配产卵。幼虫为害至 8 月中旬，9 月下旬老熟化蛹，羽化后不出土即越冬。

【防治方法】

1）农业防治。刚定植的幼树，应进行塑料膜套袋，待成虫为害期过后将袋及时去掉。

2）化学防治。在地面施药，可控制潜土成虫，常用药剂有 5%辛硫磷颗粒剂，每亩撒施 3 千克。使用后及时浅耙，以防光解。

6. 桃球坚蚧

【为害症状】 雌虫在 2 年生及以上的桃树枝干上吸取汁液，密度大时，可见枝干上介壳累累，因而使树势和产量受到严重影响，为害严重时常造成枝干枯死。

【发生规律】 1 年发生 1 代，以 2 龄若虫在为害枝条原固着处越冬，越冬若虫多包于白色蜡堆里。第二年 3 月上中旬越冬若虫开始活动为害，4 月上旬虫体开始膨大，4 月中旬雌雄开始性分化。雌虫体迅速膨大，雄

虫体外覆一层蜡质，并在蜡壳内化蛹。4 月下旬~5 月上旬雄虫羽化与雌虫交尾，5 月上中旬雌虫产卵于母壳下面。5 月中旬~6 月初卵孵化，若虫自母壳内爬出，多寄生于 2 年生枝条。固着后不久的若虫便自虫体背面分泌出白色卷发状的蜡丝覆盖虫体，6 月中旬后蜡丝经高温作用而溶成蜡堆将若虫包埋，至 9 月若虫体背面形成一层污白色蜡壳，进入越冬状态。

提示　桃球坚蚧的重要天敌是黑缘红瓢虫，雌虫被取食后，体背一侧具有圆孔，只剩空壳。

【防治方法】　桃球坚蚧身披蜡质，并有坚硬的介壳，必须抓住两个关键时期喷药，即越冬若虫活动期和卵孵化盛期。

1）农业防治。在群体量不大或已错过防治适期，并且受害又特别严重的情况下，在春季雌虫产卵以前，采用人工刮除的方法防治。

2）生物防治。注意保护利用黑缘红瓢虫等天敌。

3）化学防治。早春芽萌动期，用石硫合剂均匀喷布枝干，也可用 95%机油乳剂 50 倍液混加 5%高效氯氰菊酯乳油 1500 倍液喷布枝干。6 月上旬进入卵孵化盛期时，全树喷布 5%高效氯氰菊酯乳油 2000 倍液或 20%氰戊菊酯乳油 3000 倍液。

二　主要病害及防治

桃树上发生的病害主要有细菌性穿孔病、疮痂病、炭疽病、褐腐病、白粉病和流胶病等，病害虽然在春季不发生，但要以预防为主。一般在萌芽期喷石硫合剂，减少病源。

三　配制农药和喷药的注意事项

1. 配制农药的注意事项

1）配药人员必须具有一定的农药知识，熟悉农药性能，并能正确称量农药。配药前应认真阅读使用说明，了解用量、混配说明和喷药器械。

2）打开农药包装、称量和配药时，配药人员应戴口罩、橡皮手套等，做好必要的防护。

3）农药称量、配制应根据药剂性质和用量进行。易与水混合的高浓度制剂，量取后直接倒入喷雾器贮液罐中，然后分批加水。可湿性粉剂最好先与少量水预先混合成糊状，再将其倒入喷雾器贮液罐内，然后加水稀释至所需浓度。可直接使用的粉剂和颗粒剂打开包装后，用手撒，或者用喷粉器或撒播器施药。

注意　称量和配制粉剂和可湿性粉剂时要小心，否则易造成粉尘飞扬，吸入体内。口袋开口处应尽量接近水面，配药人员应站在上风处，让粉尘和飞扬物随风吹走。

4）喷雾器不要装得太满，以免药液泄溢。一般不超过喷雾器贮液罐的3/4。当天配好的药液当天用完，不要多配。

5）配制农药时，应远离住宅区、牲畜棚和有水源的地方，孕妇、哺乳妇女和儿童不能参与配药。请勿以手代勺，搅拌时切勿将手掌及手臂浸入药液。

2. 喷药的注意事项

1）不宜进行打药操作的人群。身体虚弱、有病、年老者，以及未成年人和怀孕期与哺乳期的妇女，不要参与打药工作。

2）操作地点要远离住宅、禽畜厩舍、菜园和饮水水源。

3）打药时，要按规定操作，穿好长袖、长裤和长靴，戴帽子、乳胶手套和口罩，避免药液溅到身上或农药气体被人吸入。打药时要站在上风头倒退着进行。

4）操作过程中不抽烟、不吃东西、不喝水，不用污染的手擦脸和眼睛。

5）工作之后要用肥皂洗澡，换衣服。污染的衣服要用5%碱水浸泡1~2小时再洗净。剩下的少量药液和洗刷用具的污水要深埋到地下。

四　提高农药使用效率，尽量减少农药用量

1. 大量使用农药造成的危害

（1）杀伤天敌　众所周知，大量使用农药不仅杀死害虫，同时也杀伤了大量天敌昆虫。

（2）污染环境　施用的农药，只有一小部分黏附在桃树上，大部分降落在地面或飘浮到空中。在空中的农药粉粒，有的随着气流飘到远处，然后随着降雨落到土壤和水中。落在地面的农药，渗入土壤，部分又随着雨水、灌水等流入江、河、湖、海或深层灌水。

（3）农药残留　黏附在桃树上的农药，一部分残留在植物表面，另一部分通过叶片组织渗入植物体，运转到植物各部分。落在土壤与水中的农药，也可被植物根部吸收，进入植物体。特别是施药不当，如在接近成

熟期施用过多、过浓的农药，更会造成果实上有过量的农药残留。

（4）病虫耐药性增强 用药量越来越大，次数越来越多，喷药效果越来越不理想，形成了恶性循环。

（5）降低土壤微生物和酶的活性 高浓度农药进入土壤后，会对土壤微生物产生毒害作用，对酶活性也产生抑制作用，对土壤微生物群落的多样性产生影响，破坏土壤净化功能，以致土壤生态系统难以维持和恢复。

总之，农药的过量使用，影响到果实的安全性和桃树生产的可持续性发展，破坏了生态环境，桃树对农药形成了严重的依赖性。

2. 减少农药使用量的措施

（1）非化学防治技术的应用 综合应用生物防治、农业防治和物理防治，在一定程度上可以减轻和控制病虫害。如果使用方法全面、到位，可以基本控制其为害。例如，使用梨小食心虫迷向素，每年涂抹3次，基本可以控制梨小食心虫为害。

（2）提高用药效率，尽量做到“一药多治” 具体内容如下：

1）制订综合防治方案，每年每园只喷3~4次药，避免“一虫（病）一治”。

2）提高用药效率。重视桃树萌芽期的化学防治，桃树萌芽期，在桃树上越冬的大部分害虫已经出蛰，开始在芽体上为害。此时喷药有以下优点：一是大部分害虫暴露在外面，又无叶片遮挡，容易接触药剂；二是经过冬眠的害虫，体内的大部分营养已被消耗，虫体对药剂的抵抗力明显降低，触药后易中毒死亡；三是天敌数量较少，喷药不影响其种群繁殖；四是省药、省功。

3）进行科学预报，适时喷药。

4）选用高效药械。以大中型高效药械替代小型低效药械，减少喷药量，节省农药。

5）掌握喷药技术。每次喷药对主干、主枝、叶片和果实等均要喷到，要全面、细致、周到，不漏树、不漏枝。尤其要注重枝干喷药。另外，也可起到“一药多治”的效果。

6）病虫害统防统治。尤其是对于易于迁飞的害虫，更要同时喷药，避免此园打彼园不打，害虫从此园飞到彼园。

7）科学交替和混用农药。

①交替用药。防治病虫害不要长期单一使用同一种农药，应尽量选用

作用机理不同的几个农药品种，如杀虫剂中的拟除虫菊酯、氨基甲酸酯、昆虫生长调节剂及生物农药等几大类农药，交替使用，也可在同一类农药的不同品种间交替使用。杀菌剂中内吸性、非内吸性和农用抗生素交替使用，也可明显延缓病害抗药性的产生。

②混用农药。将两三种不同作用方式和机理的农药混用，可延缓病虫抗药性的产生和发展速度。农药的混用，必须符合下列原则：一是要有明显的增效作用；二是对植物不能发生药害，对人、畜的毒性不能超过单剂；三是能扩大防治对象；四是降低成本。混配农药也不能长期使用，否则同样会产生抗药性。

(3) 选用替代农药 以绿色生物农药、高效低毒低残留农药替代高毒高残留农药。推广使用生物杀虫剂和特异性杀虫剂。目前，我国在果树害虫防治上用得较多的生物杀虫剂主要有阿维菌素、华光霉素、浏阳霉素、苏云金杆菌（Bt）、绿僵菌和白僵菌等。

五 刮树皮

随着桃树树龄的增加，桃树的主干和主枝的树皮部会形成一些裂缝，继而可以成为翘皮。裂缝和翘皮是许多病虫的越冬场所。因此，刮除老皮，集中烧毁，既能消灭病虫，又能促进树体生长，恢复树势。

1. 树体选择

刮皮主要针对6年生以上的有粗老翘皮的树。

2. 刮皮时期

过去刮皮一般在冬季，只考虑除虫，却忽视了保护害虫的天敌。据观察，果树害虫的天敌有很多也在树干翘皮内越冬。天敌越冬后开始活动的时间要早于害虫。因此，为了在消灭害虫的同时保护天敌，刮皮的最佳时期应掌握在早春天敌已能爬动转移而害虫尚未出蛰时进行，一般应在3月上旬左右较为适宜。

3. 刮皮部位

主要是主干及主枝中部以下部位的粗老翘皮。

4. 刮皮深浅程度

刮皮深浅程度要根据皮层厚薄和树龄来决定，一般要掌握“小树弱树宜轻，大树壮树宜重，露红不露白”的原则。总之，要提高刮皮质量，把粗老翘皮刮去，刮得表面光滑无缝，不留毛茬，以达到铲除

害虫和病斑的效果。切忌过深伤及嫩皮和木质部。可用撬皮或擦刷树皮的方法进行。

5. 保护益虫（天敌）安全越冬

为充分发挥自然天敌对害虫的控制作用，要注意保护好螳螂、大蜘蛛等益虫的卵块。例如，螳螂的卵块粗糙坚硬，牢固黏附在树杈拐弯处，刮皮时不要损伤它们。对其他天敌也要加以保护，改变过去把刮下来有天敌和害虫的粗老翘皮一起烧毁的做法。刮皮时要先在树干周围地下铺塑料布等物，把刮下来的粗老翘皮和虫卵、幼虫、蛹等集中起来带回室内，把天敌（如小花蝽、扑食螨、六星蓟马、小黑瓢虫和多种寄生蜂等）及害虫分别清理，集中装在养虫笼或其他容器内，待春季幼虫出蛰时再将所收集的天敌放回桃园，而让害虫自然死去，然后把剩下的树皮烧掉。

6. 刮皮的具体方法

用2米宽幅的布（塑料布也可），截成2米长（若是1米宽幅的就将2块缝合在一起），做成4米^{2}的铺布。从其中一面中间用剪子直剪到中心处，并在此处剪1个圆形孔洞。若是布类，应锁边，耐用。进行刮治时像人们围布似的把树干边际围起来，刮毕，提起铺布将皮与腐朽物收集在水桶等容器里。用该法比刮在地上再扫起来省工省事，并且虫、卵、病菌不会漏掉。

7. 涂白

桃树刮皮后最好进行涂白（彩图19），其作用是可减少和预防日灼与冻害，防止枝干上病菌的侵染，延迟桃树萌芽和开花，避开或减轻晚霜。涂白剂的配方：水72%，生石灰22%，石硫合剂原液和食盐各3%，将其混合搅匀，即可涂用。涂白的位置是在树干及主枝基部，涂抹时要由上到下进行，尤其在害虫产卵之前涂刷效果更好。

六 桃树害虫天敌的种类及其生物学特性

自然界任何一种植物或动物的种群增长都受到一系列因素的制约。昆虫也同样有寄生和捕食它的生物，称之为天敌。每一种昆虫都有天敌攻击，也就是说将近98%以上的害虫被自然天敌所控制，形成了一个良好的食物链和小生物圈，维持着生态平衡。桃树为多年生木本植物，生态环境比较稳定，天敌资源极为丰富。这些天敌对控制害虫种群数量起着重要的作用。

1. 桃园主要害虫天敌的种类和生物学特性

桃园主要害虫天敌的种类主要包括：天敌昆虫和蜘蛛（表3-3）、食虫鸟类（表3-4）、寄生性天敌（表3-5）和昆虫病原微生物。

瓢虫是桃园中主要的捕食性天敌，均以成虫在树缝、树根和枯枝落叶等处越冬。草蛉以成虫躲藏于背风向阳处的草丛、枯枝落叶、树皮缝或树洞内越冬。捕食螨以雌虫在树皮裂缝或翘皮下越冬。食虫椿象以雌虫在树枝和树干的翘皮下越冬。蜘蛛的抗逆能力很强，对高温、低温和饥饿等有极强的忍耐力，群落复杂，捕食方式多种多样，可以控制不同习性的害虫，有的在地面土壤间隙做穴结网，可捕食地面害虫。螳螂是多种害虫的天敌，具有分布广、捕食期长、食虫范围广和繁殖力强等特点，在植被多样化的桃园中数量较多。食虫鸟类在农林生物多样性中占有重要地位，它与害虫形成相互制约的密切关系，是害虫天敌的一大类群，对控制害虫种群作用很大。

表3-3　天敌昆虫和蜘蛛的种类、寄主及每年发生代数

种类	主要类型	捕食寄主	发生代数（华北地区）
瓢虫	七星瓢虫、异色瓢虫、龟纹瓢虫和多异瓢虫等	桃蚜、桃粉蚜和桃瘤蚜等	1年4~5代
	深点食螨瓢虫、黑襟毛瓢虫和连斑毛瓢虫	山楂叶螨、苹果全爪螨和二斑叶螨等	1年4~5代
	黑缘红瓢虫、红点唇瓢虫、红环瓢虫和中华显盾瓢虫等。	朝鲜球蚧、桑盾蚧和东方盔蚧等	1年发生1代
草蛉	大草蛉、丽草蛉、中华草蛉、叶色草蛉和普通草蛉等	蚜虫、叶螨、叶蝉、蓟马、介壳虫及鳞翅目害虫的低龄幼虫和多种卵	1年发生3~5代
捕食螨	智利小植绥螨、西方盲走螨、伪钝绥螨、黄瓜新小绥螨、加州新小绥螨和斯氏钝绥螨、伪新小绥螨、东方钝绥螨、胡瓜新小绥螨和巴氏新小绥螨，但以植绥螨为主	山楂叶螨、二斑叶螨等害螨，还能捕食一些蚜虫、介壳虫、蓟马和粉虱等小型害虫	植绥螨一般1年发生8~12代

（续）

种类	主要类型	捕食寄主	发生代数（华北地区）
食虫椿象	东亚小花蝽，小黑花蝽和黑顶黄花蝽等	蚜虫、叶螨、介壳虫及鳞翅目害虫的卵及低龄幼虫等	小黑花蝽1年发生4代
	猎蝽科的白带猎蝽和褐猎蝽等	蚜虫、叶蝉、椿象和卷叶蛾等	白带猎蝽1年发生1代
食蚜蝇	黑带食蚜蝇、斜斑额食蚜蝇等10余种	以捕食蚜虫为主，也可捕食叶蝉、介壳虫、蛾类害虫的卵和初龄幼虫	黑带食蚜蝇1年发生4~5代
蜘蛛	三突花蛛	桃粉蚜、桃瘤蚜、桃蚜和山楂叶螨等	1年发生2~3代
	柔弱长蟹蛛	桃一点叶蝉、蚜虫和潜叶蛾等	1年发生1代
螳螂	中华螳螂、广腹螳螂和薄翅螳螂等	蚜虫类、蛾类（桃小食心虫、梨小食心虫）、叶蝉、甲虫类和椿象类等60多种害虫	1年发生1代

表3-4　食虫鸟类的种类、寄主及捕食量

种类	主要类型	捕食寄主	捕食量
大山雀	大山雀、沼泽山雀和长尾山雀等，大山雀是最常见的一种	桃小食心虫、天牛的幼虫、天幕毛虫的幼虫、叶蝉及蚜虫等	每天可捕食害虫400~500只
大杜鹃	大杜鹃和鹰头鹃，其中以大杜鹃最为常见	以取食大型害虫为主，如甲虫和鳞翅目幼虫，特别喜食一般鸟类不敢啄食的毛虫，如天幕毛虫和刺蛾等害虫的幼虫	1只成年杜鹃1天可捕食300多只大型害虫
啄木鸟	大斑啄木鸟	主要捕食鞘翅目害虫和椿象等	每天可取食1000~1400只害虫幼虫

表 3-5　寄生性天敌的种类、寄主及发生代数

种类	主要类型	寄　　主	发生代数
赤眼蜂	松毛虫赤眼蜂、螟黄赤眼蜂、舟蛾赤眼蜂和毒蛾赤眼蜂等，以松毛虫赤眼蜂为主	能寄生于400余种昆虫卵中，尤其喜欢寄生在鳞翅目昆虫卵中，如梨小食心虫和刺蛾等	华北地区1年可发生10~14代
蚜茧蜂	桃蚜茧蜂和桃瘤蚜茧蜂	桃蚜、桃瘤蚜	桃瘤蚜茧蜂1个世代需10~12天
寄生蝇	桃树上常见的有卷叶蛾赛寄蝇	梨小食心虫	1年发生3~4代
姬蜂	花斑马尾姬蜂	天牛	1年发生2代
茧蜂	梨小食心虫白茧蜂	梨小食心虫	1年发生4~5代

昆虫病原微生物主要有苏云金杆菌（Bt）和白僵菌。苏云金杆菌的杀虫机理是能产生多种有致病力的毒素，最主要的是伴孢晶体毒素和β-外毒素。此种细菌杀虫剂与化学农药相比，害虫致死速度较慢，因此使用此种菌比常用农药防治时间要提前。它对害虫天敌无伤害，长期使用Bt防治食叶类鳞翅目害虫，能使天敌得到保护。白僵菌是虫生真菌，应用球孢白僵菌防治出土期桃小食心虫，卵孢白僵菌防治蛴螬类害虫，都取得了很好的效果。白僵菌对桃小食心虫的自然寄生率常可达20%~60%。与化学农药相比，其寄生专一性强，可保护天敌，持效性长，可在条件适宜时造成流行病，形成横向和垂直传播。但孢子侵入到寄主要3~4天的发病时间，致死害虫速度慢，并且要求一定的温度。霉蚜菌对防治桃蚜的效果也很好。感染该菌的桃蚜行动迟缓，体色变浅，体型稍大，死后体型比正常蚜虫大2~3倍，表面呈白色，以假根附于桃叶上，症状比较明显。

2. 加强对桃园主要害虫天敌的保护利用

桃树生长期遭受多种害虫为害，但是捕杀害虫天敌的种类和数量较多，它是控制害虫种群数量的重要因素。到目前为止，还没有发现一种没有天敌控制的害虫，若害虫一旦失去天敌的控制，将会以惊人的速度繁殖。但是自然界中的生物都存在着相互制约和相互依存的平衡关系，若长期不合理使用农药及植被的单一化，会使天敌数量锐减，这种平衡关系将会被人为打破，导致害虫为害猖獗。为此，必须采取积极有效的措施保护天敌，充分发挥其自然控制作用。

（1）改善桃园生态环境　生物多样性是促进天敌种类丰富的基础。因此桃园周围应种植防护林，园内栽培蜜源植物，桃树行间种植牧草或间作油菜和花生等，这样的桃园符合生物多样性的要求，其害虫天敌种类和数量就会多。在桃园种植紫花苜蓿等覆盖植物，可为天敌提供猎物、活动和繁殖的良好场所，增强其对蚜和螨等害虫的自然控制能力。保护好桃园周围的麦田天敌，对控制桃树上的蚜虫也有明显的效果。另外，在桃园内种植开花期较长的植物，可吸引寄生蜂、寄生蝇、食蚜蝇和草蛉等飞到桃园取食、定居和繁殖。

（2）配合农业措施，直接保护害虫天敌　冬季或早春刮树皮是防治山楂叶螨、二斑叶螨、梨小食心虫和卷叶蛾等害虫的有效措施，但是六点蓟马、小花蝽、捕食螨和食螨瓢虫及多种寄生蜂均在树皮裂缝或树穴等处越冬，为了既消灭害虫，又保护天敌，可采用上刮下不刮的办法，或者改冬季为春季桃树开花前刮，这时大多数天敌已出蛰。如果刮治时间较早，可将刮下来的树皮放在粗纱网内，等到天敌出蛰后再将树皮烧掉。

为了保护桃园蜘蛛、小花蝽和食螨瓢虫等天敌，可采用树干基部捆草把或种植越冬作物，园内零星堆草或挖坑堆草等，人为创造越冬场所供其栖息，以利于天敌安全越冬。另外，对摘下或剪下的虫果、虫枝和虫叶也可收集放于大纱网内，因为虫果内的桃小食心虫幼虫常有桃小甲腹茧蜂寄生，梨小食心虫和卷叶蛾为害的虫梢中有多种寄生性天敌，对这些天敌应加以保护利用。另外，在桃园四周种植乔木和灌木相结合的防护林，或者在园内悬挂人工巢箱，创造鸟类栖息和繁殖的场所，可以明显增加桃园内益鸟的数量。

（3）使用选择性杀虫剂　使用农药是防治桃树病虫害必须采取的措施，但是它对天敌的杀伤力轻重不一，因此要选择高效、低毒且对天敌的杀伤力较小的农药品种，并要改进喷药技术，以解决防治病虫和保护天敌的矛盾。一般来说，生物源农药对天敌杀伤轻，化学源农药杀伤天敌重。化学源农药对天敌的杀伤力也有较大差异，有机磷和氨基甲酸酯类杀虫剂对天敌毒性最大，其次是菊酯类农药，而昆虫生长调节剂对天敌则比较安全。在生物源农药中，微生物农药比较安全。

另外，可采用生态选择的方式，调整施药技术，保护天敌。常用的方法有：一是改进施药方式。例如，防治蚜虫，可将树上喷雾改为树干涂药包扎，对天敌基本无害。当蚜、螨类害虫发生不普遍时，可

将全园普治改为点片防治。二是严格防治指标，调整防治时期，不要见虫就治，特别是蚜虫和叶螨，要根据益害比确定防治关键时期，如天敌和害螨的比例在 1∶30 时可不防治，当超过 1∶50 时开展防治。抓住春季害虫出蛰期防治，压低虫源基数，可减少夏季喷药次数。三是降低用药浓度。

（4）人工繁殖并释放害虫天敌　对于一些常发性害虫，单靠天敌自身的自然增殖是很难控制害虫的，因为天敌往往是跟随害虫之后发生的，比较被动。在害虫发生之初自然天敌不足时，提前释放一定数量的天敌，则能主动控制害虫，取得较好的效果。

第四节　桃树春季高接换头与剪砧

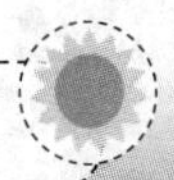

关键知识点：

春季高接换头，要选用树龄较小、树势较旺、树上有适宜嫁接枝（直径为 1~2 厘米）的树。采用带木质部芽接的方法，一定要将接芽包严，并将芽体露在外面。适宜的嫁接时间较短，一般从叶芽萌动到花蕾露出之前，过晚影响新梢生长。剪砧要在萌芽初期进行，对于没有成活的仍要进行补接。

一　高接换头

桃树是果树中最怕重茬的树种之一。刨掉桃树再重新栽桃树极易出现树体成活率低、生长缓慢、结果少、品质差等问题。如果发现所栽品种不适合市场需求，淘汰品种时，不要马上刨掉，可以直接通过高接来更换所需要的品种。如果所栽品种均为无花粉品种，没有配置授粉品种，也可高接一些授粉品种。

1. 适宜的嫁接时间

春季的时间较短，在石家庄地区为 3 月中下旬，不足 20 天。春季嫁接温度相对低，空气干燥，成活率相对较低。但是春季嫁接，当年可恢复到嫁接前的大小，第二年就可结果，如果高接大树，便可进入盛果期。春季嫁接比夏季嫁接早结果 1 年。

2. 嫁接方法

（1）植株选择　树龄在 10 年以下的健壮树适宜高接。树势较弱

但树龄较轻而又有复壮能力的，应在加强土肥水管理、复壮树势后进行高接。如果树龄大于10年，树势强健的也可以进行高接。

（2）嫁接方法　采用带木质部芽接（图3-1~图3-3）。带木质部芽接具有节省接穗、伤口较小、易于愈合、生长较快的特点。

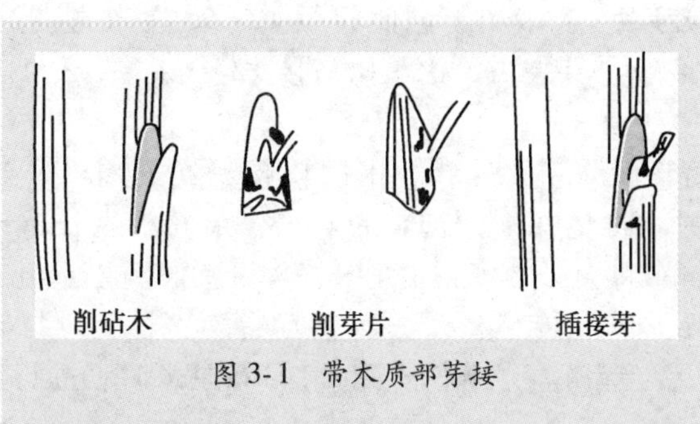

图3-1　带木质部芽接

图3-2　带木质芽接（绑塑料布前）

图3-3　带木质芽接（绑塑料布后）

（3）嫁接部位　直径为1~2厘米的1年生枝或2年生枝均可，1年生枝最佳，成活率高，2年生枝生活力较差，成活率相对较低。

（4）接穗的选择　选用健壮、芽饱满、无病虫害的1年生枝条作为接穗，一般直径为0.6~1.5厘米，如果嫁接部位较粗，就选用较粗的接穗，反之则用较细的接穗。

(5) 嫁接操作技术 要嫁接的枝条可以是直立的，也可以是斜生的。如果是直立枝条，接口位于侧面；如果是斜生枝条，接口位于上部。接芽厚度为0.3厘米左右，长度为2.5厘米左右，用适宜厚度的塑料布将接芽包扎严，将芽露在外面。

(6) 高接芽数 一般树上同侧间距40~50厘米高接1个芽即可。一般大树高接20个芽左右，中等树高接12个芽左右，小树高接6个芽左右。

(7) 接后管理 春季嫁接，中间要松一次塑料布。当接芽长到10~20厘米时，将包扎芽的塑料布解开，给新梢生长留出足够的空间，否则塑料布将会影响到新梢生长。解开后再重新包扎，主要是绑住接芽的两端，以防接芽翘开。若有萌蘖发出，及时抹除干净，仅保留接芽长成的新梢。当新梢长到大约40厘米时，进行摘心，以促发分枝。

3. 培养夏季嫁接的枝条

有的树体虽然树龄不大，但由于各种原因树势较弱，无合适的嫁接枝条，可以适度重剪，培养在夏季可以进行嫁接的枝条，同时，加强生长季节的肥水管理。

二 剪砧

对于去年夏季高接的桃树，在萌芽前后要进行剪砧，同时解去塑料布。剪口距嫁接芽0.5厘米。对于较粗的剪口，要给伤口涂油漆，以保护伤口，减少水分蒸发。

第五节 霜害及防霜措施

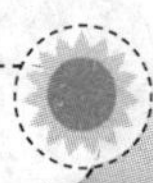

关键知识点：

霜冻主要以防为主，主要通过选择在适宜地区建园、延迟发芽和改变小气候等进行。在晚霜发生前，要注意关注天气变化，关注天气预报。霜冻发生后，要积极采取措施，进行人工授粉，尽量提高坐果率，如果冻害严重，坐果率低，要注意减少化肥施用。同时注意及时进行夏季修剪，控制旺长，防止郁闭，保持通风透光，为第二年丰产打下基础。

一 霜冻的概念及危害

在桃树花期或幼果生长初期，由于急剧降温，水汽凝结成霜而使花或幼果受冻，该过程称为霜冻。霜冻对桃树造成的伤害称为霜害。

早春萌芽时受霜冻，嫩芽或嫩枝变褐，鳞片松散而不易脱落。花蕾期和花期受冻，由于雌蕊最不耐寒，轻霜冻时只将雌蕊和花托冻死，花朵照常开放，稍重的冻害可将雄蕊冻死。幼果发生轻微冻害时，剖开果实可发现幼胚变褐，以后逐渐脱落。受冻严重时整果变褐，很快脱落。有的幼果经轻霜冻后还可继续发育，但生长变慢，成为畸形果，近萼端有时出现霜环。

由于霜害发生时的气温逆转现象，越近地面气温越低，所以桃树下部受害较上部重。湿度对霜冻有一定影响，湿度大可缓冲温度，故靠近大水面的地方霜害较轻。

霜冻的程度还决定于温度变化大小、低温强度、低温持续时间和温度回升快慢等气象因素。温度变化越大，温度越低，持续时间越长，则受害越重。温度回升慢，受害轻的还可恢复，如温度骤然回升，则会加重受害。

二 防霜措施

根据桃园霜冻发生的原因和特点，防霜途径如下：

1. 建园与品种选择

经常发生霜冻的地区，应从建园地点和品种选择等方面着手，避免在低洼地建园，不选择花期早的品种。一般需冷量低的品种花期较早。

2. 延迟发芽，减轻霜冻程度

（1）春季灌水 春季多次灌水能降低土温，延迟发芽。萌芽后至开花前灌水，一般可延迟开花 2~3 天。

（2）涂白 春季进行主干和主枝涂白可以减少对太阳热能的吸收，延迟发芽和开花 3~5 天。早春（萌芽前）用 7%~10%石灰液喷布树冠，一般可使花期延迟 3~5 天。在春季温度剧烈变化的地区，效果尤为显著。

3. 改变桃园霜冻发生时的小气候

（1）吹风法 霜害是在空气静止情况下发生的，如利用大型吹风机增强空气流通，将冷气吹散，可以起到防霜效果。欧美一些国家利用此方法，隔一定距离设 1 台旋风机，在即将霜冻前开动，可收到一定效果。

（2）人工降雨、喷水或根外追肥 利用人工降雨设备或喷灌等喷雾设备向桃树上喷水，水遇冷凝结时可放出潜热，并可增加湿度，减轻冻害。根外追肥能增加细胞浓度，效果更好。

（3）熏烟法 在最低温度不低于-2℃的情况下，可在桃园内熏烟。熏烟能减少土壤热量的辐射散发，同时烟粒吸收湿气，使水汽凝成液体而放出热量，提高气温。常用的熏烟方法是用易燃的干草、刨花、秸秆等与潮湿的落叶、锯屑等分层交互堆起，外面覆一层土，中间插上木棒，以利于点火和出烟。烟堆大小一般不高于1米。根据当地气象预报，对于有霜冻危险的夜晚，在温度降至5℃时即可点火发烟。

防霜烟雾剂防霜效果很好，配方为：硝酸铵20%、锯末70%、废柴油10%。将硝酸铵研碎，锯末烘干过筛。锯末越碎，发烟越浓，持续时间越长。平时将原料分开放，在霜冻来临时，按比例混合，放入铁筒或纸壳筒，根据风向放置，待降霜前点燃，可提高温度1.0~1.5℃，烟幕可维持1小时左右。

4. 加强综合栽培管理技术

加强综合栽培管理，以增强树势，提高桃树的抗霜能力。

三 霜冻发生后的补救措施

如果霜冻已造成灾害，应采取积极措施，加强管理，争取产量和树势的恢复。对晚开的花应人工授粉，提高坐果率，以保证当年有一定产量。与此同时，应促进当年的花芽分化，为第二年的丰产打下基础。幼嫩枝叶受冻后，仍会有新枝和新叶长出，采取措施使其健壮生长，恢复树势。

第六节 桃园建设

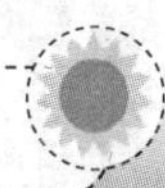

关键知识点：

园地选择十分重要，不在低洼地建园，确保排水通畅。尽量不在过于黏重的土壤、盐渍地和重茬地上建园。桃园进行合理规划，尤其是道路、灌水、排水设施齐全。栽植行距要适当大（一般要大于或等于5米）。苗木品种纯度高，质量好，无病虫害。栽前进行根系处理，以防根瘤病发生。及时绘制定植图，并保存好，备以后查用。苗木栽植后，要加强管理，确保成活及生长健壮。

一　苗圃的建立

1. 苗圃地的选择

用作育苗的地块应具备以下条件：地形一致，地势平坦，背风向阳，土层深厚，质地疏松，排水良好的沙壤土；水源充足，有良好的灌溉条件，地下水位在1米以下；忌重茬地、多年生菜地及林木育苗地。

2. 苗圃地的规划

苗圃地包括2个部分，即采穗圃和苗木繁殖圃，比例为1∶30。对规划设计出的小区、畦进行统一编号，对小区、畦内的品种登记建档，使各类苗木准确无误。

二　砧木苗的培育

1. 整地和施基肥

播种前进行耕翻和精细整地，施入腐熟农家肥4000~5000千克/亩，混施过磷酸钙20~25千克/亩，耙平做畦，灌水沉实。

2. 播种

播种量一般毛桃为40~50千克/亩，山桃为20~30千克/亩。播种时期在土壤解冻后进行，石家庄地区一般在3月下旬进行。采用宽窄行沟播法，宽行行距60~80厘米，窄行行距20~25厘米，种子间距10~15厘米，播种沟深4~5厘米，播种后覆土、耙平。

3. 提高砧木的出苗率

（1）确保种子的质量　种子质量的好坏是决定出苗率的关键因素。如果是秋播，一定要用种子质量好的。春播时，将沙藏后发芽的直接播种，未发芽的去壳后进行播种。

（2）播种质量　包括整地、土壤墒情和播种深度等。要求畦面整平，畦土细碎，无土坷垃。

（3）播后覆膜　覆膜可以提高地温，并保持土壤湿度，有利于出苗。

4. 播后管理

保持土壤疏松、无杂草，结合灌水追肥，施尿素6~8千克/亩。生长季可结合喷药，叶面喷施300倍尿素水溶液2~3次，并及时防治病虫害。去年秋播的，第二年春天种子出苗前浇1次水。

5. 剪砧

以培育2年生苗木为目的，要在春季萌芽前后对去年夏季嫁接的苗木进行剪砧，剪口距离嫁接芽 0.5 厘米左右为宜，剪口要平滑。剪后要及时除萌蘖，以促进保留下的嫁接芽生长。剪砧后，追施尿素 15～20 千克/亩，并及时浇水、保墒。及时防治蚜虫、螨类、潜叶蛾、金龟子和白粉病等病虫害。

6. 出圃

在苗木落叶至土壤封冻前或第二年春季土壤解冻后至萌芽前出圃。如果土壤干旱，挖苗前应先浇水，然后再挖苗。挖苗时需距苗木 20 厘米以上的距离挖掘，尽量使根系完整。注意当天挖苗后，应在当天或次日进行假植，防止苗木失水。

7. 苗木分级

依据中国农业科学院郑州果树研究所等单位制定的桃苗木质量标准，将苗木进行分级。1 年生苗、2 年生苗及芽苗的质量见表 3-6。特别注意去除感染根瘤病、根腐病、根结线虫等病虫害的苗木。

表 3-6　苗木质量基本要求

<table>
<tr><th colspan="3" rowspan="2">项　目</th><th colspan="3">要　求</th></tr>
<tr><th>2 年生</th><th>1 年生</th><th>芽　苗</th></tr>
<tr><td colspan="3">品种与砧木</td><td colspan="3">纯度≥95%</td></tr>
<tr><td rowspan="5">根</td><td rowspan="2">侧根数量（条）</td><td>毛桃、新疆桃</td><td>≥4</td><td>≥4</td><td>≥4</td></tr>
<tr><td>山桃、甘肃桃</td><td>≥3</td><td>≥3</td><td>≥3</td></tr>
<tr><td colspan="2">侧根粗度/厘米</td><td colspan="3">≥0.3</td></tr>
<tr><td colspan="2">侧根长度/厘米</td><td colspan="3">≥15</td></tr>
<tr><td colspan="2">病虫害</td><td colspan="3">无根瘤病和根结线虫病</td></tr>
<tr><td colspan="3">苗木高度/厘米</td><td>≥80</td><td>≥70</td><td>—</td></tr>
<tr><td colspan="3">苗木粗度/厘米</td><td>≥0.8</td><td>≥0.5</td><td>—</td></tr>
<tr><td colspan="3">茎倾斜度（°）</td><td>≤15</td><td>—</td><td></td></tr>
<tr><td colspan="3">枝干病虫害</td><td>无介壳虫</td><td></td><td></td></tr>
<tr><td colspan="3">整形带内饱满叶芽数/个</td><td>≥6</td><td>≥5</td><td>接芽饱满，不萌发</td></tr>
</table>

8. 苗木假植、包装和运输

（1）假植　临时假植时，应在背阴干燥处挖假植沟，将苗木根部埋入湿沙中进行假植。越冬假植，假植沟挖在防寒、排水良好的地方，苗木散开后，将苗木的 2/3 埋入湿沙中，及时检查温湿度，防止霉烂。

（2）**包装** 外运苗木每50株一捆或根据用户要求进行保湿包装。苗捆应挂标签，注明品种、苗龄、等级检验证号和数量。

（3）**运输** 苗木在汽车长途运输时，在运输前需沾泥浆，一般需盖防风棚布，途中可运2~3天。火车运输时，需用蒲包、草袋、塑料布、编织袋等将苗木包装好，以防苗木途中失水或磨损。在气候寒冷时，不宜长途运输苗木，以免根系受冻。另外，长途运输苗木时，必须有检疫证明。

三 园地选择

1. 地势

平地地势平坦，土层深厚、肥沃，供水充足，气温变化缓和，桃树生长良好，但通风、排水不如山地，并且易染真菌病害。平地还有沙地、黏地、地下水位高（高于1米）、盐渍地等不良因素，故以先改造后建园为宜。山地、坡地通风透光，排水良好，栽植桃树病害少，品质优于平地，如河北顺平县在山地栽培的大久保桃，果实个大，颜色好，硬度大，风味甜，果实性状优于在河北平原地区栽培的大久保。

提示 桃树喜光，应选在南坡日光充足地段建园，但物候期较早，应注意花期晚霜的危害。现在提倡在山地建园，土壤、空气和水分未被污染或污染极轻，是生产安全果品的理想地方，并且果实品质好。

2. 土壤

桃树耐旱忌涝，根系好氧，适于在土壤质地疏松、排水畅通的沙质壤土建园。在黏重和过于肥沃的土壤上种植桃树，易徒长，易患流胶病和颈腐病，一般不宜选用，尤其地下水位高的地区不宜栽植桃树。

3. 重茬

桃树对重茬反应敏感，往往表现生长衰弱，产量低，易流胶，寿命短，或者生长几年后突然死亡等，但也有无异常表现的。重茬桃园生长不良和早期衰亡的原因很复杂。除了营养和病虫害原因之外，有人认为是桃树根残留物分解产生毒素，毒害幼树而导致树体死亡，如扁桃苷分解产生氢氰酸使桃根致死，因而尽可能避免在重茬地建园。

河北省农林科学院石家庄果树研究所从1998年开始试验，证明以下4种方法可以减轻重茬病的危害：

（1）先行间错穴栽植大苗，2~3年后再刨原树 主要原理是：桃根系有生命力时，土壤中的根系不会产生毒素，这时栽上大苗并不表现重茬症状，之后将原树刨去，这时新栽小树已形成较大根系，再刨掉原树对小树的影响已很小（图3-4）。

（2）种植禾本科农作物 刨掉桃树后连续种植2~3年农作物（小麦、玉米）对消除重茬的不良影响有较好的效果。

（3）挖定植沟，彻底清除残根 对要淘汰的桃树用拖拉机等将其拔掉，使其在土壤中尽量不留根系。前茬刨后若再栽桃树，用挖掘机挖深80~90厘米、宽80厘米左右的定植沟，边挖边捡除其中的根，晾沟3~5个月后，第二年春季将坑填上，同样边填边捡根，之后进行灌沟栽树。若有可能，挖定植沟时与旧坑错开，填入客土等效果更好。

（4）栽大苗 在栽植时，栽大苗（如2~3年生大苗）比栽小苗效果好。

图3-4　大桃树淘汰前在旁边种植小树防重茬

四　桃园规划设计

桃园规划包括桃园及其他种植业占地、防护林、道路、排灌系统和辅助建筑物占地等。规划时尽量提高桃园的占地面积，控制非生产用地的比率。多年经验认为，桃园各部分占地的大致比率为：桃树占地90%以上，道路占地3%左右，排灌系统占地1.5%，防护林占地5%左右，其他占地0.5%。

1. 桃园园地（作业区）的区划

根据桃园的地形、地势和土壤条件，以及小气候特点和现代化生产的要求，因地制宜地划分作业区。作业区通常以道路或自然地形为界。作业区面积小者15亩，大者150亩不等，因地形、地势而异。地形复杂的山区，作业区的面积较小（5~20亩），丘陵或平原可大些（50~200亩）。作业区的形状以长方形为宜，利于耕作和管理，长边与短边又可为2∶1

或5∶(2~3)。山区长边应与等高线走向平行，有利于保持水土。小区长边与主要有害风向垂直，或者稍有偏角，以减轻风害。

2. 桃园道路系统的规划

根据桃园面积、运输量和农机具运行的要求，常将桃园道路按其作用的主次，设置成宽度不同的道路。主路较宽（6~8米），并与各作业区和桃园外界联通，是产品和物资等的主要运输道路。作业区之间有支路（宽4~6米）相连。为方便各项田间作业，必要时作业区内还可设置作业道（宽1~2米）。道路尽可能与作业区边界相一致，避免道路过多地占用土地。

3. 桃园排灌系统的规划

首先解决水源，根据水源确定灌溉方式（沟、畦灌溉、喷灌、滴灌）和设计排水渠、灌水渠。通常灌溉渠道与道路相结合，排水渠与灌渠共用。

4. 辅助建筑物的规划

辅助建筑物包括管理用房、药械、果品和农机具等的贮藏库、包装场、配药池、畜牧场和积肥场等。管理用房和各种库房最好靠近主路交通方便、地势较高、有水源的地方。包装场和配药池等最好位于桃园或作业区的中心部位，有利于果品采收集散和便于药液运输。畜牧场和积肥场则以水源方便和运输方便的地方为宜。山地桃园，包装场在下坡，积肥场在上坡。

5. 绿肥地的规划

利用林间空隙地、山坡坡面、滩地种绿肥，必要时还应专辟肥源地，以供桃树用肥。

6. 防护林的规划

桃园建立防护林可以改善桃园的生态条件，提高桃树的坐果率，增加果实产量，提高果实品质，取得良好的经济效益。防护林能抵挡寒风的侵袭，降低桃园的风害，并能控制土壤水分的蒸发量，调节桃园的温度和湿度，减轻或防止霜害和土壤盐渍化。

五　定植前的土壤改良

1. 土壤理化性能的改良

（1）沙荒地和黏土地改良　利用下层黏土层深翻压沙或客土压沙、放淤压沙、翻沙压黏、引洪漫沙。沙石滩则需客土栽树逐渐改造，种植绿

肥，增加土壤有机质，营造防风固沙林或“沙障”，防风固沙。

(2) 盐碱土改良 采用灌水压盐和排水洗盐，也可在栽桃树以前，先种1年或数年耐盐碱的植物，使之吸收土壤的盐分，以生物排盐法降低土壤中的盐、碱。常用的耐盐植物有沙黎、碱蓬、高秆菠菜、猪毛菜、田菁、苕子和苜蓿等。营造防风林，改善小气候，减少蒸发量，可防治土壤盐渍化。栽植桃树时进行土壤深翻熟化，增施有机肥，以改良土壤结构，促进桃树生长，增强抗性。或者结合施石膏、磷石膏、硫酸亚铁（黑矾）和糠醛废渣以降低土壤酸碱度。或者采用“沟渠台田”栽植防涝、防盐，或采用低畦（低于地面5~10厘米）和“高埂躲盐”等措施，可有效地减轻桃树根际附近土壤的含盐量。

2. 水土保持的措施

(1) 治坡 在坡度较大（25°以上）的地段不宜栽桃树，其上坡种植用材林和护坡林，涵养水源，降低水流量。在近桃园的上坡挖沟垒垄，拦截上坡水，避免冲入桃园，并引入总排水沟、泄洪沟。

(2) 改造地形 如梯田、撩壕、鱼鳞坑等。通过截断坡面，缩小集流面积，减少地表径流量，同时局部平整，减少流速，以保持水土。

(3) 治坑 通常在沟里垒坝拦蓄沟水，防止坡面、沟底的侵蚀。

(4) 等高栽植和等高耕作 建在缓坡地带、坡度不大、地形平缓的桃园，树行沿等高线走向排列，耕作按行操作，避免顺坡耕作，同样可达到防治水土流失的目的。

六 栽植密度

1. 确定适宜栽植密度的依据

经济地利用土地资源和有效地利用光能是合理密植的依据。确定栽植密度应考虑：初果年龄及初果期产量，进入盛果期的年龄和产量，盛果期的年限及经济寿命。现已由“产量型”时代进入“质量型”时代，追求高质量是当今的主流。

在露地栽培条件下，高密栽培利少弊多，主要好处是由于单位面积栽植的株数多，土地利用率高，前期单位面积产量上升迅速，可早期达到最高产量，因而前期经济效益较高。其主要弊端有5个：

1）光照差，影响果实品质。但随着树龄增大，树冠不断扩大，相互遮阴，冠内、外郁闭，光能利用率迅速下降，内膛枝枯死，随之树势早衰，产量急速下降。由于通风透光不良，病虫害严重，果品质量劣变。

2）果个较小。近几年生产实践证明，高密栽培难以生产出高质量果品。桃树在刚结果的1~3年，其果实较小，只有进入盛果期后，其果实大小才不断增大。高密栽培正是在初结果的2~3年有优势，而生产的果实大都果个小、质量差。

3）树体不易控制。桃树为速生型树种，生长速度快，极易发生郁闭。

4）管理难度加大。要建生态桃园，必须实行桃园生草制，高密栽培园难以实现生草，而且施有机肥的难度也很大。

5）高度密植所需种苗多，建园投资也较高。

2. 适宜的栽植密度

一般密植栽培的株行距为2.5米×（5~6）米，普通栽培为4米×（5~6）米。行间生草，行内覆盖，或者行间或全园进行覆草。通常山地桃园土壤较瘠薄，紫外线较强，能抑制桃树的生长，树冠较小，密度可比平原桃园大些。大棚或温室栽植时，一般密度为株距1~2米，行距为2~3米。

七　苗木定植

1. 定植时期

在桃生产中，有春栽和秋栽2个时期。试验证明，秋栽比春栽发芽早，生长快。但生产中以春栽较多，石家庄地区一般在3月中旬左右栽植。

2. 定植前的准备

（1）定植点的测量　无论哪种类型的桃园，都必须定植整齐，便于管理。因此需要在定植前根据规划的栽植密度和栽植方式，按株行距测量定植点，按点定植。

（2）定植穴的准备　定植穴的大小，一般要求直径和深度为50厘米。土壤质地疏松者可浅些，而下层有胶泥层、石块或土壤板结者应深些。定植穴实际是小范围的土壤改良，因而土壤条件越差，定植穴的质量要求越高，尤其是深度，应至少达60厘米为宜。如果为质量好地块，一般要求直径和深度为50厘米。

1）挖穴。应以栽植点为中心，挖成上下一样的圆形穴或方形穴。最好是秋栽夏挖，春栽秋挖，可使土壤晾晒，充分熟化，积存雨雪，有利于根系生长。干旱缺水的桃园，蒸发量大，先挖穴易于跑墒，不如边挖边栽能保墒，可提高成活率。

2）填土与施肥。栽植桃树前，可以先填入部分表土，再将挖出的土与充分发酵好的基肥混合后填入，边填边踏实。填土离地面约30厘米时，将填土堆成馒头形，踏实，覆一层底土，使根系不致直接与肥接触受到伤害。填土后有条件者可先浇1次水再栽树。

（3）苗木准备 重茬地栽培桃树，最好栽植大苗，不栽半成苗。首先将苗木按质量分级，剔除弱苗和病苗，并剪除根蘖及折伤的枝、根和死枝枯桩等。然后喷3~5波美度石硫合剂或用0.1%升汞液泡10分钟，再用清水冲洗。栽植前根部沾泥浆保湿，利于根系与土壤密接，可有效地提高成活率。为避免苗木品种混淆，栽植前先按品种规划的要求，将苗木按品种分发到定植穴边，并用湿土把根埋好，待栽。可在每行或2个品种相连处挂上品种标签。同时苗木应分级栽植，便于管理。可以适当定植部分假植苗，以防苗木死亡或被破坏后进行补栽。

3. 苗木定植及绘图

定植的深度，通常以苗木上的地面痕迹与地面相平为准，并以此标准调整填土深浅。栽植深浅调整好以后，苗木放入穴内，接口朝向主要有害风的方向，将根系舒展，向四周均匀分布，尽可能不使根系相互交叉或盘结，并将苗木扶直，左右对准，使其纵横成行。然后填土，边填边踏边提苗，并轻轻抖动，以便根系向下伸展，与土紧密接触。填土至地平，做畦，浇水。1周后再浇1次水。定植后应立即绘制定植图。

4. 定植后管理

幼树由苗圃移栽到桃园后，抗逆性较弱，环境条件骤然改变，需要一段适应过程，因此定植后1年的管理水平对于保证桃树成活、早结果和早丰产至关重要，不可轻视。管理措施有：

（1）及时浇水 为保证成活，定植后应及时浇水，促进快速生长，形成树冠，提早结果。生长后期要少浇水，以免徒长而影响越冬。

（2）套袋和立棍保护 对金龟子发生严重的地区，对半成苗要套袋，保护接芽正常萌发成新梢，当新梢长到30厘米左右时立支棍保护。

（3）合理间作 行间可种植绿肥和其他农作物，但要与桃树生长期的营养需求不矛盾，如不争肥水、不诱发病虫害。

（4）防寒越冬 北方地区需垒土埂、覆地膜及埋土，这些措施均可提高幼树的越冬能力。

5. 提高桃树定植成活率的措施

一般情况下，桃树定植成活率是很高的。如果发生定植成活率低，可

从以下几个方面考虑：

（1）苗木质量　如果苗木细弱，根系不完整，或者伤根较多，就会影响成活率。

（2）浇水　栽后马上浇第一次水，此次水要浇透，7天之后再浇第二次水，浇后在适宜时间进行松土保墒。如果第一次水没有浇透，或者第二次没有及时浇水，易导致成活率低。

（3）施肥　定植时若在定植穴内施化肥，或者施没有腐熟的有机肥，根系易发生烧根现象，影响成活率。

第七节　建立桃树周年管理档案

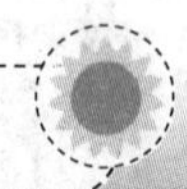

关键知识点：

桃树周年管理档案主要包括：建园基本情况、物候期、桃园管理情况、主要气象资料及灾害性天气记录、近期工作体会和经验教训。一年之计在于春，春季的管理对于全年来说至关重要，尤其是要记录下一些关键技术要点、出现的特殊情况等。形成的一些想法或改进建议等也要及时记录，否则过后容易忘记。这些记录可以和以前或以后的记录进行对比，从中寻找一些发生原因，并且分析发生的原因。

桃树为多年生作物，有生命周期（幼树期、结果初期、盛果期、结果后期和衰老期）和年生长周期（芽膨大期、开花期、展叶期、新梢生长期、坐果与果实生长期、果实成熟期和落叶休眠期），每个时期有不同的生长表现，这种表现受品种、砧木、栽培技术和气候条件的影响。果农期望着每年桃树高产、优质、效益高，期望着树体生长健壮，但不一定每年都能如愿。这就需要总结每年的经验与教训。从哪里去找？这就需要我们对一年来的农事操作及气候变化等做及时、详细的记录。通过总结和梳理每年的做法，一定会从中找出对以后桃园管理有益的东西。

一　建立桃园周年管理档案的概念和好处

1. 桃园周年管理档案的概念

桃园周年管理档案就是桃农将建园的基本情况及以后每年的桃树周年栽培管理技术及其他相关因子逐项记录下来。桃园周年管理档案可以事先编制好小册子，按具体内容和要求逐项填好，每年完成一册，编号保存。开始时，每年结束后总结经验，对记录的内容进行适当调整。一旦确定下来，就要保持其稳定，以便以后进行对比。

2. 建立桃园周年管理档案的好处

桃园周年管理档案有以下用途：

1）作为历史资料积累。

2）便于总结生产经验，分析存在的问题，有利于第二年进一步做好工作和提高技术水平。

3）作为提出任务、制订计划的依据。

4）桃园周年管理档案的记载，有利于桃农养成及时记录、总结和思考的好习惯，学会如何自己监测桃园，如何自己积累桃园技术资料。日积月累，这些资料会慢慢显现出其应有的价值。

二 萌芽与开花期桃园管理档案记录

1）建园的基本情况。主要包括品种、面积、苗木来源、质量、砧木、栽植日期、栽植方式、密度、授粉树的配置方式及数量、栽植穴的大小和深度、施肥种类和数量、土壤深度、理化性状及土壤差异分布、栽后主要管理措施、成活率等。

2）物候期。主要包括萌芽期、初花期和盛花期。

3）桃园管理情况。包括土肥水管理、病虫害防治、高接、播种和育苗等主要栽培技术、实施日期及实施后的效果。

4）主要气象资料及灾害性天气记录。主要包括气温、地温和降雨等。灾害性天气包括雪灾、霜冻和降雨等。

5）近期工作体会和经验教训。

第四章　桃树坐果后至硬核期的管理

桃树坐果后至硬核期的时间在石家庄一般为4月中下旬~5月底。在不同地区发生时间不同，但持续时间基本一样，一般为40~50天。坐果后至硬核期是桃树管理的关键时期。此期管理对于果实的最终大小与品质的形成起着重要的作用。主要管理内容是：搞好疏果，依据品种特点、树体大小和销售目标确定负载量。同时对中、晚熟品种进行套袋。病虫害防治同样是必须加强的工作，虽然病害不在此期发生，但要注意预防。

第一节　桃树疏果

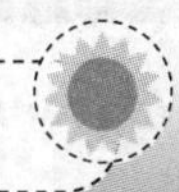

关键知识点：

桃树不同品种、树势及气候条件对坐果有一定影响，不同桃树单株之间及同一株树的不同主枝之间的坐果情况也不尽相同，需对坐果多的进行疏果。根据当地实际情况，确定适宜的疏果时期，疏果过晚，影响果实发育，反之会导致留下的果继续脱落，影响产量。对于坐果率较高的品种可以一次性定果，反之需分次疏果。疏果时，要注意留果量和留果部位，保留的果实要有足够的生长空间。

一　疏果的好处

（1）增加单果重　果实大小是果实重要的商品性状之一。桃品种大多坐果率高，如果不疏果，果个小，即使产量高，也不能获得高的效益。及时、合理地疏果可以成倍地增加单果重。

（2）提高果实品质　疏果可以提高外在品质（果皮颜色、果实颜色和果形等），也可提高内在品质（可溶性固形物含量、香味、营养成分和可食率等）。

（3）调节营养生长与生殖生长的平衡，保证有合适的枝果比和叶果比 疏果后，可以在结果的同时，当年抽生出适宜的枝条，一方面制造营养物质满足当年果实和枝叶生长的需要，另一方面还可抽生出第二年适宜的结果枝。如果不进行疏果，将会导致结果太多，不能抽生出供当年制造营养和第二年结果用的结果枝。

二 疏果的时期

疏果的时期与当年花期气候好坏有关。花期气温低时适当晚疏果。坐果率高或大小果表现较早的品种可以早疏，坐果率低或大小果表现较晚的品种要适当晚疏。

桃树疏果分2次进行：第一次疏果一般在落花后15天左右，能辨出大小果时方可进行，留果量为最后留果量的2~3倍；第二次疏果即定果，定果时期是在完成第一次疏果之后就开始进行，大约在落花后1个月进行，硬核之前结束。

三 疏果的方法

疏果时，疏除短圆形果，保留长圆形果，长圆形果将来长成的果实较大；疏除朝天果，保留侧生果，并生果去一留一；疏除小果、萎黄果、畸形果和病虫害果。采用长枝修剪时，疏去长果枝基部的果，保留中上部的果（彩图20、彩图21）。弱果枝和花束状果枝一般不留果，预备枝不留果。留果数量要考虑果实大小。一般长果枝留果3~5个（大中型果留3个，小型果留4~5个），中果枝留1~3个（大中型果留1~2个，小型果留2~3个），短果枝留1个或不留（大中型果每2~3个果枝留1个果，小型果每1~2个枝留1个果）。也可根据果间距进行留果，果间距为15~25厘米，依果实大小而定。

提示 留果量与树体部位及树势有关。树体上部的结果枝要适当多留果，下部的结果枝少留果，以果压冠，控制旺长，达到均衡树势的目的。树势强的树，多留果；树势弱的树，少留果。树冠最上部及骨干枝背上枝条较少，裸露果实后易发生日灼，应尽量少留果。

第二节 桃树果实套袋

关键知识点：

要根据桃树立地条件和品种特性选择其适合的果实袋。桃不同于苹果和梨，苹果和梨的果柄长，果实袋是套在果柄上的，操作方便，速度快，而桃的果柄短，果实袋是套在结果母枝上的，需要袋口与果柄紧密绑扎，所以操作不方便，增加了套袋难度，套袋速度慢。这就要求操作要仔细、认真，确保果实袋放置位置适宜、捆扎结实，不伤及果实，也不让果实袋脱落。

一 果实套袋的优点

（1）提高果品质量 果实套袋可以明显改善果面色泽，使果面干净、鲜艳，提高果品的外观质量。例如，燕红的果面为暗紫红色，经过套袋，变为粉红色，色泽艳丽。对于不易着色的晚熟品种，如中华寿桃和晚蜜等，经过套袋，全面着色，艳丽美观，果实表面光洁，深受消费者喜爱。

（2）减轻病虫为害及果实农药残留 果实套袋可有效地防止食心虫（梨小食心虫和桃蛀螟等）、椿象、桃炭疽病、褐腐病的危害，提高优质果率，减少损失。同时，由于套袋给果实创造了良好的小气候，避开了与农药的直接接触，果实中的农药残留也明显减少，已成为生产安全果品的主要手段。

（3）防止裂果 由于果实发育期长，一些晚熟品种的果实长期受不良气候因素、病虫害、药物的刺激和环境影响，表面老化，在果实进入第三生长期时，果皮难以承受内部生长的压力，易发生裂果。据调查，中华寿桃一般年份的裂果率达30%，个别年份高达70%。若进行套袋，可以有效地防止裂果，使裂果率降低到1%。

（4）减轻和防止自然灾害 近几年，自然灾害发生频繁，如夏季高温、冰雹等在各地时有发生，给桃生产带来了一定损失。试验证明，对果实进行套袋，可有效地防止果实日灼，并可减轻冰雹危害。

注意 果实套袋会降低果实的内在品质，主要表现为果实的可溶性固形物含量下降，香味变淡，同时增加了生产成本。

二 果实袋的分类

（1）按材料分 桃果实袋按材质分为纸袋、塑料膜袋、液膜袋和无纺布袋4种。纸袋又分为报纸袋、新闻纸袋和牛皮纸袋等。

（2）按层数分 按层数分为单层袋、双层袋和三层袋。单层又可分为白色、浅黄色、黄褐色、黑色和灰褐色，双层分为外灰内黑、外黄内黑、外花内黑、外灰黄内黑、外黄内白和外白内黄等。

（3）按颜色分 一般桃果实袋分为白色、黄色和橙色3种。白色袋透光率高。

（4）按大小分 果实袋大小一般为（13~18）厘米×（17~20）厘米。早熟或小果型桃用小袋，晚熟或大果型桃用大袋。例如，中华寿桃用17.5厘米×18.8厘米的果实袋。

（5）按作用分 桃果实袋按作用分为防病袋、防虫袋、遮光袋、增色袋和混合袋5种。

（6）其他分类 按透光性分为透光袋与遮光袋。按纸袋上是否有蜡层分为涂蜡袋和非涂蜡袋。

三 果实袋的质量要求

1. 纸袋

用于桃果实袋制作的纸张应符合GB/T 19341—2015《育果袋纸》中有关抗张指数、湿抗张指数、撕裂指数、透气度、吸水性、褪色程度、水分等指标的相关规定。

（1）抗水性 在桃果实袋制作过程中一般会加入抗水剂、拨水剂及湿强剂以增加纸袋的抗水性。通常还需要在果实袋底部一侧留小洞以利于雨水或积水排出。

（2）透光性 果实的着色与光照有密切关系，由于我国不同地区接受的太阳辐射量存在差异，因此选择果实袋也有差别，不同成熟期品种适宜的果实袋类型也不相同，同时还需要根据各地区消费者的消费习惯选择不同的果实袋，以满足市场需求。一般来讲，早熟品种由于遭受病虫害相对较少，可不套袋或套白色单层纸袋即可。长江中下游地区由于梅雨季节

的影响，温度变化较频繁，可通过套白色单层纸袋或外黄内白双层纸袋使果实处于一个相对稳定的环境中，以避免骤冷、骤热造成的果实伤害，同时还能有效抵抗裂果和病虫害的发生。北方和西南地区由于果实成熟过程中光照充足，可选取外黄内黑双层纸袋等，在果实采收前1周左右进行拆袋，使果实接受光照，促进果实着色。

(3) 透气性　为保证桃在生长发育过程中能够进行正常的呼吸作用，应保证果实袋的透气性良好。果实袋的透水孔兼具透气功能，此外，通常在果实袋制作时在两侧留较致密的针孔以增加透气性。

(4) 纸力　选择纸纤维强度较高的未漂白牛皮浆或漂白牛皮浆作为果实纸袋的原料。

2. 无纺布袋

无纺布袋的颜色有白色、灰色、黑色、蓝色、米色和紫色等，不仅具有透气、透光、韧性好、不易破裂、雨淋不易皱折等优点，还能阻止病菌和害虫进入，可重复利用，节省投入。但由于无纺布较纸袋软而桃果柄较短，袋口与果柄的紧密绑扎较困难，一定程度上降低了套袋效率，这是桃生产上制约无纺布袋推广速度的一个主要因素。

3. 塑料膜袋

塑料膜袋具有透光、透气、透水、预防日灼、保持果柄水分、避免虫害等功能，其抗老化，无静电，多为白色或紫色。在干旱、高温及强日照地区使用的塑料膜袋必须加入适量抗氧化剂和紫外线消抗剂。

四　果实袋的选择

纸袋的选择应根据品种特性和立地条件灵活选用。一般早熟品种、易于着色的品种或设施栽培的品种使用白色或黄色袋，晚熟品种用橙色或褐色袋。极晚熟品种使用深色双层袋（外袋为灰色，内袋为黑色）。经常遇雨的地区宜选用浅色袋。难以着色的品种要选用外白内黑的复合单层袋或外层为外白内黑的复合单层纸、内层为白色半透明的双层袋。晚熟桃（如中华寿桃）用双层深色袋最好。

五　适宜套袋的品种

(1) 自然情况下着色不鲜艳的晚熟品种　有些品种在自然条件下可以着色，但是不鲜艳，表现为暗红色或深红色，如燕红等。

（2）自然情况下不易着色的品种 有些品种在自然条件下基本不着色，或者仅有一点红晕，如深州蜜桃、肥城桃等。

（3）易裂果的品种 自然条件下或遇雨条件下易发生裂果，如中华寿桃、燕红、21世纪、华光及瑞光3号等。

（4）加工制罐品种 自然条件下，由于太阳光照射，果肉内部易有红色素，影响加工性能。常见品种有金童系列品种。

（5）其他品种 由于套袋果实价格高，桃农在一些早熟品种上也进行套袋，如早露蟠桃等。

六 套袋的方法

（1）套袋时间 套袋在定果后进行，时间应掌握在主要蛀果害虫入果之前，石家庄地区大约在5月下旬开始。套袋前喷1次杀虫杀菌剂。不易落果的品种、早熟品种及盛果期树先套，易发生落果的品种及幼树后套。套袋应选择晴天，应避开高温、雾天，更不能在幼果表面有露水时套袋，适宜时间为9：00~11：00和15：00~18：00。

（2）套袋顺序 套袋时要与采果顺序相反，遵循先上后下，从内到外的顺序，避免人为碰掉已套袋果。选择发育良好、果形端正的果实全园全树套袋，做到快套、不漏套。

（3）套袋方法 套袋前将整捆果实袋放于潮湿处，使之返潮，柔韧。选定幼果后，小心地除去附着在果实上的花瓣及其他杂物，左手托住纸袋，右手撑开袋口，或者用嘴吹开袋口，袋体膨起，袋底两角的通气放水孔张开，手执袋口下2~3厘米处，袋口向上或向下，套入果实，套入果实后使果柄置于袋的开口基部（不要将叶片和枝条装入果实袋内），然后从袋口两侧依次按折扇方式折叠袋口于切口处，用捆扎丝扎紧袋口于折叠处，于线口上方从连接点处撕开将捆扎丝返转90度，沿袋口旋转1周扎紧袋口，防止纸袋被风吹落。

注意 一定要使幼果位于袋体中央，不要使幼果贴住纸袋，以免灼伤。无论绳扎或铁丝扎袋口，均需要扎在结果枝上，扎在果柄处易造成压伤或落果。

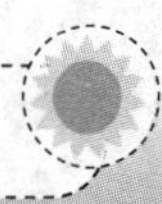

第三节 土肥水管理

关键知识点：

此期主要是桃园覆草、硬核期追肥、叶面喷肥和浇水等。注意覆草厚度不宜太薄，还必须加入足够的尿素。追肥以磷、钾肥为主，此期不宜大量施氮肥，以免引起旺长，造成落果。同样，灌水量要适中。如有条件，可以采用滴灌。结合喷药等进行叶面喷肥。提倡减少化肥的使用量，提高化肥的施用效率，选用缓释肥、微生物肥料和水溶性有机肥等。

一 土壤管理

土壤管理是桃园的重要工作之一。良好的土壤管理是进行桃树安全生产的前提，也是保护环境和实现可持续发展的基础，主要内容包括桃园生草、桃园覆草、桃园间作和桃园清耕等。土壤管理的主要目的是通过以上措施，提高土壤有机质含量，促进土壤保持或形成良好的团粒结构，土壤孔隙度适中，通透性良好，保水、保肥能力提高，减轻地表径流和风蚀；提高和保持园内土壤供肥和供水的能力，使根系能健壮生长，不断提高吸收养分和水分的能力，保证满足桃树常年生长发育的需要。

1. 桃园覆草

桃园覆草的主要草源是作物秸秆，所以覆草又叫覆盖作物秸秆。

（1）桃园覆盖作物秸秆的效果

1）作物秸秆含有桃树生长发育所需的营养成分。秸秆腐烂后是一种极好的腐殖质，能提供桃树生长所需的大量元素和微量元素。可以增加土壤团粒结构，以满足桃树生长发育的需要，促进树体生长健壮。

据测定，秸秆含有机物80%~93%，全氮0.65~2.37克/千克，全磷0.08~0.28克/千克，全钾1.05~3.05克/千克，另外还含有较多的微量元素，其中甘薯藤中微量元素的含量最为丰富，小麦秸秆含量较少。每亩桃园覆盖1000千克麦草，待其腐烂后，相当于同时施入11千克尿素、11~17千克过磷酸钙和15~16千克硫酸钾。桃园覆盖秸秆后，土壤有机质及氮、磷、钾含量分别比对照增加76.3%、21.5%、1.1%和32.8%。还有试验表明，连续5年覆盖作物秸秆，土壤有机质含量可由0.5%增加到0.98%，有效氮由25.5毫克/千克增加到150毫克/千克，有效磷由4.5毫克/千克增加到16毫克/千克，有效钾由90毫克/千克增加到160毫克/千克。

2）调节地温，保护根系。桃园土壤0~10厘米深的土层中的根系易受外界气候条件的影响，冬季严寒、夏季高温都容易对根系产生伤害。而桃园覆草，冬季土壤不易结冻或冻土层浅，夏季高温季节土壤温度不超过28℃，秋季地温下降慢，延长了桃树生长期，增加了营养积累。

3）利于保墒，充分利用自然降水。桃园覆盖作物秸秆能有效地减少土壤水分的地面蒸腾，增加土壤蓄水、保水和抗旱能力。同时，覆盖作物秸秆还能有效地避免降水对土壤表面的直接接触，减轻地面径流，防止土壤冲刷，增强水土保持性能。

4）改良土壤。桃园覆草可以显著提高土壤转化酶和脲酶活性，从而加快养分的转化，提高土壤有机质含量，增加土壤速效养分的含量。覆草降低表层土壤的容重，显著提高土壤孔隙度，增大土壤的透气性，其中5~10厘米深的土层孔隙度提高3.86%，20~30厘米深的土层孔隙度提高13.72%。

5）促进树体生长发育。覆草后，改善了土壤环境，增强了桃树根系的生长、吸收和合成功能，同时，叶大而浓绿，提高光合效能，促进树体生长发育，提高花芽分化质量，对增产提质有明显的效果。

（2）桃园覆盖作物秸秆的方法 桃园覆盖作物秸秆一般全年都可进行，但春季首次覆盖应避开2~3月的土壤解冻时间，以有利于提高土壤温度。就材料来源而言，夏收和秋收后覆盖可及时利用掉作物秸秆，减轻占地积压。第一次覆盖在土温达到10℃或麦收以后，可以充分利用丰富的麦秸、麦糠等。覆草以前应先浇透水，然后平整园地，整修树盘，使树干处略高于树冠下。

桃园覆草以后，每年可在早春、花后、采收后分别追施氮肥。追肥时，先将草分开，挖沟或穴施，逐年轮换施肥位置，施后适量浇水，也可在雨季将化肥撒施在草上，让雨水淋溶。桃园覆草后，应连年补覆，使其继续保持20厘米以上，以保证覆草效果。连续覆盖3~4年以后，秋冬时应刨园1次，深15~20厘米，将地表的烂草翻入，改善土壤团粒结构和促进根系的更新生长，然后再重新进行覆草。

（3）桃园覆草应注意的问题

1）覆草前宜深翻土壤，覆草时间宜在干旱季节之前进行，以提高土

壤的蓄水保水能力。在未经深翻熟化的桃园里，应在覆草的同时逐年扩穴改良土壤，随扩随盖，促使根系集中分布层向下及向上同时扩展。

2）对于较长的秸秆（如玉米秸秆），要轧碎后再使用。

3）覆草几年后，浅层根的密度大大增加，这对长树成花有好处。为保护浅层根，切忌“春夏覆草，秋冬除掉”，冬春两季也不要刨树盘。

4）覆草后不少害虫栖息草中，应注意向草上喷药，起到集中诱杀的效果。或者将覆草翻开，撒上碳酸氢铵，可消灭害虫。秋季应清理树下落叶和病枝，防止病虫害的发生。

5）桃园覆草应保证质量，使草被厚度保持在20厘米以上，注意主干根颈部20厘米内不覆草，树盘内高外低，以免积涝。由于土壤微生物在分解腐烂过程中需要一定量的氮素，所以在覆草中必须施氮肥，或在草上泼人粪尿。

6）黏重土或低洼地的桃园覆草，易引起烂根病的发生，因此，这类桃园不宜进行覆草。

2. 桃园间作

桃园间作宜在幼树园的行间进行，成龄桃园一般不提倡间作。间作时应留出足够的树盘，以免影响桃树的正常生长发育。间作物以矮秆、生长期短、不与或少与桃树争肥争水的作物为主，如花生、豆类、葱蒜类及中草药等。

二　施肥

1. 无公害果品和绿色果品的肥料使用标准

（1）无公害果品的肥料使用标准　按照NY/T 496—2010《肥料合理使用准则　通则》规定执行。所施用的肥料不应对桃园环境和果实品质产生不良影响，应是经过农业行政主管部门登记的肥料。提倡根据土壤和叶片的营养分析进行配方施肥。增加有机肥施用量，减少化肥尤其是氮肥的施用量。

1）允许使用的肥料种类包括：

① 有机肥料。包括堆肥、沤肥、厩肥、沼气肥、绿肥、作物秸秆肥、泥肥、饼肥等农家肥和商品有机肥、有机复合（混）肥等。

② 腐殖酸类肥料。包括腐殖酸类肥。

③ 化肥。包括氮、磷、钾等大量元素肥料和微量元素肥料及其复合肥料等。

④ 微生物肥料。包括微生物制剂及经过微生物处理的肥料。

2）禁用肥料。氯化钾、硝态氮化肥，如硝酸铵、硝酸钙、亚硝酸类等。城市垃圾、工厂废料堆积形成的有机肥，以及受过化学污染的各种肥料。

（2）绿色果品的肥料使用标准

1）AA 级绿色食品生产允许使用的肥料种类包括：

① 农家肥料。包括堆肥、沤肥、厩肥、沼气肥、绿肥、作物秸秆肥、泥肥和饼肥。

② AA 级绿色食品生产资料肥料类产品。

③ 商品肥料。在上述肥料不能满足 AA 级绿色食品生产需要的情况下，允许使用下述商品肥料：商品有机肥料、腐殖酸类肥料、微生物肥料、有机复合肥、无机（矿质）肥料、叶面肥料、有机无机肥（半有机肥）和掺和肥。

2）A 级绿色食品生产允许使用的肥料种类包括：

① 所有 AA 级绿色食品生产允许使用的肥料均可作为 A 级绿色食品生产允许使用的肥料。

② A 级绿色食品生产资料肥料类产品。

3）不能满足 A 级绿色食品生产需要的情况下，允许使用掺和肥（有机氮与无机氮之比不超过 1∶1）。

2. 施肥种类与方法

（1）追肥时期 追肥可在硬核期进行。石家庄地区在 5 月下旬~6 月上旬，主要是促进果核和种胚发育、果实生长和花芽分化。

（2）追肥的种类 氮、磷、钾肥配合施用，以磷、钾肥为主。方法采用穴施。

（3）追肥应注意的问题 不要地面撒施，以提高肥效和肥料利用率。尿素不宜施后马上灌水。尿素属于酰胺态氮肥，它要转化成氨态氮才能被作物根系吸收利用，转化过程因土质、水分和温度等条件不同，时间有长有短，一般在经过 2~10 天才能完成，若施后马上灌排水或旱地在大雨前施用，尿素就会溶解在水中而流失。一般夏秋季节应在施后 2~3 天才能灌水，冬春季节应在施后 7~8 天后浇灌水。

3. 叶面喷肥

（1）叶面喷肥的肥料种类和适宜浓度 适于根外追肥的肥料种类很多，一般情况下有如下几类：

1）一般化肥。氮肥主要有尿素、硝酸铵、硫酸铵等，其中以尿素应

用最广，并且效果最好。这主要是由于：第一，它分子体积小，扩散性强，易穿透细胞膜进入细胞内；第二，它本身具有吸湿性，能较长时间地保持湿润状态；第三，它含氮量高，在同样浓度下，相对进入树体内的氮量大；第四，它为中性，对桃无副作用；第五，它被叶片吸收后很少发生质壁分离，即使产生也能迅速恢复正常等。磷肥有磷酸铵、磷酸二氢钾和过磷酸钙，桃对磷的需要量比氮和钾少，但将其施入土壤中，大部分变成不溶解态，效果大大降低，为此磷肥进行根外追肥更有重要意义。钾肥有硫酸钾、氯化钾、磷酸二氢钾，均可应用，其中磷酸二氢钾应用最广泛，效果也最好。

2）微量元素肥料。有硼砂、硼酸、硫酸亚铁、硫酸锰和硫酸锌等。

3）农家肥料。家禽、人的粪尿，以及饼肥、草木灰等经过腐熟或浸泡、稀释后再行喷布。这类肥料在农村来源广，同时含有多种元素，使用安全，效果良好，值得推广。

现将桃根外追肥常用肥料的使用量列入表4-1中，供参考。

表4-1　桃根外追肥常用肥料的使用量

肥料种类	喷施量（%）	肥料种类	喷施量（%）
尿素	0.1~0.3	硫酸锰	0.05
硫酸铵	0.3	硫酸镁	0.05~0.1
过磷酸钙	1.0~3.0	磷酸铵	1.0
硫酸钾	0.05	磷酸二氢钾	0.2~0.3
硫酸锌（加同浓度石灰）	0.3~0.5	硼酸、硼砂	0.2~0.4
草木灰	2~3	鸡粪	2~3
硫酸亚铁（加同浓度石灰）	0.1~0.3	人粪尿	2~3

（2）影响根外追肥效果的因素

1）肥液在植株表面的存留量。只有保留在植株表面的矿质营养液才能被植株所吸收，故其存留量是影响肥料吸收的第一个因素。存留量与下列因素有关：首先，当喷射方向和叶面间成50~90度角时，存留量大；其次，在一定范围内，叶面上的存留量与喷洒量成正比，但超过一定的限度则肥液又大量流失，液体将要从叶片上流下而又未流下时是最适喷洒量。

2）肥料的性质和使用。

① 肥料的种类与浓度。不同的肥料进入植物体的速度不同，如铵态氨需 2 小时，硝酸钾需 1 小时，硫酸镁需 30 分钟。进入叶片的速度是决定它能否作为根外追肥的重要条件之一。一般说来，叶片上溶液的干燥时间是很快的，甚至在黄昏时进行根外追肥 15~25 分钟就会变干，在个别情况下，最多不超过 30~40 分钟。一旦肥液干燥，就不能被植物体所吸收，只有遇露水或降雨时才能再度被利用。叶面喷肥的浓度与进入叶内的速度有关。对多数肥料来讲，在一定范围内，浓度越大，进入越快。

② 肥料的酸碱度。在碱性介质中有利于阳离子（如 K^+等）的吸收，在酸性介质中有助于阴离子（PO_4^{3-}）的进入。

另外，表面活性剂由于能够降低表面张力，有利于液珠在植株上展散开来，因而能提高肥料的吸收率。常用的表面活性物质有肥皂液、洗衣粉、茶子饼液、吐温。

3）叶片结构和树体生育状态。幼叶由于其生理机能旺盛，呼吸强度大，有利于营养物质进行离子交换。气孔所占叶片面积比例大，而且幼叶的茸毛多，喷肥后可较长时间保持湿润状态，所以幼叶比成熟叶的吸收能力强。由于叶背角质层薄、气孔多，并具有疏松的海绵组织和大的细胞间隙，因此，叶背比叶面吸收快。另外，当根系吸收氮肥充足时，根外施氮肥效果差；当树势良好，但根系吸收氮稍感不足时，效果增强。

另外，高温能促进肥液变干，并且能引起气孔关闭，不利于吸收。据有关报道，根外追肥的适宜温度为 18~20℃。

（3）桃树根外追肥的注意事项

1）使用高浓度。在不发生肥害的前提下尽可能使用高浓度，只有这样才能保证最大限度地满足桃树对养分的需要，并且能加速肥料的吸收。根外追肥适宜浓度的确定与生育期和气候条件有关，幼叶浓度宜低，成熟叶宜高。降雨多的地区可高些，反之要低。要想最大限度地发挥肥效又不产生肥害，必须在喷前先做小型试验，从中找出适于当地的适宜浓度，然后再扩大面积使用，特别是含有铁、铜、硼、锰等微量元素的肥料较易出现问题，更要注意。

2）喷肥次数。根外追肥的浓度一般较低，每次的吸收量是很少的，就是每次喷 1%尿素溶液，其每亩用量也不过 2 千克，这个量比需求量低得多，而且喷后 5 天以内效果才好，20 天以后效果显著降低或无效。因此，像尿素、磷酸二氢钾之类的肥料应增加喷施次数才能得到理想的效

果。尿素应在生长的前期和后期使用，即新梢展叶、开花前、谢花后及采果后至落叶前喷 0.3%尿素 5~6 次。过磷酸钙宜在果实生长初期和采果前喷施，一般可喷 2~3 次。为了提高桃的耐藏性，在采收前 1 个月内可连续喷施 2 次 1%硝酸钙或 1.5%醋酸钙溶液。磷酸二氢钾和草木灰宜在生长中后期喷施，可喷 4~5 次，尤其在果实着色期、枝条成熟期及采果后到落叶前，对于提高果实品质、促进枝条成熟有良好的促进作用。

3）适时喷施。当桃树最需某种元素且又缺乏时，喷该元素的相关肥料效果最佳。一般在花期需硼量较大，它又能促进花粉萌发与花粉管伸长，所以花期喷硼砂或硼酸能显著提高桃的坐果率。缺铁时宜在生长前期喷 0.1%硫酸亚铁加 0.05%柠檬酸，必要时可重复 2~3 次。缺锰时可在坐果期和果实生长期喷 0.05%硫酸锰溶液，可增加桃的含糖量和产量。

4）确定最佳喷施部位。不同营养元素在体内移动速度是不相同的，因此，喷布部位应有所不同，特别是微量元素在树体内流动较慢，最好直接施于需要的器官上。

5）选择适宜的喷肥时间。在酷暑喷肥最好选择无风或微风的晴天 10：00 以前或 16：00 之后进行喷施。在气温高时根外追肥的雾滴不可过小，以免水分迅速蒸发。湿度较高时根外喷肥的效果较理想。

4. 提高化肥利用效率的措施

（1）增施有机肥　有机肥可以增加有机质含量。有机质较高的土壤，保肥和保水力强。

（2）施肥方法　穴施比地面撒施利用率高。

（3）适宜深度　尿素要深施，这是因为尿素转化成碳酸氢铵后，在石灰性土壤上易分解挥发，造成氮素损失，因此要深施覆土。

（4）与有机肥混施　铁肥与有机肥同施效果好。沙性土壤施用氯化钾时，要配合施用有机肥。酸性土壤一般不宜施用氯化钾，若要施用，可配合施用石灰和有机肥。

（5）土壤类型　在适宜土壤上施用适宜的肥料，可以提高肥料的利用率。硫酸铵不适于在酸性土壤中施用，钢渣磷肥不宜在碱性土壤中施用，透水性差的盐碱地不宜施用氯化钾，否则会增加对土壤的盐害。不宜在同一块地上长期施用硫酸铵，否则土壤会变酸直至板结。

（6）施用量　一次不宜太多，若施肥量大，可以分次施用。

（7）不与其他化肥混施　例如，硫酸铵、碳酸氢铵不能与碱性肥料混合施用，钢渣磷肥不能与酸性肥料混合施用，否则会降低肥效。

三 化肥减施措施

1. 化肥对土壤质量的影响

（1）破坏土壤结构，并减少土壤中有益微生物的数量 长期过量而单纯地施用化肥，会使土壤酸化或碱化。硫酸铵、过磷酸钙和硫酸钾化肥中含有强酸，长期施用会使土壤不断酸化，直接和间接地为害桃树。长期单施化肥使土壤生物系统遭到严重干扰与破坏，导致土壤生物群落结构简化，数量锐减，多样性和活性下降，还可杀死土壤中原有微生物，破坏微生物以各种形式参与的代谢循环。

（2）土壤养分比例失调 化肥的大量使用，影响了土壤中某些营养成分的有效性，减少了桃树生长发育和开花结果所需用的微量元素的吸收，从而出现营养失调。有的果农为了调节土壤酸碱度，盲目地往地里施石灰，使土壤 pH 增大，导致锌、锰、硼和碘缺乏。氮、磷和钾施用越多，锌、硼的有效性越低。

（3）污染土壤和水 制造化肥的矿物原料及化工原料中，有的含有多种重金属、放射性物质和其他有害成分，它们随施肥进入农田，造成土壤污染。大量施用氮肥，会增加地下水中硝酸盐的含量。

2. 化肥减施的主要措施

（1）缓释肥料及其优点 缓释肥料是目前肥料利用率较高的肥料。缓释肥料可以有效地控制养分的释放速度，延长肥效期，最大限度地提高肥料的利用率，减少养分流失，降低环境污染。其优点如下：

1）肥料用量减少，利用率提高。保持土壤养分供应稳定，淋溶与挥发损失减少，肥料利用率可提高 20%。

2）施用方便，省工安全。可以作为基肥一次性施用，施肥用工减少 1/3 左右，并且施用安全，无肥害。

3）树体生长缓和。由于养分缓慢释放，缓释肥肥效比一般肥料长 30 天。在一年中缓慢供应给树体，新梢生长中庸，前期不猛长，后期不脱力，有利于养分积累，促进果实生长发育。

（2）缓释肥料的主要类型及施用方法

1）低水溶性有机氮化合物。低水溶性有机氮化合物包括生物可降解化合物和化学可分解化合物。前者以脲-醛缩合物为主，如脲甲醛（UF）；后者如异丁烯叉二脲（IBDU）。

脲甲醛为一种人工合成的有机微溶性缓释氮肥，由尿素和甲醛在一定

条件下缩合而成，包含亚甲基二脲、二亚甲基三脲、三亚甲基四脲、四亚甲基五脲和五亚甲基六脲等缩合物，依靠土壤微生物分解释放氮素。其肥效时间的长短取决于组分分子链的长短，分子链长的缩合物氮的肥效期长，肥效期可通过人为控制反应条件来调控。

施用方法：一般作为基肥施入，如作为追肥，应早施，并配合一些速效氮肥。

2）包膜肥料。包膜肥料是指以颗粒化肥（氮或氮磷复合肥等）为核心，表层涂覆一层低水溶性或微水溶性无机物质或有机聚合物，使肥料成分通过包膜的微孔、裂缝慢慢释放出来，从而改变化肥养分的溶出性，延长或控制肥料养分释放，使土壤养分的供应与作物需求协调的新型肥料。依据包裹肥料所用的包裹材料可以分为：

① 无机物包膜肥料。无机物包膜材料主要有硫黄、钙镁磷肥、沸石、石膏、硅藻土、金属磷酸盐（磷酸铵镁）、硅粉、金属盐和滑石粉等。无机（矿）物作为包膜材料的优点是材料来源广泛，价格低，肥料养分释放后，残留在土壤中的空壳能够自行破碎，不仅对土壤无污染，而且还有改善土壤结构和提供某些微量元素的作用。

提示 市场上缓释肥包括涂层尿素、覆膜尿素、硫包膜尿素和长效碳铵等。尿素表面经过包膜涂层后，由于包膜涂层阻隔而对土壤脲酶活性产生抑制作用，使氮素分解释放速度明显降低，从而有效地减少了氮素的挥发、淋失和反硝化作用，提高尿素的利用率达8%~10%。

② 有机聚合物包膜肥料。有机聚合物包膜肥料包括天然高分子材料（如天然橡胶、阿拉伯胶、明胶、海藻酸钠、纤维素、木质素和淀粉等）、合成高分子材料（包括聚乙烯、聚氯乙烯、聚丙烯、聚乙烯醇、聚丙烯酰胺和脲醛树脂等）和半合成高分子材料（如甲基纤维素钠和乙基纤维素等）。市场上的树脂包膜肥料就是此种肥料。一般作为基肥施用。

3）低水溶性无机化合物。金属磷酸铵盐和部分酸代磷矿（PAPR）都是这种类型的缓释肥料，一般作为基肥施用或与有机肥混合施用。

4）袋控缓释肥料。袋控缓释肥料是根据果树树体较大的特性，结合果树养分需求特性，采用纸塑材料做成的控释袋包裹掺混肥料，袋上针刺微孔，利用微孔控制养分释放，达到供肥和养分需求相一致。另外，此种肥料容易添加生理活性物质和微量元素。

① 施用时间。桃树可在花芽萌动到落花前这段时间施肥。大棚栽培的果树和部分早熟品种可在秋天落叶前1个月左右施用，若在萌动前施肥，可采取下列措施加快肥料释放：施肥前先将肥料小袋在水盆中浸泡5秒左右，待吸入少许水后再埋入坑中；或者先将肥料小袋放入坑中，浇半盆水，然后覆土。

② 施用方法。在树冠下的圆周上（垂直投影内）均匀挖若干15~20厘米深的坑，将肥料袋平放其中，每个坑放1袋，用土埋好即可。大树也可采用放射状沟施，施用量依树冠大小而定，每个沟放3~8小袋，施后用土埋好即可。

注意　最好选择在浇水或下雨前后施肥；千万不可将肥料小袋撕破，否则将影响肥效；肥料小袋不能埋得太浅，深度应在15厘米以下，以防锄地时锄破；施用此种肥料后无须再追施其他化肥、复合肥，但农家肥照常施用。

5）添加抑制剂或激活剂。通过添加氮肥稳定剂（如硝化抑制剂和脲酶抑制剂），在施肥部位暂时抑制或激活酶的活性。主要通过稳定剂调节土壤微生物活性，减缓尿素的水解和铵态氮的硝化作用，从而达到肥料氮素的缓慢释放和减少损失的目的。主要是硝化抑制剂和脲酶抑制剂。脲酶抑制剂的有效性受环境条件，如土壤pH、水分状况、土壤质地、有机质含量、尿素浓度、气候条件、施肥量与施肥方式等的影响，与有机质含量和土壤黏度呈负相关，与环境温度呈正相关。脲酶抑制剂在脲酶活性较高的土壤中作用效果最好。

施用方法：脲酶抑制剂的有效含量为0.01%~1%。脲酶抑制剂与肥料混合后一并施入。

（3）代替化肥的肥料

1）有机肥。长期施用有机肥可以增加土壤中微生物的数量、种类、活性，提高酶的活性，促进土壤养分分解与转化，提高土壤肥力，提高降解重金属和农药等污染物的能力。

有机肥代替部分化肥既能保证作物产量，又能在一定程度上提高土壤肥力。不同比例有机肥替代无机肥对土壤中全氮、有效磷、速效钾和有机质影响显著，并且有机肥比例越高，全氮、有效磷、速效钾和有机质含量越高。

2）微生物肥料。土壤中的有益微生物直接参与土壤肥力的形成，

但自然状态下有益微生物数量不够，作用力也有限，因此，人为地向土壤中施加有益微生物，增加其数量，能够增强土壤中微生物的整体活性，活化土壤，增加肥效，提高化肥的利用率，减少化肥用量，提高作物品质，抑制土传病害，减少环境污染。微生物肥料按菌种组成分类可分为细菌类、放线菌和霉菌类、藻类；按功能可以分为固氮菌剂、根瘤菌菌剂、硅酸盐菌剂、溶磷菌剂、光合细菌菌剂、有机物料腐熟剂、复合菌剂、内生菌根菌剂、生物修复菌剂及复合微生物肥料和生物有机肥类产品。

用于生产微生物肥料的菌种主要有根瘤菌、固氮菌、放线菌、光合细菌和硅酸盐细菌等。其施用方法如下：

① 微生物肥料必须与有机肥配合施用。单纯施用微生物肥料是没有效果的，必须与有机肥配合施用。例如，微生物肥料与农家肥混合施用。注意农家肥必须充分腐熟，否则会在后期腐熟过程中杀灭微生物。

② 在适宜环境条件中施用。微生物对环境条件要求较严格，强光、高温、干旱（水分不足）都会影响微生物肥料的肥效发挥。微生物肥料应在阴天或晴天傍晚施用，施肥后及时盖土、浇水。

③ 开袋后立即施用。开袋后，由于环境改变，必然有部分微生物因不适应新环境而死亡。随着开袋时间的延长，微生物损失数量增加，肥效降低。因而，建议微生物肥料开袋后立即施用。

④ 注意土壤的酸碱性。微生物在过酸、过碱的土壤条件下均难以存活，因而施用微生物肥料的果园土壤以中性或弱酸性、弱碱性为宜。

⑤ 施用微生物肥料的果园要控制无机肥、除草剂、杀菌剂的施用。长期施用化肥会导致果园土壤板结、酸化，恶化微生物生存条件，特别是不能与碳酸氢铵、草木灰、含硫肥料混合施用，以免影响微生物肥料的肥效。杀菌剂、除草剂会直接杀灭部分微生物，导致微生物肥料的肥效降低，因而施用微生物肥料的果园应控制杀菌剂和除草剂的使用，而且药肥间要有 3 天以上的使用间隔期。

⑥ 注意施用时期。微生物肥料对土壤反应敏感。例如，固氮菌适宜在 pH 为 6.5~7.5 的土壤里生活，对湿度要求较高，以田间持水量 60%~70%为好，最适于 25~30℃环境条件，温度低于 10℃或高于 40℃时生长受到抑制。磷细菌属于好气性细菌，要求的适宜温度是 30~37℃，适宜 pH 为 7.0~7.5。因而，用微生物肥料作为基肥应早施，以 9 月中旬~10 月上旬施入为佳；作为追肥应适当晚施，最好在 3 月下旬气温升高后施

入，以促进微生物活动，增强肥效。

（4）提高肥料利用率的措施

1）有机肥和无机肥配合施用，互相促进，以有机肥为主。

① 有机肥对无机肥的促进表现在以下 2 个方面：第一，它能吸附和保存无机肥中的养分，减少挥发、流失或固定，尤其是微量元素应与有机肥混合后施入土壤中去；第二，有机肥能分解出一些有机酸，可以溶解一些难溶性养分供桃树吸收利用。

② 无机肥对有机肥也有良好的促进作用，对于碳氮比较高的有机物，施入氮肥可以加速有机物的分解。

2）肥水一体化。肥水一体化又称水肥一体化或灌溉施肥。肥水一体化是指作物生长发育所需营养以液体的方式通过微滴灌系统与水分同时输送到作物有效根系部位，直接被作物根系吸收利用的全过程。通俗来讲，肥水一体化技术是在压力作用下将肥料溶液注入灌溉输水管道，将溶有肥料的水通过灌水器（追肥枪）喷洒到作物上或注入根区。

① 肥水一体化的优点如下：

a. 提高肥料的利用率。肥料元素呈溶解状态，施于地表能更快地为根系所吸收利用，将肥料利用率提高 20%～30%，同时减少田间肥料流失对环境的污染。

b. 节水。滴灌节水一般可达 50%左右，尤其适于水资源匮乏地区。

c. 及时补充营养，能做到平衡施肥、合理施肥。

d. 省工省时。节省灌溉和施肥的人工，一般可节省 50%左右。

e. 在土壤中养分分布均匀，既不会伤根，又不会影响耕作层土壤结构。

② 肥水一体化中可用肥料的种类很多，选择原则是完全水溶。

a. 化肥。目前市场有专门用于肥水一体化的水溶肥，一般也可用水溶性好的尿素、氯化钾（白色粉末状）、硝酸钾、硝酸钙和硫酸镁等。硫酸镁不能和硝酸钾、氯化钾或硝酸钙同时使用，否则会出现沉淀。

b. 有机肥。目前我国有商业化的水溶性有机肥品种，一般有机质含量在 45%左右，氮、磷、钾总含量≥10%。

c. 设施。滴灌施肥的主要系统由水源（山泉水、井水、河水等）、加压系统（水泵、重力自压）、过滤系统（通常用 120 目叠片过滤器）、施肥系统（泵吸肥法和泵注入法）、输水管道（常用 PVC 管埋入地下）、滴灌管道构成，主要的投资为输水管道和滴灌管道。

注意 喷头或滴灌头嘴堵塞是灌溉施肥的一个主要问题，必须施用可溶性肥料。2 种以上的肥料混合施用，必须防止相互间因化学作用生成不溶性化合物，如硝酸镁与磷、氮肥混用会生成不溶性的磷酸铵镁。灌溉施肥用水的酸碱度以中性为宜，碱性强的水能与磷酸盐反应生成不溶性的磷酸钙，多种金属元素的有效性会降低，严重影响施肥效果。

3）土壤类型。在适宜土壤上施用适宜的肥料，可以提高肥料的利用率。硫酸铵不适于在酸性土壤中施用，钢渣磷肥不宜在碱性土壤中施用，透水性差的盐碱地不宜施用氯化钾，否则会增加对土壤的盐害。不宜在同一块地上长期施用硫酸铵，否则土壤会变酸直至板结。

4）施肥深度。穴施比地面撒施利用率高。尿素要深施，这是因为尿素转化成碳酸氢铵后，在石灰性土壤上易分解挥发，造成氮素损失，因此要深施覆土。

5）各种施肥方法混合使用。

6）其他。例如，施肥量大，一次不宜太多，可以分次施用。

四 穴贮肥水

早春在整好的树盘中，自冠缘向里 0.5 米以外挖深 50 厘米、直径为 30 厘米的小穴，穴数依树体大小而定，一般 2~5 个，将玉米秸、麦秸等捆成长 40 厘米、粗 25 厘米左右的草把，并先将草把放入人粪尿或 0.5% 尿素中浸泡后再放入穴中，然后肥土掺匀回填，或者每穴追加 100 克尿素和 100 克过磷酸钙或复合肥，灌水覆膜。埋入草把后的穴略低于树盘，此后每 1~2 年可变换 1 次穴位。干旱地尤其适宜进行穴贮肥水。

五 灌水

1. 灌水时期

在硬核期进行灌水，主要结合施肥进行。此时枝条和果实均生长迅速，需水量较大，枝条生长量占全年总生长量的 50% 左右。但硬核期的桃树对水分也很敏感，水分过多则新梢生长过旺，与幼果争夺养分，引起落果。所以灌水量应适中，不宜太多。此时期若需要进行灌水，灌水量也要小，不宜过大。

2. 灌水的方法

可以采用地面灌溉和喷灌、滴灌等节水方法。地面灌溉有畦灌和漫灌

2种方法，即在地上修筑渠道和垄沟，将水引入桃园。其优点是灌水充足，保持时间长，但用水量大，渠、沟耗损多，浪费水资源，目前我国大部分地区仍采用此方法。有条件的桃园，可以采用节水灌溉方法。

桃园进行滴灌时，滴灌的次数和灌水量依灌水时期和土壤水分状况而不同。在桃树的需水临界期进行滴灌时，春旱年份可隔天灌水，一般年份可5~7天灌水1次。每次灌溉时，应使滴头下一定范围内的土壤含水量达到田间最大持水量，而又无渗漏为最好。采收前灌水量以使土壤含水量保持在田间最大持水量的60%左右为宜。

生草桃园更适于进行滴灌或喷灌。

第四节　桃树病虫害预测预报

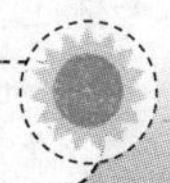

关键知识点：

一些病虫害可以进行预测预报。虫害预报相对病害更易于掌握，准确性更高，也更实用。虫害预报主要有物候法、田间观察法、黑光灯法、信息素法和糖醋液法等，应用较多且准确性强的是信息素法。经验法、田间调查法和孢子捕捉法是病害预报的3个主要方法，经验法比较简单，而孢子捕捉法需要使用仪器才可以进行。不同病虫害应采用不同的预报方法，并且各种方法要相结合，并掌握各种相关资料，综合考虑各种因素，提高预报的准确性。

病虫害预测预报是科学制定桃树病虫害防治措施的前提。准确、及时地进行预测预报，可以减少用药次数，提高防治效果，并可以在一定程度上保护天敌。

一　桃树虫害预测预报

1. 物候法

有些桃树虫害的发生与物候期有着密切的关系，可以依据桃树物候期发生的早晚来预测害虫发生的时期。例如，桃树蚜虫与桃树萌芽期有密切的关系，桃树蚜虫在桃树萌芽前后开始发生，之后迅速繁殖。

物候法具有简单、易行的特点，但是害虫实际的发生情况还受气候条件和天敌等因素的影响，因此在实际应用中，还应考虑到这些因素。

2. 田间观察法

在对某一害虫的虫态、虫口基数等进行田间调查的基础上，根据此类害虫的发生规律，结合天气信息，对其发生时间和数量进行预测预报。

田间观察法常采用五点式取样法进行调查，即按对角线，取 5 株树作为取样点，每天对这 5 个取样点进行害虫发生情况调查。桃园的面积越大，取样点越多，代表性越强。

如果桃树果实受到害虫为害，就会失去经济价值，因此田间观察法仅适用于不直接为害桃树果实的害虫，如桃树蚜虫和红蜘蛛等。

3. 黑光灯法

黑光灯法是根据害虫的趋光性进行预测预报的方法。通过在田间设置黑光灯诱捕成虫，根据不同时期诱捕的成虫数量与雌雄性比等参数，结合成虫的产卵及卵孵化所需时间，预测幼虫孵化高峰日期。该方法适用的害虫有桃蛀螟和卷叶蛾等趋光性较强的害虫。

黑光灯的设置：常用 20 瓦或 40 瓦的黑光灯作为光源，在灯管下接 1 个水盆或大广口瓶，其中放入水，并加入适量农药，以杀死掉进的害虫。

黑光灯悬挂时的注意事项：黑光灯悬挂时间宜早，在害虫出蛰后开始活动前悬挂，河北省石家庄市的悬挂时间约为 3 月中下旬。悬挂高度应略高于桃树树冠，不能过高，以免招来桃园以外的其他害虫为害桃树。

4. 信息素法

多种害虫性成熟后，雌虫通过释放性信息素来传递信息，吸引雄虫进行交配。信息素法就是利用人工合成的害虫性信息素来诱捕害虫雄虫，记录每天诱捕的虫数，观察发生高峰期，结合天气信息，预测产卵和孵化时间，指导害虫防治。该方法适用的桃树害虫有梨小食心虫、桃小食心虫和潜叶蛾等。

（1）诱捕器的种类　诱捕器的种类很多，目前使用的诱捕器主要通过 2 种方式将诱集到的成虫杀死：一种是在诱捕器上涂粘胶诱杀，将黏性好、不易干的粘胶涂在硬纸板或塑料板上，制成诱捕器，如船形、三角形等诱捕器，其使用方便，但费用较高；另一类诱捕器可以使用水盆、瓷碗和桶等，其中加入足量水，将害虫引诱到水中将其杀死，此类型的材料易得，费用少，效果好，但是不如粘胶诱捕器方便，并且需要经常补充蒸发的水。

（2）诱捕器的制作与放置方法

1）三角形诱捕器。可用厚0.1厘米的纸板，制成长50厘米、宽28厘米的长方形纸板，再把短边两边各折起15厘米，并在顶部两侧打两个对应小孔，合起两侧，用细铁丝（直径为1毫米）穿入两侧的小孔，固定好顶部，做成底宽为20厘米的等腰三角形，三角形内部底面涂胶或放入涂好胶的胶板。诱芯从中缝挂入，以底缘离胶面1~2厘米为宜。诱捕器悬挂高度为1.3~1.5米即可。

2）水盆诱捕器。选择直径为20厘米的水盆，用1根细铁丝穿1个诱芯，悬置于水盆中央并固定好，水盆内加入水，使水面距诱芯底缘1.0~1.5厘米，并加入1%洗衣粉。水盆诱捕器（图4-1）悬挂高度为1.5米。为防止水盆摇晃，可以制作一个1.5米高的支架，并将水盆固定在支架上。

3）诱捕器放置时间、数量及高度。应在成虫的越冬代成虫羽化开始前放置，如梨小食心虫，河北省石家庄市约在3月中下旬开始放置。诱捕器的数量根据桃园面积而定，面积越大，放置数量越多。一般在园内均匀放置，诱捕器间距50米（诱芯的有效范围），悬挂高度为1.5米左右。

图4-1　水盆诱捕器

5. 糖醋液法

糖醋液法是根据害虫的趋化性进行预测预报的方法。糖醋液一般由绵白糖、乙酸（醋）、无水乙醇（酒）和水配制而成，又叫糖醋酒液。在桃园中，对糖醋液有强烈趋化性的害虫有梨小食心虫、桃蛀螟、卷叶蛾、白星花金龟和桃红颈天牛等，可以应用糖醋液法进行预测预报。糖醋液的配制比例因诱捕害虫种类而异。目前对梨小食心虫较好的配方是：绵白糖、乙酸（分析纯）、无水乙醇（分析纯）及自来水的比

例为 3∶1∶3∶80。

诱捕器可以选用水盆等容器，将配制好的糖醋液倒入诱捕器中即可。诱捕器悬挂高度为 1.5 米。诱捕器的数量因桃园面积而定，一般诱捕器之间的距离为 10 米。每天定时观察诱捕器内诱捕到的害虫数量，并进行记录，当诱捕到的某种害虫数突然增多，并持续 3 天以上时，即为此类害虫的成虫发生高峰期，以此作为确定化学防治时间的依据。

二　桃树病害预测预报

桃树病害发生初期，分生孢子虽已侵染发病部位，但没有明显症状，一旦表现出可以观察到的症状，说明已经造成了不可逆转的损失。所以，病害应以防为主，预测预报也就显得更加重要。常见的预测预报方法有经验法、田间调查法和孢子捕捉法。

1. 经验法

经验法是指在对某种病害发生规律进行长期观察并非常了解的基础上，依据多年的经验，对某种病害的发生趋势做出预测。一般经验丰富的桃农、"老把式"和老技术员多用该方法，但该方法仅适用于环境条件比较稳定的地区，因为病害的发生也与环境条件有密切的关系。

2. 田间调查法

桃园病害的发生受到多种因素影响，如桃园内温度、湿度、风、雨、桃树栽培管理措施及昆虫活动等。通过对病害发生情况及田间温度和湿度情况的定期、定点调查，结合往年病害发生情况，预测病害发生趋势。田间调查的内容主要包括 2 个方面：一是调查桃园内环境因子，如温度和湿度等；二是调查病害的发生情况。调查点一般采用对角线五点取样法。

3. 孢子捕捉法

孢子捕捉法需使用孢子捕捉仪进行孢子捕捉。从桃树开花前开始，将孢子捕捉仪放置在桃园内通风处。捕捉仪上放置涂有凡士林的玻片，在显微镜下观察玻片上捕捉到的预测对象的孢子数，一般观察 3～5 个视野即可，计算每个视野内的平均孢子数，并记录天气情况。要注意及时更换涂有凡士林的玻片。

一般年份，当某种病害的分生孢子捕捉量突然增多或居高不下时，即为孢子散发始盛期，如果此时伴有降雨，即意味着侵染盛期来临，应及时预报。为使病害发生期的预测预报更加科学和准确，需要将孢子捕捉量与

天气预报及病害发生的历史资料等结合起来。

三 病虫害预测预报的注意事项

病虫害的发生除了受到自身遗传特性的影响，还受到各种外界环境条件和品种抗性等因素的影响，在病虫害预测预报过程中，需要综合考虑各种因素的实际情况，以做出正确的预测预报。在病虫害预测预报中应注意以下几点：

1. 根据预测预报对象，选择适宜的方法

采用何种预测预报方法要因病虫害种类而异。对于趋光性强的可以用黑光灯进行预测预报，对于具有释放性信息素来传递信息特性的用性信息素法进行预测预报。

2. 多种预测方法相结合，提高预报的准确率

有时单一应用一种预测方法准确率低，应与其他的预测方法结合使用。例如，预测蚜虫的发生，可以将物候法与田间观察法相结合使用。

3. 全面掌握各种相关资料，综合考虑各种相关因素

尽量全面地掌握当地各种气象资料（尤其是温度、湿度和降水等）、病虫害发生规律及防治技术措施等相关材料，这些信息在预测预报时要作为重要因素加以考虑。

4. 认真分析预报与实际结果的差异，及时总结经验教训

准确、及时地预报是我们追求的目标。因为影响准确预报的因素极为复杂，不可能全部预报准确，但要在病虫害发生盛期，了解发生的实际情况，找出预报成功的经验或失误的原因，为以后开展预测预报积累经验。

第五节 桃树病虫害为害部位及综合防治方法

掌握不同病虫害的为害部位，同时要区分同一部位上不同病虫害的为害症状，如为害果实的病害有炭疽病、疮痂病、细菌性穿孔病等。综合防治要强调农业、物理和生物防治，淡化化学防治，在生长前期不用或少用化学农药，提供应用生物杀虫剂、特异性杀虫剂，选择适宜的低毒化学农药。

一　病虫害为害部位

1. 仅为害 1 个部位

（1）仅为害叶部　主要虫害有红蜘蛛、卷叶蛾、潜叶蛾和一点叶蝉等。为害叶片的害虫一般比较好治。

（2）仅为害果实　主要虫害有桃蛀螟、茶翅蝽和白星花金龟子等。

（3）仅为害花器官　主要虫害有苹毛金龟子等。

（4）仅为害茎部（主干、主枝和枝条）　主要病虫害有红颈天牛、黑蝉、溃疡病、桑白蚧、桃球坚蚧和桃小蠹等。

（5）仅为害根部　主要病害有根瘤病和根腐病等。为害根部的病害一般不易防治。

2. 为害 2 个或 2 个以上部位

（1）为害果实和叶片　主要有绿盲蝽。

（2）为害新梢与果实（以果实为主）　主要有梨小食心虫。

（3）为害叶片、花、果实（以叶片和花为主）　主要有蚜虫。

（4）为害果实、叶片和新梢（以果实为主）　主要有桃炭疽病、疮痂病和白粉病等。

（5）为害大枝、新梢、果实（以大枝为主）　主要有流胶病。

（6）为害果实、叶片和大枝　主要有蜗牛。

（7）为害地上和地下部位　主要指非侵染性（生理性）病害。黄化病主要表现在叶片、枝条、新梢和花等。

二　病虫害综合防治的主要方法

1. 农业防治

（1）加强地下管理，合理负载，保持健壮的树势，提高树体的抗病能力　改大水漫灌为畦灌，注意雨季排水，防止因漫灌传播病害。有条件的地区，可以采用滴灌和喷灌。适时适度修剪，调节光照，防止树冠郁闭，使之不利于病菌侵染及害虫生长繁殖。多施有机肥，壮根壮树，改良土壤结构，增加贮藏营养水平。少造成伤口，同时注意伤口保护。

（2）及时剪除为害部位　第 1、2 代梨小食心虫发生期，正是新梢生长期，发现有桃梢萎蔫时，及时剪除。对局部发生的桃瘤蚜为害梢及黑蝉产卵枯死梢也应及时剪除，并烧掉。及时剪除苹小卷叶蛾为害的虫梢。

(3) 增加桃园植被，改善桃园的生态环境

1）桃园生草。这是一种先进的桃树管理方式。桃园种植白三叶草和紫花苜蓿以后，天敌出现高峰期明显提前，而且数量增多。

2）种植诱杀害虫的作物。例如，选择矮秆、开花早的向日葵品种。在幼虫为害期，用铁丝把桃蛀螟幼虫杀死。向日葵还可引诱椿象，可将花盘上的椿象集中杀死。

(4) 人工捕虫与钩杀 许多害虫有群集和假死的习性。例如，多种金龟子有假死性和群集为害特点，茶翅蝽有群集越冬的习性，桃红颈天牛成虫有在枝干静息的习性，可以利用害虫的这些习性进行人工捕捉。对于为害树干的桃红颈天牛和桃绿吉丁虫幼虫，应及时钩杀。

(5) 果实套袋 果实套袋后，可以阻止害虫在果实上产卵和在果实上为害。防治的主要虫害是食心虫类，如梨小食心虫等；主要病害是桃疮痂病和褐腐病等。套袋主要针对中、晚熟品种。

2. 物理防治

物理防治是根据害虫的习性所采取的防治害虫的物理方法。

(1) 糖醋液诱杀 许多成虫对糖醋液有趋化性，因此可利用该习性进行诱杀，如梨小食心虫、卷叶蛾、桃蛀螟、红颈天牛和金龟子等。

1）糖醋液的配制。采用前面预测预报用配方即可。将配好的糖醋液放置于容器内（瓶和盆），以占容器体积1/2为宜。

2）糖醋液的使用。将配制好的糖醋液放于容器内即制成诱捕器，将其挂在树上，一株树挂1~2个即可。每天或隔天清除死虫，并补足糖醋液，如果需要，每次记录诱杀的数量。害虫多时，及时清除害虫，更换新的糖醋液。每次要将废弃的糖醋液埋入土中，不能直接倒入土壤中。

(2) 性外激素诱杀 在自然界中，雌虫可以分泌出一种化学物质（雌性激素）用来引诱雄虫交配。在人工条件下，合成类似雌性激素的化学物质，用以引诱雄虫，这种人工合成的招引雄虫来交配的一类化学物质叫性外激素。桃树生产中采用性外激素法诱杀的害虫有梨小食心虫、潜叶蛾、卷叶蛾、桃小食心虫和桃蛀螟等。方法同前面预测预报的信息素法。

3. 生物防治

桃园中害虫天敌主要有捕食性瓢虫、草蛉、蓟马、食蚜蝇、捕食螨、小花蝽、蜘蛛类和鸟类等。保护天敌可恢复桃园中的生态平衡，达到持续控制害虫的目的。在喷药较少的桃园中，这些天敌控制害虫的效果非常显著。保护天敌最有效的措施是减少喷施农药，尤其是剧毒农药。

（1）植物多样性　保护桃园内的植物多样性，提倡实行自然生草管理的栽培措施。这样不但增加了天敌的栖息环境，更由于桃园内昆虫多样性的增加，保证了天敌在桃园内生活繁衍的生态环境，增加了天敌在桃园内的生活时间和种群数量。

（2）桃园种草　在桃树行间种植有益草种，草上的害虫也为天敌的生存提供了良好的食物来源。

（3）保护天敌　在秋冬季节结合清洁桃园，可将有害虫的残枝落叶置于网袋内，保护寄生蜂。另外在某些情况下，可将刮树皮时间推至早春桃树萌芽前进行，以便利用有些天敌先于害虫活动的特点，保护天敌，消灭害虫。

（4）天敌灭虫　在桃树生长前期（6月以前）尽量少喷或不喷施广谱性杀虫剂。在桃树生长前期，以小花蝽、草蛉、瓢虫、蓟马和蜘蛛类等捕食性天敌为多。7月以后，捕食螨可成为桃园的主要天敌类群。

（5）科学合理用药　尽量用选择性或低毒的农药品种，在施用时注意采用对天敌和环境影响较小的方法，如对靶喷药和点片用药等。

4. 化学防治

（1）交替用药　防治病虫害不要长期单一使用同一种农药，应尽量选用作用机理不同的几个农药品种，如杀虫剂中的拟除虫菊酯、氨基甲酸酯、昆虫生长调节剂及生物农药等几大类农药交替使用，也可在同一类农药中不同品种间交替使用。杀菌剂中内吸性、非内吸性和农用抗生素交替使用，也可明显延缓病害抗药性的产生。

（2）混用农药　将2~3种不同作用方式和机理的农药混用，可延缓病虫害抗药性的产生和发展速度。农药能否混用，必须符合下列原则：一是要有明显的增效作用；二是对植物不能发生药害，对人、畜的毒性不能超过单剂；三是能扩大防治对象；四是降低成本。混配农药也不能长期使用，否则同样会产生抗药性。

（3）重视桃树萌芽期的化学防治　桃树萌芽期，在桃树上越冬的大部分害虫已经出蛰，开始在芽体上为害。此时喷药有以下优点：一是大部分害虫暴露在外面，又无叶片遮挡，容易接触药剂；二是经过冬眠的害虫，体内的大部分营养已被消耗，虫体对药剂的抵抗力明显降低，触药后易中毒死亡；三是天敌数量较少，喷药不影响其种群繁殖；四是省药、省工。

（4）桃树生长前期不用或少用化学农药　桃树生长前期（6月以前）

是害虫发生初期，也是天敌数量增长期。在这个时期喷施广谱性杀虫剂，既消灭了害虫，也消灭了天敌，而且消灭害虫的比例远远小于天敌，从此导致天敌一蹶不振，其种群在桃树生长期难以恢复。

（5）推广使用生物杀虫剂和特异性杀虫剂 目前，我国在桃树害虫防治上用得较多的生物杀虫剂有阿维菌素、华光霉素、浏阳霉素、苏云金杆菌（Bt）和白僵菌等。

（6）农药选择和适宜次数 选择使用适宜的低毒化学农药，并严格使用次数。生产无公害果品和A级绿色食品，允许使用低毒化学农药，但对施药方法和次数应严格按照规定执行。

第六节 桃树病虫害防治

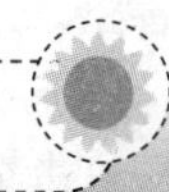

关键知识点：

病害防治要以预防为主，一旦发生就更难于治住。为此桃树的病害虽然在此时没有发生，但是要进行化学防治。桃树主要的病害有：桃细菌性穿孔病、桃树根瘤病、桃疮痂病、桃炭疽病和桃褐腐病等。此期发生的虫害有：梨小食心虫、茶翅蝽、桃蛀螟、苹小卷叶蛾、桑白蚧、桃绿吉丁虫等。要采取综合措施来防治，能用其他方法防治的，尽量不用化学防治。

一 主要病害及其防治

病害防治要以预防为主，一旦发生就更难于治住。为此，桃树的病害虽然在此时没有发生，但是要进行化学防治。桃树主要的病害有桃细菌性穿孔病、桃树根瘤病、桃疮痂病、桃炭疽病和桃褐腐病等。

1. 桃细菌性穿孔病

【为害症状】 该病主要为害叶片，也可为害新梢和果实。发病初期叶片上出现半透明水渍状小斑点，扩大后为圆形或不规则形、直径为1~5毫米的褐色病斑，边缘有黄绿色晕环，病斑逐渐干枯，周边形成裂缝，仅有一小部分与叶片相连，脱落后形成穿孔。新梢受害时，初呈圆形或椭圆形病斑，后凹陷龟裂，严重时，新梢枯死。被害果初为褐色水渍状小圆斑，以后扩大为暗褐色稍凹陷的斑块，空气潮湿时产生黄色黏液，干燥时

病部发生裂痕。

【发病规律】　病原菌在病枝组织内越冬，第二年春季随气温上升，潜伏的细菌开始活动，借风雨、露滴及昆虫传播。在降雨频繁、多雾和温暖阴湿的气候条件下，病害发生严重，干旱少雨时发病轻。树势弱、排水和通风不良的桃园发病重，虫害严重（如红蜘蛛为害猖獗）时，发病重。

【防治方法】

1）农业防治。加强桃园综合管理，增强树势，提高抗病能力。桃园切忌建在地下水位高的地方或低洼处。土壤黏重和雨水较多时，要筑台田，改土防水。同时要合理整形修剪，改善通风透光条件。

2）化学防治。芽膨大前期喷施 2~5 波美度石硫合剂或 1∶1∶100 倍波尔多液，杀灭越冬病菌。展叶后喷药 3~4 次，可用 72%农用硫酸链霉素 2000~3000 倍液、3%中生菌素 400~600 倍液和 33.5%喹啉铜 800 倍液等，每次间隔 10 天左右。

2. 桃树根瘤病

【为害症状】　根瘤主要发生于根颈部，也发生于主根、侧根。根瘤通常以根颈部和根为轴心，环生和偏生一侧，数目少的为 1~2 个，多的为 10 余个。大小相差较大，大的如核桃或更大，小的如豆粒。有时，若干瘤形成一个大瘤。初生瘤光洁，多为乳白色，少数为微红色，后渐变为褐色至深褐色，表面粗糙，凹凸不平，内部坚硬（彩图 22）。后期为深黄褐色，易脱落，有时有腥臭味。老熟根瘤脱落后，其附近还可产生新的次生瘤。发病植株表现为地上部生长发育受阻，树势衰弱，叶薄，色黄，严重时死亡。

【发病规律】　病原菌存活于瘤组织皮层和土壤中，可存活 1 年以上。传播的主要媒介是雨水、灌溉水、地下害虫和线虫等，苗木带菌是远距离传播的主要途径。病菌从嫁接口、虫伤、机械伤及气孔侵入寄主。林、果苗木与蔬菜重茬，以及果苗与林苗重茬一般发病重，特别是桃苗与杨苗、林地苗重茬根瘤发生明显增多。碱性土壤、土壤湿度大、黏性土、排水不良等，有利于侵染和发病。

【防治方法】

1）农业防治。应避免重茬。栽种桃树或育苗忌重茬，也不要在原林果园地种植。嫁接苗木采用芽接法，以避免伤口接触土壤，减少传染机会。对碱性土壤应适当施用酸性肥料或增施有机肥和绿肥等，以改变土壤酸碱度，使之不利于发病。

2）化学防治。

①苗木消毒。仔细检查，先去除病、劣苗，然后用K84生物农药30~50倍液浸根3~5分钟，或者3%次氯酸钠溶液浸3分钟，或者1%硫酸铜溶液浸5分钟后再放到2%石灰液中浸2分钟。以上3种消毒法同样也适于桃核处理。

②病瘤处理。在定植后的桃树上发现有瘤时，先用快刀彻底切除根瘤，然后用硫酸铜100倍液或乙蒜素50倍液消毒切口，再外涂波尔多液保护。

3. 桃疮痂病

【为害症状】 该病主要为害果实，也可为害新梢和叶片。果实发病初期出现绿色水渍状小圆斑点，后渐呈暗绿色。该病与细菌性穿孔病很相似，但区别在于病斑有绿色，严重时一个果上可有数十个病斑（彩图23）。病菌侵染仅限于表皮病部木栓化，随果实增大，形成龟裂。病斑多发生于果肩部。幼梢发病，初期为浅褐色椭圆形小点，后由暗绿色变为浅褐色和褐色，严重时小病斑连成大片。叶片发病，叶背出现多角形或不规则的灰绿色病斑，以后两面均为暗绿色，渐变为褐色至紫褐色。最后病斑脱落，形成穿孔，重者落叶。

【发病规律】 病菌在1年生枝病斑上越冬，第二年春季病原孢子以雨水、雾滴、露水为媒介，进行传播。一般情况下，早熟桃品种发病轻，中、晚熟桃品种发病重。病菌发育最适温度为20~27℃，多雨潮湿的天气或黏土地、树冠郁闭的桃园容易发病。

【防治方法】

1）农业防治。加强桃园管理，及时进行夏季修剪，改善通风透光条件，防止郁闭，降低湿度。桃园铺地膜，可明显减轻发病。果实套袋可以减轻病害发生。

2）化学防治。芽膨大前期喷施2~5波美度石硫合剂。果实膨大期至成熟前20天喷施25%咪鲜胺乳油1000倍液、430克/升戊唑醇悬浮剂或400克/升苯醚甲环唑乳油4000倍液、50%多菌灵可湿性粉剂或70%甲基硫菌灵可湿性粉剂500~800倍液等，每次施药间隔为10天左右。如果果实套袋，必须提前施药。

4. 桃炭疽病

【为害症状】 该病主要为害果实，也可为害叶片和新梢。幼果指头大小时即可感病，初为浅褐色小圆点，后随果实膨大呈圆形或椭圆形，红褐色，中心凹陷。气候潮湿时，在病部长出橘红色小粒点，幼果感病后便

停止生长，形成早期落果。气候干燥时，形成僵果残留在树上，历经冬雪和风雨均不会脱落。成熟期果实感病，初为浅褐色小病斑，渐扩展成红褐色同心环状，并融合成不规则大斑。病果多数脱落，少数残留在树上。新梢上的病斑呈长椭圆形，绿褐色至暗褐色，稍凹陷，病梢叶片呈上卷状，严重时枝梢枯死。叶片病斑呈圆形或不规则形，浅褐色，边缘清晰，后期病斑为灰褐色。

【发病规律】 病菌以菌丝在病枝、病果上越冬。第二年春季借风雨、昆虫传播，形成第一次侵染。5月上旬受侵染幼果开始发病。高湿是发病的主导诱因。花期低温多雨有利于发病，果实成熟期温暖、多雨，以及粗放管理、土壤黏重、排水不良、施氮过多、树冠郁闭的桃园发病严重。

【防治方法】

1）农业防治。切忌在低洼、排水不良的黏质土壤建园。尤其在江河湖海及南方多雨潮湿地区建园，要起垄栽植，并注意品种的选择。加强栽培管理，多施有机肥和磷、钾肥，适时进行夏季修剪，改善树体结构，达到通风透光的目的。及时摘除病果，减少病原。

2）化学防治。在花前、花后和幼果期及时喷药2~3次，使用75%百菌清或80%炭疽福美500倍液（发病前用）、50%多菌灵或70%甲基硫菌灵500~800倍液等，每次施药间隔10天左右。果实套袋前要喷施1~2次药。

5. 桃褐腐病

【为害症状】 果实从幼果到成熟期至贮运期都可发病，但以生长后期和贮运期果实发病较多而重。果实染病后，果面开始出现小的褐色斑点，以后迅速扩大为圆形褐色大斑，果肉呈浅褐色，整个果实很快烂透。同时病部表面长出质地密结的串珠状灰褐色或灰白色霉丛，初为环纹状，并很快遍及全果（彩图24）。烂果除少数脱落外，大部分干缩成褐色至黑色僵果，在树上经久不落。感病花瓣、柱头初为褐色斑点，渐蔓延至花萼与花柄，长出灰色霉。气候干燥时则萎缩干枯，长留树上不落。嫩叶发病常自叶缘开始，初为暗褐色病斑，并很快扩展至叶柄，叶片如霜害，病叶上常具灰色霉层，也不易脱落。枝梢发病多为病花梗，病叶及病果中的菌丝向下蔓延所致，逐渐形成长圆形溃疡斑。当病斑扩展环绕枝条一周时，枝条即枯死。

【发病规律】 病菌在僵果和被害枝的病部越冬。第二年春季借风雨、昆虫传播，由气孔、皮孔、伤口侵入，为初次侵染。分生孢子萌发产生芽管，侵入柱头、蜜腺，造成花腐，再蔓延到新梢。病果在适宜条件下长出大量分生孢子，引起再侵染。多雨、多雾的潮湿气候有利于发病。

【防治方法】

1）农业防治。加强桃园管理，搞好夏季修剪，使桃树通风透光。及时防治椿象、食心虫、桃蛀螟等，减少伤口。

2）化学防治。芽膨大期喷施 3~5 波美度石硫合剂。落花后喷施 1~2 次 50%腐霉利 1000 倍液或 50%多菌灵、70%甲基硫菌灵 500~800 倍液等，每次间隔 10 天左右。果实中后期，根据降雨情况，继续使用上述药剂。果实套袋前要喷施 1~2 次药。

二 主要虫害及其防治

1. 此期新发生虫害的防治

（1）梨小食心虫

【为害症状】 初期发生的幼虫主要为害桃树新梢，从新梢未木质化的顶部蛀入，向下部蛀食，桃梢受害后梢端中空，当到木质化部分时，便从中爬出，转至另一个新梢为害（彩图 25）。该虫也可以为害果实。受害桃果上有蛀孔，有的从蛀果处流胶，并引起腐烂。蛀孔部位包括果实顶部、胴部和梗洼处。

【发生规律】 在河北省中南部地区每年发生 4~5 代。以老熟幼虫在枝干老翘皮和根颈裂缝处及土中结成灰白色薄茧越冬，也有的在绑缚物、果品库及果品包装中越冬。第二年 4 月化蛹，之后羽化为成虫后，在桃叶上产卵，第一代和第二代幼虫主要为害桃树新梢，为害果实的产卵于果实表面。石家庄地区一般 7~8 月发生的幼虫主要为害桃果实和新梢。梨小食心虫幼虫一般只为害即将成熟的果实和正在生长的嫩梢。到 9 月之后，由于没有正在生长的嫩梢，主要为害果实。成虫白天多静伏在叶枝、杂草等隐蔽处，黄昏后活动，对性诱剂、糖醋液及黑光灯有强烈的趋性。后期发生不整齐，世代交替。一般在与梨混栽或邻栽的桃园发生重，山地、管理粗放的桃园发生较重。雨水多的年份，湿度大，成虫产卵多，为害严重。

【防治方法】

1）农业防治。及时剪除虫梢，发生严重的可以进行果实套袋。

2）物理防治。用糖醋液诱杀成虫，尤其是糖醋液对越冬代成虫的诱杀效果较好。

3）生物防治。释放松毛虫赤眼蜂，防治梨小食心虫。用梨小食心虫性诱剂迷向法干扰成虫正常交配（彩图 26）。

4）化学防治。萌芽前喷布 3~5 波美度石硫合剂等；在成虫高峰期及

时喷施25%灭幼脲3号1500倍液、1%苦参碱1000倍液或白僵菌（高温高湿季节）等。关键时期是成虫发生至孵化幼虫蛀梢和蛀果前。在每一代成虫发生高峰期后5~7天开始进行化学防治。幼虫一旦进入新梢或果实为害，进行化学防治的效果就很差。适宜的农药有氯虫苯甲酰胺、灭幼脲3号、毒死蜱乳油、高效氯氟氰菊酯和甲氨基阿维菌素苯甲酸盐。

（2）茶翅蝽

【为害症状】 该虫主要为害果实，从幼果至成熟果实均可为害，果实被害后呈凸凹不平的畸形果，果肉下陷并变空，木栓化，僵硬，失去食用价值。

【发生规律】 每年发生1代。以成虫在村舍檐下、墙缝空隙内及石缝中越冬。4月下旬出蛰，5月上旬扩散到田间为害。6月上旬田间出现大量初孵若虫，小若虫先群集在卵壳周围成环状排列，2龄以后渐渐扩散到附近的果实上取食为害。田间的畸形果主要为若虫为害所致，新羽化的成虫继续为害直到果实采收。9月中旬以后成虫开始寻找场所越冬。茶翅蝽成虫有一定的飞翔能力，可一旦进入桃园，在无惊扰的条件下，迁飞扩散并不活跃。一般早晨成虫不易飞翔。桃园中桃果实的受害率有明显边行重于中央的趋势。

【防治方法】 茶翅蝽的成虫具有飞翔能力，树上喷药对成虫的防效很差，主要采用农业防治方法。

1）农业防治。越冬成虫出蛰后，根据其首先集中为害桃园外围树木及边行的特点，于成虫产卵前早晚振树捕杀。结合其他管理措施，随时摘除卵块及捕杀初孵若虫。在产卵前和为害前进行果实套袋。在桃园周围种一点红萝卜或香菜、芹菜、洋葱、大葱和向日葵等，开花时能释放出特殊香味，茶翅蝽就飞到花上，这时可用化学防治法或人工方法将其集中杀死。

2）化学防治。用菊酯类农药进行防治。

（3）桃蛀螟

【为害症状】 以幼虫为害桃果实。卵产于两果之间或果叶连接处，幼虫易从果实肩部或两果连接处进入果实，并有转果习性。蛀孔处常分泌黄褐色透明胶汁，并排泄粪便粘在蛀孔周围。

【发生规律】 在我国北方1年发生2~3代。以老熟幼虫在向日葵花盘、茎秆或玉米及树体粗皮裂缝、树洞等处做茧越冬。5月下旬~6月上旬发生越冬代成虫，第一代成虫发生在7月下旬~8月上旬。第一代幼虫主要为害桃，第二代幼虫多为害晚熟桃、向日葵和玉米等。成虫白天静伏于树冠内膛或叶背，傍晚产卵，主要产于桃果实表面。成虫对黑光灯有强烈的趋光性，对花蜜、糖醋液也有趋化性。

【防治方法】

1）农业防治。间作诱集植物（玉米、向日葵等），开花后引诱成虫产卵，定期喷药消灭。

2）化学防治。建议使用氯虫苯甲酰胺、灭幼脲3号、甲氨基阿维菌素苯甲酸盐、杀铃脲、虫酰肼等低毒农药。

（4）苹小卷叶蛾

【为害症状】 幼虫吐丝缀叶，潜居其中为害，使叶片枯黄，破烂不堪，并将叶片缀贴到果实上，啃食果皮和果肉，把果皮啃成小凹坑。

【发生规律】 每年发生3~4代，以幼虫在剪锯口、老树皮缝隙内结白色小茧越冬。第二年桃树发芽时幼虫开始出蛰，蛀食嫩芽。以后吐丝将叶片连缀，并可转叶为害，幼虫非常活泼。幼虫老熟后，在卷叶内或缀叶间化蛹。成虫夜晚活动，有趋光性，对糖醋液的趋化性很强。

【防治方法】

1）农业防治。发现有吐丝缀叶者，及时剪除虫梢，消灭正在为害的幼虫。桃果实接近成熟时，摘除果实周围的叶片，防止幼虫贴叶为害。

2）物理防治。树冠内挂糖醋液诱集成虫。

3）生物防治。在卵期可释放赤眼蜂，幼虫期释放甲腹茧蜂，保护好狼蛛。

4）化学防治。在成虫高峰期3~5天进行喷药防治，可连续喷药2次，间隔5~7天。建议使用虫酰肼、灭幼脲3号、甲氨基阿维菌素苯甲酸盐、氟铃脲等低毒农药，或者毒死蜱和高效氯氰菊酯等。

（5）桑白蚧

【为害症状】 桑白蚧以若虫和成虫刺吸寄主汁液，虫量特别大时，完全覆盖住树皮，甚至相互叠压在一起，形成凹凸不平的灰白色蜡质物（彩图27）。受害重的枝条，发育不良，严重者可整株死亡。

【发生规律】 华北地区每年发生2代，以受精雌虫在枝干上越冬。4月下旬产卵，卵产于壳下。若虫孵出后爬出母壳，在2~5年生枝上固定吸食，5~7天开始分泌蜡质。

【防治方法】

1）农业防治。在桃园初发现桑白蚧时，剪除虫枝并烧毁。

2）生物防治。主要有红点唇瓢虫、日本方头甲寄生蜂、桑白蚧恩蚜

小蜂、草蛉等。

3）化学防治。花芽萌动期是防治桑白蚧的最佳时期，可在桃树发芽前（3 月中旬），用0.1%二硝基磷甲苯酚油乳剂（含油3%）和5 波美度石硫合剂对休眠的桑白蚧进行防治。当介壳虫出蛰为害时（4 月下旬~5 月初），用20%速扑蚧杀乳油 800 倍液进行防治。若虫孵化盛期（5 月中旬和 7 月末）是药物防治介壳虫的又一最佳时期，药液能进到壳下杀死壳内的虫体，也能触及爬出的幼虫，将其杀死，常用的药剂有 48%毒死蜱乳油 1000~1200 倍液、2.5%溴氰菊酯 1500~2000 倍液，每隔 7~10 天喷 1 次，连续 2~3 次。介壳虫的羽化期是又一个防治的最佳时期（6 月中旬开始羽化，6 月下旬为羽化盛期；8 月下旬开始羽化，8 月末为羽化盛期），此时可以用 52%农地乐乳油 1200~1500 倍液和 10%氯氰菊酯乳油 1500~2000 倍液防治。

（6）桃绿吉丁虫

【为害症状】　幼虫孵化后由卵壳下直接蛀入，幼虫于枝干皮层内、韧皮部与木质部间蛀食，蛀道较短且宽，隧道弯曲不规则，粪便排于隧道中，在较幼嫩光滑的枝干上，被害处外表常显褐色至黑色，后期常纵裂。在老枝干和皮厚粗糙的枝干上外表症状不明显，难以发现。被害植株轻者树势衰弱，重者枝条甚至全株死亡。成虫可少量取食叶片，为害不明显。主干被蛀一圈便枯死。

【发生规律】　每 1~2 年发生 1 代，至秋末少数老熟幼虫蛀入木质部，做船底形蛹室并于其中越冬，未老熟者便于蛀道内越冬。第二年桃树萌芽时开始活动为害。成虫白天活动，产卵于树干粗糙的皮缝和伤口处。幼虫孵化后，先在皮层蛀食，逐渐深入皮层下，围绕树干串食，常造成整枝或整株枯死。8 月以后，蛀入木质部，秋后在隧道内越冬。

【防治方法】

1）农业防治。对于大的伤口，要用塑料布包裹起来，防止产卵。幼虫为害时期，树皮变黑，用刀将皮下的幼虫挖出，或者用刀在被害处顺树干纵划二三刀，阻止树体被虫环割，避免整株死亡，也可杀死其中幼虫。

2）化学防治。可用 5%高效氯氰菊酯 100 倍液刷干，毒杀幼虫。成虫发生期喷 5%高效氯氰菊酯 2000 倍液。

2. 延续虫害的防治

延续的虫害主要有桃红颈天牛、绿盲蝽。没有防治好或发生重的年份可能还有蚜虫、红蜘蛛及二斑叶螨等发生。防治红颈天牛主要是在发现有虫粪的地方，挖、熏、毒杀幼虫。

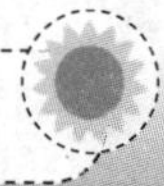

第七节　桃树生理病害及其防治

关键知识点：

生理病害的发生与土壤理化性质、元素之间的拮抗关系等有关，要想从根本上解决此问题，一定要通过增施有机肥，改良土壤结构和理化性能，增加土壤中元素尤其是微量元素含量及有效性，一些微量元素肥料与有机肥混合后施用效果会更好。要平衡施肥，减少氮肥施用量。避免偏施肥料，导致元素间发生拮抗作用。要适量、适时灌水，合理负载。对于已经发生的缺素症，要选用适宜的肥料进行叶面喷施或土壤追施肥。

一　缺氮症及其防治

【为害症状】　土壤缺氮会使整株桃树叶片上形成坏死斑。缺氮枝条细弱，短而硬，皮部呈棕色或紫红色。缺氮的桃树，果实早熟，上色好。离核桃的果肉风味淡，含纤维多。

【发生规律】　缺氮初期，新梢基部叶片逐渐变成黄绿色，枝梢也随即停长。继续缺氮时，新梢上的叶片由下而上全部变黄。叶柄和叶脉则变红，因为氮素可以从老熟组织转移到幼嫩组织中，所以缺氮症多在较老的枝条上表现得比较显著，幼嫩枝条表现较晚且轻。严重缺氮时，叶脉之间的叶肉出现红色或红褐色斑点。到后期，许多斑点发展成为坏死斑，这是缺氮的特征。土壤瘠薄、管理粗放、杂草丛生的桃园易表现缺氮症。在沙质土壤中种植的幼树，在新梢迅速生长期或遇大雨，几天内即表现出缺氮症。这是因为在雨季和新梢迅速生长期，树体需要大量氮素，而此时土壤中氮素易流失。

【防治方法】　桃树缺氮应在施足有机肥的基础上，适时追施氮素化肥。

1）增施有机肥。早春或晚秋，最好是在晚秋，按 1 千克桃果施用 2~3 千克有机肥的比例开沟施有机肥。

2）根部和叶部追施化肥、追施氮肥，如硫酸铵、尿素。施用后症状很快得到矫正。除土施外，也可用 0.1%~0.3%尿素溶液喷布树冠。

二　缺磷症及其防治

【为害症状】　缺磷较重的桃园，新生叶片小，叶柄及叶背的叶脉呈

紫红色，以后呈青铜色或褐色，叶片与枝条呈直角。

【发生规律】　由于磷可从老熟组织转移到新生组织中被重新利用，因此老叶片首先表现症状。缺磷初期，叶片较正常，或是变为深绿色或暗绿色，似氮肥过多。叶肉革质，扁平且窄小。缺磷严重时，老叶片往往形成黄绿色或深绿色相间的花叶，叶片很快脱落，枝条纤细。新梢节短，甚至呈轮生叶，细根发育受阻，植株矮化。果实早熟，汁液少，风味不良，并有深的纵裂和流胶。

【防治方法】

1）增施有机肥料。

2）施用化肥。施用过磷酸钙、磷酸二铵或磷酸二氢钾。秋季施入腐熟的有机肥，施入量为桃果实产量的2~3倍，将过磷酸钙和磷酸二氢钾混入有机肥中一并施用，效果更好。磷肥施用过多时，可引起缺铜、缺锌现象。轻度缺磷的桃园，生长季节喷0.1%~0.3%磷酸二氢钾溶液2~3遍，可使症状得到缓解。

三　缺钾症及其防治

【为害症状】　桃树缺钾的主要特征是叶片卷曲并皱缩，有时呈镰刀状。晚夏以后叶片变为浅绿色。严重缺钾时，老叶主脉附近皱缩，叶缘或近叶缘处出现坏死，形成不规则边缘和穿孔。新梢细短，易发生生理落果，果个小，花芽少或无花芽。

【发生规律】　缺钾初期，表现枝条中部叶片皱缩。继续缺钾时，叶片皱缩更明显，扩展也快。此时遇干旱，易发生叶片卷曲现象，甚至全树呈萎蔫状。缺钾而卷曲的叶片背面，常变成紫红色或浅红色。

细沙土、酸性土，有机质少和施用钙、镁较多的土壤，易表现缺钾症。在沙质土中施石灰过多，可降低钾的可给性。在轻度缺钾的土壤中施用氮肥时，刺激桃树生长，更易表现缺钾症。桃树缺钾，容易遭受冻害或旱害，钾肥过多，会引起缺硼。

【防治方法】　桃树缺钾时，应在增施有机肥的基础上注意补施一定量的钾肥，避免偏施氮肥。生长季喷施0.2%磷酸二氢钾、硫酸钾或硝酸钾2~3次，可明显防治缺钾症状。

四　缺铁症及其防治

【为害症状】　桃树缺铁主要表现为叶脉保持绿色，而脉间褪绿，严重时整个叶片全部黄化。最后白化，导致幼叶、嫩梢枯死。

【发病规律】 由于铁在植物体内不易移动，缺铁症从幼嫩叶开始。开始叶肉先变黄，而叶脉保持绿色，叶面呈绿色网纹失绿。随着病势发展，整片叶变白，失绿部分出现锈褐色枯斑或叶缘焦枯，引起落叶，最后新梢顶端枯死。一般树冠外围、上部的新梢顶端叶片发病较重，往下的老叶病情递次减轻。

在盐碱或钙质土中，桃树缺铁较为常见。在桃树缺铁症易发生的地区，又以干旱和植株迅速生长的季节较为严重。但在一些低洼地区导致盐分上泛，或者在长期土壤含水量多的情况下，使土壤通气性差，降低根系的吸收能力，常引起更为严重的缺铁症。pH 过大时，也会导致黄化。

【防治方法】

1）增施有机肥或酸性肥料等，降低土壤 pH，促进桃树对铁元素的吸收利用。盐碱地区控制盐害是防止桃树缺铁的重要措施。

2）缺铁较重的桃园，可以施用可溶性铁，如硫酸亚铁、螯合铁和柠檬酸铁等。在发病桃树周围挖 8~10 个小穴，穴深 20~30 厘米，穴内施 2%硫酸亚铁溶液，每株施用 6~7 克。喷 1000~1500 毫克 / 千克硝基黄腐酸铁，每隔 7~10 天喷次，连喷 3 次。也可用翠恩 1 号。

3）适时适量灌水，合理负载。土肥管理要科学，减少伤根。高接时，除保留嫁接芽外，还可先保留一些不影响接芽生长的其他水平枝条或下垂枝条。

4）当黄化株较严重，不易逆转时，可以考虑重新栽树。

五 缺锌症及其防治

【为害症状】 桃树缺锌症主要表现为小叶，所以又叫“小叶病”。新梢节间短，顶端叶片挤在一起呈簇状，有时也称“丛簇病”。

【发生规律】 桃树缺锌症以早春症状最为明显，主要表现于新梢及叶片，而以树冠外围的顶梢表现最为严重。一般病枝发芽晚，叶片狭小细长，叶缘略向上卷，质硬而脆，叶脉间呈现不规则的黄色或褪绿部位，这些褪绿部位逐渐融合成黄色伸长带，靠近中脉并伸至叶缘，在叶缘形成连续的褪绿边缘。和缺锰症不同的是多数叶片沿着叶脉和围绕黄色部位有较宽的绿色部分。由于这种病梢生长停滞，故病梢下部可另发新梢，但仍表现出相同的症状。病枝上不易成花坐果，果小而畸形。缺锌和下列因素有关：①沙土桃园土壤瘠薄，锌的含量低；②由于土壤透水性好，灌水过多造成可溶性锌盐流失；③氮肥施用量过多，造成锌需求量增加；④盐碱地

中锌易被固定，不能被根系吸收；⑤土壤黏重，活土层浅，根系发育不良；⑥重茬桃园或苗圃地更易患缺锌症。

【防治方法】

1）改良土壤。对于瘠薄的沙土地、盐碱地、黏土地等，通过改良土壤，创造有利于根系生长的环境，提高土壤中锌的有效性，是防止缺锌的根本性措施。

2）土壤施锌。结合秋施有机肥，每株成龄树加施0.3~0.5千克硫酸锌，第二年见效，持效期为3~5年。

3）树体喷锌。发芽前喷3%~5%硫酸锌溶液，或者发芽初喷0.1%硫酸锌溶液，花后3周喷0.2%硫酸锌加0.3%尿素，可明显减轻症状。

六 缺硼症及其防治

【为害症状】 桃树缺硼可使新梢在生长过程中发生“顶枯”，也就是新梢从上往下枯死。在枯死部位的下方会长出侧梢，使大枝呈现丛枝状。在果实上，发病初期表现为果皮细胞增厚且木栓化，果面凹凸不平，以后果肉细胞变褐且木栓化。

【发生规律】 由于硼在树体组织中不能贮存，也不能从老组织转移到新生组织中去，因此，在桃树生长过程中，任何时期缺硼都会导致发病。除土壤中缺硼引起桃缺硼症外，其他因素还有：①土层薄，缺乏腐殖质和植被保护，易造成雨水冲刷而缺硼；②土壤偏碱或石灰过多，硼被固定，易发生缺硼症；③土壤过分干燥，硼也不易被吸收利用。

【防治方法】

1）土壤补硼。在秋季或早春，结合施有机肥加入硼砂或硼酸。可根据树体的大小确定施肥量，树体大者多施，反之少施，一般为100~250克/株。一般每隔3~5年施1次。

2）树上喷硼。在强盐碱性土壤里，由于硼易被固定，采用喷施效果更好。发芽前树体喷施1%~2%硼砂水溶液，或者分别在花前、花期和花后各喷1次0.2%~0.3%硼砂水溶液。

七 缺钙症及其防治

【为害症状】 桃树对缺钙最敏感。主要表现在顶梢上的幼叶从叶尖端或中脉处坏死，严重缺钙时，枝条尖端及嫩叶似火烧般地坏死，并迅速向下部枝条发展。

【发生规律】 钙在较老的组织中含量特别高，但移动性很差，缺钙时首先是根系生长受抑制，从根尖向后枯死。春季或生长季表现为叶片或枝条坏死，有时表现为许多枝条异常粗短，顶端为深棕绿色，花芽形成早，茎上皮孔胀大，叶片纵卷。

【防治方法】

1）提高土壤中钙的有效性。增施有机肥料，酸性土壤施用适量的石灰，可以中和土壤酸性，提高土壤中有效钙的含量。

2）土壤施钙。秋施基肥时，每株桃树施500~1000克石膏（硝酸钙或氧化钙），与有机肥混匀，一并施入。

3）叶面喷施。在沙质土中种植的桃树，叶面喷施0.5%硝酸钙，重病树一般喷3~4次即可。

八 缺锰症及其防治

【为害症状】 桃树对缺锰敏感，缺锰时嫩叶和叶片长到一定大小后呈现特殊的侧脉间褪绿。严重时，脉间有坏死斑，早期落叶，整个树体叶片稀少，果实品质差，有时出现裂皮。

【发生规律】 土壤中的锰以各种形态存在。当腐殖质含量较高时，呈可吸收态；土壤为碱性时，呈不溶解状态。土壤为酸性时，常由于锰含量过多而造成中毒。春季干旱，易发生缺锰症。树体内锰和铁相互影响，缺锰时易引起铁过多症，反之锰过多时易发生缺铁症。因此，树体内铁与锰的量之比应在一定范围内。

【防治方法】

1）增施有机肥，增加土壤中有机质含量，提高锰的有效性。

2）调节土壤pH。在强酸性土壤中，避免施用生理酸性肥料，控制氮、磷的施用量。在碱性土壤中可施用生理酸性肥料。

3）土壤施锰。将适量硫酸锰与有机肥料混合施用。

4）叶面喷施锰肥。早春喷硫酸锰400倍液。

九 缺镁症及其防治

【为害症状】 缺镁时，较老的绿叶产生浅灰色或黄褐色斑点，位于叶脉之间，严重时斑点扩大到叶边缘。初期症状出现褪绿，颇似缺铁，严重时引起落叶，从下向上发展，只有少数幼叶仍然附着于梢尖。当叶脉之间绿色消退，叶组织外观像一张灰色的纸，黄褐色斑点增大至叶的边缘。

【发生规律】　在酸性土壤或沙质土中镁易流失，在强碱性土壤中镁也会变成不可吸收态。当施钾或磷过多，常会引起缺镁症。

【防治方法】

1）增施有机肥，提高土壤中镁的有效性。

2）土壤施镁。在酸性土壤中，可施镁石灰或碳酸镁，中和酸度。中性土壤可施用硫酸镁。也可每年结合施有机肥，混入适量硫酸镁。

3）叶面喷施。一般在6~7月喷0.2%~0.3%硫酸镁，效果较好。但叶面喷施可先做单株试验后再普遍喷施。

第八节　桃树雹灾和枝干日灼的防治

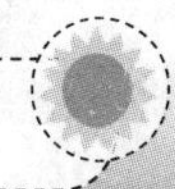

关键知识点：

雹灾属于自然灾害，难于进行有效预防。在冰雹发生轻的情况下，果实套袋可以减轻危害，但在发生重时，套袋效果较差。雹灾一旦发生，要采取积极措施，使损失降到最低。要做好清理、修剪、病虫害防治和肥水管理等。枝干日灼是可以预防的。主要措施就是让主枝角度变小，一般主枝与垂直线夹角为30~40度。对于主枝角度较大且无法改变的树，修剪时，要在主枝背上或附近留小枝防日灼。已有日灼发生的，可以用纸箱等材料将受伤部位进行包扎、覆盖。

一　雹灾

1. 雹灾及其危害

我国各地均有冰雹发生，山区和平原都有发生，有的地区为周期性发生。一般在6~7月容易发生冰雹，这个时期早熟品种开始成熟，中、晚熟品种还处在幼果期，冰雹袭击轻则伤害叶片和新梢，幼果果面也出现冰雹击伤的痕迹，如果冰雹个大且密，就会砸掉叶片，砸断枝条，打烂树皮和幼果，严重者绝收，即使是轻伤，果实能够成熟，外观也会伤痕累累，严重影响其经济价值。

2. 雹灾的防治措施

（1）预防措施　消除雹灾的根本途径是大面积绿化造林，改造小气候。在建园时，要注意选择地点，避开经常发生和周期性发生冰雹的地区。近年来我国人工消雹工作取得可喜成绩，利用火箭炮等消雹工具，可化雹为雨，减轻其造成的危害。

（2）雹灾后的桃园管理技术措施

1）清理落枝、落叶和落果。雹灾后，桃园中残留大量落枝、落叶和落果，是各种病菌滋生蔓延的载体。要全面清除落枝、落叶和落果，落枝要清理出园外，落叶和落果要挖坑深埋。及时摘除雹伤果，保留未受伤或受伤较轻的果实。另外，一般冰雹天气常伴有大风，对于树体扭转或倒伏的，将树体扶直培土。

2）及时修剪。对击伤较重的树皮伤口，应及时将毛茬削平，缩小伤口面积。剪截破伤枝条。对部分枝条进行短截和回缩，一方面可以减少养分的消耗，另一面可以促发新枝，作为第二年的主要结果枝。修剪应较常规夏季修剪轻些。

3）加强病虫防治。在天气好的情况下，可选择下列药剂喷雾：80%甲基托布津可湿性粉剂1500倍液或65%代森锌可湿性粉剂500倍液或50%多菌灵可湿性粉剂800~1000倍液或农用抗生素等，防控因伤口带来的真菌性和细菌性病害。如果雹灾发生较重，可以间隔7~10天再喷1次。喷施0.5%腐植酸钠水溶液，可有效促进愈合、刺激生长和减少病菌。

4）肥水管理。有积水时要及时排水。叶片、枝条被冰雹砸伤后，不仅影响养分制造，而且伤口愈合又需要大量营养，因而灾后要及时补充速效肥料。可叶面喷施0.3%尿素或0.3%磷酸二氢钾2~3次。土施时建议施复合肥20~40千克/亩。

5）疏松土壤。冰雹伴随着强降雨，雹后土壤透气性差，地温偏低，根系生长受到影响，因而要及时中耕松土，增加土壤的透气性。

二 枝干日灼

1. 枝干日灼的概念

桃树的枝直接暴露在阳光下，在阳光的直射下组织坏死即发生日灼。

2. 影响日灼发生的因素

（1）土壤 土壤干旱和保水不良的沙质土容易发生日灼，而壤土、黏壤土和黏土发生日灼较少。地下水位高和根系浅的桃园也易发生日灼。

（2）树形及枝的方向和角度 调查表明，杯状树形日灼发病率低，而开心树形日灼发生率高。日灼发生的时间多在下午，主枝的向阳面易发生日灼。粗枝比细枝容易发生日灼。

(3) 树龄与树势　树龄越大发生日灼的概率越高，尤其是在负载量过大，并且树势衰弱的情况下，日灼发生的概率增加。

(4) 季节　生长季发生日灼主要在6月，因为北方4月、5月和6月气候仍然处于干燥少雨的季节，这时桃树的枝叶对主枝的覆盖还不完全，易发生枝干日灼。另外，如果8月夏季修剪过重，尤其是主枝背上枝全部去掉后，主枝阳面没有覆盖的枝条，易发生主枝日灼。

3. 防治桃树树干日灼的措施

对于三主枝或二主枝开心形的树体，由于对朝向东、东北和北面的主枝背上枝条修剪过重，会导致主枝日灼。可以采取以下措施：

1）控制桃树主枝角度不宜过大。

2）在干燥缺雨的季节，夏季修剪时在背上可以适当多留新梢，以增加遮光，减少阳光直射，降低树体温度。

3）增强树势，加强土壤管理。例如，增施有机肥料；沙质土还可以覆盖树盘，使树体组织充实，提高抗日灼的能力。

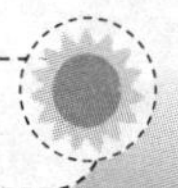

第九节　花后复剪、夏季修剪及其他

关键知识点：

不一定对所有桃树都进行花后复剪。花后复剪主要是针对冬季修剪时留枝量较大，但是坐果率不高的桃树，将多余的枝条适当进行疏除或回缩。第一次夏季修剪主要是抹芽，去除多余的萌芽，以节省营养。另外，对生草桃园进行及时割除，不要用除草剂。对桃苗进行中耕、除草和施肥，并做好此时期的档案记录。

一　花后复剪

一般花后15~20天后进行复剪。复剪对象是：未坐果的过密枝和坐果太多的枝。主要是无花粉品种，由于留枝量较大，坐果后进行调整。

二　夏季修剪

桃树的夏季修剪一般要进行4次。

及时地进行夏季修剪，可以节省营养，同时也可以节省修剪用工。第一次夏季修剪在叶簇期进行，石家庄地区一般在 4 月下旬进行，即花后 10 天左右。主要是抹芽（图 4-2），抹双芽，留单芽，抹除剪锯口附近或近幼树主干上发出的无用枝芽。

图 4-2　桃树的抹芽

三 其他

1. 生草桃园的管理

此期自然生草桃园中杂草可以任其自然生长，等长到一定高度后再进行人工或机械割除。人工种草桃园，要定时清理其中的杂草，尤其是恶性杂草。在桃园中最好不用除草剂，因为除草剂易诱发桃树流胶病，除草剂使用次数越多，使用量越大，流胶越重。在南方桃园尤其如此。

2. 桃苗管理

此期应加强管理，做好中耕和除草，施入适量尿素，以促进桃苗生长良好。

3. 记录相关档案

1）桃园管理情况。例如，整形修剪、土肥水管理、疏果和病虫害防治等主要栽培技术的实施日期及实施后效果。病虫害防治可以记录桃园病虫害种类、发生时间、分布情况、消长规律、每次喷药的时间、药剂种类、使用浓度、防治效果等。

2）主要气象资料及灾害性天气记录。仍是气温、地温和降雨等，灾害性天气包括冰雹、旱害或涝害等。

3）人力与物力的投入情况。

4）近期生产中的一些想法、工作体会和经验教训。

第五章　新梢旺盛生长期至果实成熟前的管理

由于桃树不同品种的成熟期不同，新梢旺盛生长期至果实成熟前持续的时间也不相同。一般新梢旺盛生长始于开花后15天左右。在石家庄地区，早熟品种新梢旺盛生长期至果实成熟前持续的时间为35~50天，而晚熟品种此期较长，4月底~10月上旬，长达150天以上。此期新梢生长与果实生长同步进行，要保证两者平衡，也是营养生长与生殖生长的平衡。既要有一定的新梢生长量，保证果实的生长，又要抑制新梢过度生长，如果新梢生长过旺，既影响果实的大小与品质，也会加重病虫害为害。此期应加强夏季修剪，确保树体通风透光，做好病虫害防治。

第一节　整形修剪技术

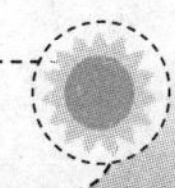

关键知识点：

常规树主要是保证延长枝头的生长势，疏除过密枝，要协调生长结果关系，避免营养生长过旺，树体郁闭。树体改造的树要及时进行抹芽、摘心、疏枝和拉枝。高接树主要是除萌蘖、摘心、疏枝。采收前，通过修剪，使即将成熟的果实充分着光，促进果实着色，提高果实含糖量。当年定植树，在定干后，随着小树生长，选定2个适宜主枝进行绑缚，固定主枝的角度，控制主枝以外的其他枝的生长。

一　夏季修剪技术

1. 第二次夏季修剪

这是一年中的第二次夏季修剪。在新梢迅速生长期进行，一般石家庄在5月中下旬。此次夏季修剪非常重要。修剪内容是：

（1）调整树体生长势 通过疏枝、摘心等措施，调整生长与结果的平衡关系，使树体处于中庸状态。

（2）延长枝头的修剪 疏除竞争枝，或者对幼旺树枝头进行摘心处理。

（3）徒长枝、过密枝及萌蘖枝的处理 采用疏除和摘心的方法。对于无生长空间的，从基部疏除。对于树体内膛光秃部位长出的新梢，在其适当的位置进行摘心促发二次枝，培养成结果枝组。疏除背上枝时，不要全部去光，可适当留一个新梢，将其压弯并贴近主枝向阳面，或者基部留20厘米短截，作为“放水口”，并可以防止主枝日灼。

（4）防止结果部位外移 疏除外围强旺枝，内膛过密枝和徒长枝，秋季拉枝开角，可使内膛枝组得到充足的光照和养分，起到抑前促后、平衡树势和复壮内膛的作用。

2. 第三次夏季修剪

这是一年中的第三次夏季修剪。石家庄地区在6月下旬~7月上旬进行。此次夏季修剪主要是控制旺枝生长。对骨干枝仍按整形修剪的原则适当进行修剪。对竞争枝、徒长枝等旺枝，在上次修剪的基础上，疏除过密枝条，若有空间，可留1~2个副梢，剪去其余部分。对树姿直立的品种或角度较小的主枝，进行拉枝，开张角度。

二 冬季已经进行树体改造桃树的夏季修剪

1. 栽植过密的树

对于过密的树，冬季修剪已按照“宁可行里密，不可密了行”的原则进行了间伐。通过间伐，已经将其改造成了二主枝开心形（Y字形）或三主枝开心形。疏除了株间的主枝，保留2个朝向行间的主枝。对于直立生长的主枝，已经进行了开角。夏季修剪的主要内容是：

（1）抹芽 及时抹除大锯口附近长出的萌芽。

（2）摘心 光秃带内长出的新梢可以进行1~2次摘心，培养成结果枝组。

（3）疏枝 疏除徒长枝、竞争枝和过密枝。

（4）拉枝 对角度小的骨干枝进行拉枝。

2. 无固定树形的树

对于无固定树形的树，在冬季修剪时已对其进行了改造，使其成为二

主枝或三主枝开心形。由于冬季修剪对大枝处理较多，易萌生新梢，并有光秃带。夏季修剪的主要内容是：

（1）抹芽　及时抹除大锯口附近长出的萌芽。

（2）摘心　光秃带内长出的新梢可以进行1~2次摘心，培养成结果枝组。如果有空间，剪锯口附近长出的新梢可以保留，并进行摘心，培养成结果枝组。

（3）疏枝　疏除多余的徒长枝、竞争枝和过密枝。

（4）拉枝　对角度小的骨干枝进行拉枝。

3. 结果枝组过高、过大的树

对于结果枝组过高、过大的树，已对其进行了疏除和回缩，将其改造成适宜的结果枝组。夏季修剪的主要内容是：

（1）疏枝　及时疏除剪锯口附近长出的徒长枝和过密枝。

（2）摘心　有空间生长的枝条，可以进行摘心，培养成结果枝组。

三　高接树的夏季修剪

1. 除萌蘖

及时除掉生长出的萌蘖。但如果嫁接成活率较低，对于有空间的枝条可以保留，到8~9月再进行补接。

2. 摘心和疏枝

高接树枝条一般生长旺盛，分枝位置较低，分枝角度较大。当高接芽长到20~40厘米时进行摘心，一般外围枝可以在40~50厘米处摘心，内膛枝则留短些摘心。并对过密新梢适当疏除。

四　果实采收前的修剪

果实采收前修剪的主要目的是促进果实着色。果实开始着色时，适当疏除树冠外围和果实附近的密生新梢，重点去除背上直立徒长枝和树冠外围多余的竞争枝，并用绳将下垂枝吊起来，使果实充分见光着色，既有利于促进果面着色，也有利于所保留枝条上的叶片进行光合作用。

注意　注意不要修剪过重，以免造成果实日灼。

五　刚定植树的修剪

刚定植的桃树，采用Y字形整形，具体操作如下：

第一年：苗木定植后随即定干，定干高度为50~70厘米，萌芽后将主干下部距地面20厘米以内的芽全部抹掉，主干上部20厘米以内的整形带中至少有2个方向不同的健壮芽。当新梢长至50厘米左右时，选出2个主枝立杆绑缚，杆的方向要伸向行间，其他新梢通过摘心进行控制。1个月后再对主枝进行一次绑缚，同时对主枝上的直立枝副梢及其他旺梢进行摘心。

第二年至第三年：一般要进行2~3次夏季修剪。主要内容：一是疏除背上直立旺枝；二是疏除交叉过密枝；三是进行适时摘心。生长期用拉枝的方法，开张角度，控制旺长，促进早结果。

第二节 土肥水管理

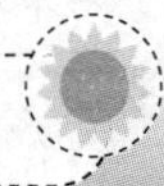

关键知识点：

对生草桃园及时进行割草。在果实成熟前，追施化肥要以钾肥为主。如果施基肥较多，便可以不施化肥。旱地桃树可在雨季施入有机肥。果实成熟前10~15天浇水，采收期一般不再进行浇水。此期土壤水分尽量保持相对稳定，不让其干旱，也不要大水漫灌。同时要注意关注天气预报，做好排水和防涝工作。

一 土壤管理

在生长季进行多次中耕除草，不但可及时清除杂草，减少杂草对水分和养分的争夺，而且可以疏松土壤，减少土壤蒸发，促进土壤微生物活动，加速养分转化，提高土壤肥力；同时可破除土表板结层，切断毛细管，减少水分蒸发，减少旱害与盐害。一般在生长季，每逢下雨和灌水后，要及时中耕、松土，并清除杂草，使土壤经常保持疏松和无杂草状态。

在多雨年份，夏季杂草生长旺盛，可结合中耕除草，把清除的杂草堆积起来沤制绿肥，也可把杂草直接埋入土中，或者用于树下覆盖。此时气温高，湿度大，又正值雨季，杂草当年就能腐烂分解，变成可被吸收的有机肥。

在山坡地，对土壤进行较深的中耕，疏松土壤，有利于增强降雨入渗

率，减少地面径流，增加土壤中的水分含量。

二 施肥

1. 追肥

一般在果实成熟前 20~30 天追肥，主要是促进果实膨大，提高果实品质和花芽分化质量。以钾肥为主。追肥后及时浇水。在果实采收期不再追肥。依据产量确定施肥量。不要过多施用氮肥，氮肥过量会影响到果实的内在品质，并刺激新梢生长。一般采用穴施法，在树冠投影下，距树干 80 厘米之外（大树 1.2 米之外），均匀挖小穴，穴间距为 30~40 厘米。施肥深度为 10~15 厘米。施后覆土，然后浇水。

2. 叶面喷肥

可按第四章介绍的方法进行，此期喷肥应以磷肥和钾肥为主。

3. 旱地桃树施基肥

为提高桃树的抗旱性，应施基肥，将旱地桃树的根系引向深层土壤。基肥应以增施和深施有机肥为主，可选择圈肥、堆肥、畜肥和土杂肥等，化肥作为补充肥料。有机肥能供给桃树所需的各种营养元素，提高土壤有机质含量，增加土壤蓄水保墒抗板结能力及抗寒、抗旱的能力。

施基肥要改秋施为雨季前施用。旱地桃树施基肥不宜在秋季进行，这是因为首先秋施基肥无大雨，肥效长期不能发挥，多数年份必须等到第二年雨季大雨过后才逐渐发挥肥效。其次，秋季开沟施基肥等于凉墒，土壤水分损失严重。再次，施肥沟周围的土壤中溶液的浓度大幅度升高，对周围分布的根系有明显的烧伤作用，严重影响桃树根系的吸收和树体的生长。改秋施肥为雨季施用，此时期土壤水分充足，空气湿度大，开沟施肥即使损失部分水分，很快遇到雨水，土壤水分就会得到补充，不会对根系有烧伤作用。雨季温度高，水分足，施入的肥料、秸秆、杂草很快腐熟分解，有利于桃树根系吸收，对当年树体生长、果实发育和花芽分化有好处。盛果期施肥量为优质有机肥 5000~6000 千克/亩。

三 水分管理

1. 灌水

（1）时期　果实膨大期是桃树需水的第二个关键时期，一般在果实采前 20 天左右进行灌水，此时的水分供应充足与否对产量影响很大，而北方还未进入雨季，所以早熟品种需要进行灌水。早熟品种成熟以后

（石家庄地区为6月底）已进入雨季，灌水与否及灌水量视降雨情况而定。此时灌水也要适量，灌水过多，有时会造成裂果、裂核。

（2）方法 一般采用漫灌。有条件的地区可以采用节水灌溉技术，如滴灌和喷灌等，生草桃园用滴灌或喷灌的效果更好。

（3）灌水与防止裂果

1）易裂果的品种。有些桃品种易发生裂果，如中华寿桃、21世纪等，一些油桃品种也易发生裂果。

2）水分与裂果的关系。桃果实裂果与品种有关，也与栽培技术有关，尤其与土壤水分状况更为密切。土壤水分变化对裂果有较大的影响，试验结果表明，在果实生长发育过程中，尤其是接近成熟期时，若土壤水分含量发生骤变，裂果率便会增高，而土壤一直保持相对稳定的湿润状态，裂果率便较低，这说明桃果实裂果与土壤水分变化程度有较大关系。为避免果实裂果，要尽量使土壤保持稳定的水分含量，避免前期干旱缺水，后期大水漫灌。

3）适宜的灌水方法。滴灌是最理想的灌溉方式，它可为易裂果品种的生长发育提供较稳定的水分，有利于果肉细胞的平稳增大，减轻裂果。

注意 如果是漫灌，也应在整个生长期保持水分平衡。在果实发育的第二次膨大期适量灌水，保持土壤湿度相对稳定，在南方则要注意雨季排水。

2. 排水与防涝

桃树的耐涝性在落叶果树中最差。桃树遭受轻度涝害后常出现早期落叶、落果和裂果，有时发生二次生长、二次开花，根系因缺氧使细根窒息而死，并逐渐延至大根，最终出现腐朽。树干积水则皮层剥落，木质变色。桃树在高温缺氧的死水中，受害会加重。

土壤性质及栽植深度与涝害程度常有密切关系。凡不利于根系呼吸的因素，如黏质土壤、底土透水不良及栽植过深等，都会使涝害加重。

（1）预防措施 为了防止桃园遭受涝害，建园时要选好园地，并做好水土保持和土壤改良工作。

1）山地开设纵横排水系统。横排水沟应根据梯田修筑，设在梯田内侧，与等高线平行。纵排水沟则与等高线垂直，从上而下，使水顺山势排泄，纵横排水沟连通，使横排水沟的水排到纵排水沟中。如果园地坡度太大，纵排水沟可分段设置水坝，以缓和水势，减少土壤冲刷。

2）低洼易积水的地区应修好排水系统，使雨水能够顺畅地排出桃园。

3）换土和土壤改良。对底土有不透水层的地方，应进行换土和土壤改良，打开不透水层，必要时可开沟换土栽植。

4）其他措施。桃园中不种植阻水作物，以利于顺畅排水。

（2）抢救措施　受涝后的桃树应采取下列措施，以恢复树势，把损失降到最低程度。

1）及早排除积水。可在园内每隔 2~3 行的树间挖 1 条深 60 厘米、宽 40~60 厘米的排水沟，及时排除地表水，关键是要及时排除根系集中分布层中多余的水，解决根系的呼吸问题。将冲倒的树扶正，设立支柱以防倒伏。清除树盘内的压沙和淤泥，对露出的根进行培土。

2）进行深翻。可对树盘或全园进行深翻，以利于土壤水分的散发，加强通气，促进新根生长。

3）适度修剪。要适度加重修剪，以保持地上地下的平衡，坐果多的树要疏果，以减轻负载量。

4）加强树体保护，积极防治病虫害。

第三节　病虫害防治

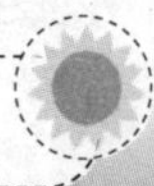

关键知识点：

此期发生的为害树干的虫害有桃红颈天牛、桃小蠹、桃绿吉丁虫、桑白蚧和桃球坚蚧等，树干涂白可以有效防止红颈天牛和桃绿吉丁虫在树干上产卵。叶部病虫害以化学防治为主。在预报的基础上，适时对桃蛀螟和梨小食心虫进行化学防治。茶翅蝽主要用诱集植物诱集，然后再集中杀死。病害以防为主，疮痂病和褐腐病发生时可以喷施杀菌剂，适时进行化学防治。

一　主要虫害及其防治

1. 此期新发生虫害的防治

（1）山楂红蜘蛛

【为害症状】　山楂红蜘蛛常群集叶背为害，并吐丝拉网（雌虫）。早春出蛰后，雌虫首先集中在内膛为害，形成局部受害现象，以后渐向外围扩散。被害叶面出现失绿斑点，逐渐扩大成褐色斑块，严重时叶片焦枯脱落，影响树势和花芽分化。

【发生规律】 山楂红蜘蛛以受精的雌虫在枝干树皮的裂缝中及靠近树干基部的土块缝里越冬。每年发生代数因各地气候而异，一般为5~9代。山楂红蜘蛛多在6月开始为害，7~8月繁殖最快，当遇高温且干燥时危害尤其严重，8~10月产生越冬成虫。越冬雌虫出现的早晚与桃树受害程度有关，受害严重时7月下旬即产生越冬成虫。

【防治方法】

1）生物防治。保护利用其天敌——东方植绥螨。

2）化学防治。桃树发芽前喷洒2~5波美度石硫合剂。虫害发生时喷1.8%阿维菌素乳油3000~5000倍液。

（2）二斑叶螨

【为害症状】 以幼螨、成螨群集在叶背取食和繁殖。严重时叶片呈灰色，大量落叶。二斑叶螨有明显的结网习性，特别是在数量多时，丝网可覆盖叶的背面或在叶柄与枝条间拉网，并在网上产卵、穿行。

【发生规律】 每年发生10代以上。以受精雌虫在树干皮下、粗皮裂缝内和杂草下群集越冬。4月上中旬为第一代卵期，6~8月为猖獗为害期，10月陆续越冬。

【防治方法】

1）农业防治。在越冬雌虫越冬前，对树干绑草，诱集其在草上越冬，早春出蛰前解除绑草并烧毁。

2）生物防治。保护、利用和引进二斑叶螨的天敌——西方盲走螨。

3）化学防治。桃树发芽前喷洒2~5波美度石硫合剂。在虫害发生初期，喷1.8%阿维菌素乳油3000~5000倍液，重点喷树冠内膛叶片。防治越早，效果越好。

（3）桃小蠹

【为害症状】 幼虫多选择在衰弱的枝干上蛀入皮层，在韧皮部与木质部间蛀纵向母坑道，并产卵于母坑道两侧。孵化后的幼虫分别在母坑道两侧横向蛀子坑道，略呈“非”字形，随着虫体增长，坑道弯曲、混乱交错，加速枝干死亡（彩图28）。

【发生规律】 每年发生1代，以幼虫于坑道内越冬。第二年春季老熟幼虫于坑道端蛀圆筒形蛹室化蛹，羽化后咬圆形羽化孔爬出。6月成虫出现，进行配对、产卵，秋后以幼虫在坑道端越冬。

【防治方法】　主要采用农业防治措施。

1）加强综合管理。增强树体抗性，可以大大减少虫害的发生与危害。

2）引诱产卵。成虫出树前，在田间放置半枯死或整枝剪掉的树枝，诱集成虫产卵，产卵后集中处理。

（4）潜叶蛾

【为害症状】　幼虫在叶组织内串食叶肉，形成弯曲的食痕。叶片表皮不破裂，由叶面透视，食痕清晰可见，严重时受害叶片枯死脱落。

【发生规律】　该虫以蛹在茧内越冬。第二年展叶后成虫羽化产卵，幼虫孵化后即潜入叶肉内为害。每年发生6~7代，11月即开始化蛹越冬。

【防治方法】

1）生物防治。潜叶蛾的天敌（如寄生蜂）种类较多，提倡实行园内自然生草和果树行间种植有益草种的栽培管理措施。特别是7月后田间天敌开始增多，尽量避免施用广谱性、触杀性化学农药，以保护利用天敌。

2）化学防治。根据性诱剂诱蛾结果，在成虫发生高峰期3~7天进行药物防治，可用25%灭幼脲3号悬浮剂1000~2000倍液或20%杀铃脲悬浮剂8000倍液，可连续喷药2次，中间间隔5~7天。

提示　喷药应在发生前期进行，危害严重时再喷药效果不佳。

2. 延续虫害的防治

（1）苹小卷叶蛾

1）农业防治。发现有吐丝缀叶者，及时剪除虫梢，消灭正在为害的幼虫。

2）物理防治。树冠内挂糖醋液（配方为糖5份、酒5份、醋20份、水80份）以诱集成虫；有条件的桃园，可设置黑光灯来诱杀成虫。

3）化学防治。建议使用虫酰肼、灭幼脲、甲氨基阿维菌素苯甲酸盐、氟铃脲等低毒农药，或者毒死蜱和高效氯氰菊酯等。

（2）桃红颈天牛

1）人工捕捉。成虫出现期，利用其午间静息的习性进行人工捕捉。特别是在雨后晴天，成虫最多。另外，在桃园内每隔30米，距地面1米左右挂1个装有糖醋液的罐头瓶，可以诱杀成虫。

2）用涂白剂。成虫产卵前，在主干基部涂白，可防止成虫产卵。在树干上绑尼龙网，也能阻止产卵。

3）杀灭初孵幼虫。产卵盛期至幼虫孵化期，对主干喷施2.5%高效氯氟氰菊酯乳油3000倍液。

4）在发现有虫粪的地方，及时挖、熏、毒杀幼虫。

（3）桑白蚧

1）人工防治。少量发生时可用硬毛刷刷掉枝条上的虫，并剪除受害枝条，一同烧毁。

2）化学防治。该方法在幼虫出壳但尚未分泌蜡粉之前的1周内才有效，可喷施99.1%敌死虫乳油200~300倍液或25%噻嗪酮可湿性粉剂1500~2000倍液。

（4）桃蛀螟

1）农业防治。生长季及时摘除被害果，集中处理，秋季采果前在树干上绑草把以诱集越冬幼虫并集中杀灭。

2）物理防治。利用黑光灯、糖醋液诱杀成虫。

3）生物防治。用性诱剂诱杀成虫。

4）化学防治。在各成虫羽化产卵期喷药1~2次。交替使用2.5%功夫乳油3000倍液或2.5%溴氰菊酯乳油2000~3000倍液或20%杀铃脲悬浮剂8000倍液。

（5）梨小食心虫　大部分仍为害新梢，少数开始为害果实。主要采用生物防治，如释放松毛虫赤眼蜂，可防治梨小食心虫；用梨小食心虫性诱剂迷向法干扰成虫正常交配。也可采用化学防治。

（6）茶翅蝽　主要使用成虫诱杀法。用化学防治法杀死在桃园周围种植的萝卜、香菜、芹菜、洋葱、向日葵和大葱上的茶翅蝽。

（7）桃球坚蚧　孵化盛期采用化学防治。6月待卵进入孵化盛期时，对全树喷布5%高效氯氰菊酯乳油2000倍液或20%氰戊菊酯乳油3000倍液。

（8）桃绿吉丁虫

1）农业防治。加强树体管理，清除枯死树，避免树体出现伤口和粗皮，减少虫源，增强树势；成虫产卵前，在树干涂白，可阻止产卵。

2）化学防治。在幼虫为害时期及时检查，若发现幼虫，便将其挖出，并用药涂抹；也可用5%高效氯氰菊酯5~10倍液刷干，以毒杀幼虫；在成虫发生期喷5%高效氯氰菊酯2000倍液。

二　主要病害及其防治

对于病害仍要强调以预防为主的理念，可以定期有针对性地喷一些杀菌剂。

1. 疮痂病

果实膨大期至成熟前20天喷施25%咪鲜胺1000倍液、430克/升戊唑醇或400克/升苯醚甲环唑4000倍液、50%多菌灵或70%甲基硫菌灵500~800倍液等，每次间隔10天左右。若果实套袋，必须提前施药。

2. 褐腐病

果实发育中后期，根据降雨情况，喷施50%腐霉利1000倍液、50%多菌灵或70%甲基硫菌灵500~800倍液等，果实套袋前要喷施1~2次药。

3. 流胶病

【为害症状】 该病多发生于桃树枝干，尤以主干和主枝杈处最易发生，初期病部略膨胀，逐渐溢出半透明的胶质，雨后加重。其后胶质渐成胶冻状，失水后呈黄褐色，干燥时变为黑褐色。严重时树皮开裂，皮层坏死，生长衰弱，叶色变黄，果小味苦，甚至枝干枯死。

【发病规律】 病菌孢子借风雨传播，从伤口和侧芽侵入，1年出现2次发病高峰。在南京为5月下旬~6月上旬和8月上旬~9月上旬。非侵染性病害发生流胶病后，容易再感染侵染性病害，尤以雨后为甚，树体迅速衰弱。桃树发生流胶病的原因比较复杂，凡是使桃树正常生长发育产生阻碍的因素都导致流胶病的发生。

1）由于寄生性真菌和细菌为害，如炭疽病、疮痂病和细菌性穿孔病等均能引起流胶病。

2）根部病害（如根瘤病等）使树体生长衰弱，降低抗性，也易发生流胶病。

3）枝干和果实遭受虫害，如桃红颈天牛和大青叶蝉等引起主干、主枝和小枝发生流胶病，梨小食心虫、桃蛀螟和椿象引起果实发生流胶病。

4）机械损伤、剪锯口、雹害、冻害、日灼及重修剪也能引起流胶病。

5）不良环境条件，如排水不良、灌溉不当、土壤黏重、土壤盐碱化或酸化、土壤缺镁等也有可能出现流胶病。

6）砧木与桃品种的亲和性不良，如毛樱桃砧、杏砧接桃容易发生流胶病。另外，在南方老产区，树龄较大、树势弱的桃园及高接桃树流胶病发生严重。南方桃园高温高湿，比北方桃园发生重。喷除草剂会加重流胶病的发生。

【防治方法】

1）农业防治。加强土肥水管理，改善土壤理化性质，提高土壤肥力，增强树体的抵抗能力。防止霜害、冻害和日灼。南方桃园要高畦深沟，注意桃园排水，合理修剪，尽量避免去大枝。原产于西北干旱地区和云贵高原桃产区的品种不抗流胶病，而长江流域桃产区的品种抗流胶病能力稍强。

2）化学防治。芽膨大前期喷施 3~5 波美度石硫合剂，及时防治各种病虫害，尤其是枝干和果实病虫害。对剪锯口和病斑及时处理，较大的剪锯口和病斑要在刮除后及时涂抹 843 康复剂。

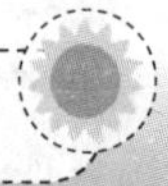

第四节　果实管理

关键知识点：

此期的管理工作主要是果实解袋、铺设反光膜和摘叶等。解袋应注意时期和方法。为防止果实裂果和裂核，要注意保持土壤中水分含量稳定，合理进行采前修剪，成熟前少施化肥，尤其不施氮肥。铺设反光膜要选用优质膜，铺膜之前要进行适度修剪，尤其是内膛枝和下垂枝。摘叶要适度。

一　解袋

套单层浅色纸袋的易着色的油桃和不着色的桃，可带袋采收。为减少果肉内色素的产生，用于罐藏加工的桃果可以带袋采收，采前不必摘袋。果实成熟期间雨水集中的地区，裂果严重的品种也可不解袋。

1. 解袋时期与时间

（1）解袋时期　套深色或黑色果实袋的，在果实成熟前需要进行解袋，应根据果实袋的类型、桃的品种特性、市场距离、采收适期确定解袋时间。解袋过早和过晚，果实品质均不理想，影响商品价值。解袋过早，果实着色浓而不艳，果面光洁度差，与不套袋果实差别不大；解袋过晚则果实着色不充分。

提示　深色遮光袋宜早解，浅色透光袋易迟解。难着色品种宜早解，易着色品种宜迟解。套用深色遮光袋的果实大部分褪绿时，便为解袋适期。

鲜食品种采收前解袋，有利于着色。不易着色的品种如中华寿桃，解袋时间应在采前 10 天效果较好。易着色的品种宜采前 4~5 天解袋，着色中等的应再提前 1~2 天。果实硬度较小的品种，可以适当早 1~2 天解袋。

（2）解袋时间　解袋宜在阴天或多云天气进行。一天中适宜解袋的

时间为9：00~11：00和15：00~17：00。

2. 解袋方法

在解袋前先把纸袋底部撕开，使果实先受散射光，2天后再全部摘除（彩图29、彩图30）。

3. 解袋时的注意事项

梨小食心虫发生较重的地区，果实解袋后要尽早采收，否则如果正遇上梨小食心虫产卵高峰期，还会有梨小食心虫为害。

二　减轻果实裂果与裂核的技术措施

1. 减轻桃果实裂果的措施

（1）水分管理　油桃对水分较敏感，在水分均衡的情况下裂果轻，所以一定要重视排灌设施，旱时适时灌水，涝时及时排水。要保持水分的相对稳定，切忌在干旱时浇大水。

（2）果实套袋　实行套袋栽培是防止裂果最有效的技术措施。

（3）增施有机肥　增施有机肥可以改善土壤物理性能，增强土壤的透水性和保水力，使土壤供水均匀，减轻裂果。

（4）加强病虫害防治　果实受病虫害为害（尤其是蚜虫）后，会引起裂果，要加强病虫害防治。

（5）合理负载　严格进行疏花疏果，提高叶果比，促进光合作用，改善营养状况，以减少裂果发生。

（6）合理修剪　幼树修剪以轻为主，重视夏季修剪，使其通风透光，促进花芽形成。冬季以轻剪为主，采用长枝修剪，重剪会引起营养失调，加重裂果。

（7）适时采收　有些品种，尤其是油桃品种，成熟度较大时，易发生裂果。枝头附近的果实较大，更易裂果，要及时采收。

2. 减轻桃果实裂核的措施

（1）科学施肥　多施有机肥，尽可能提高土壤有机质含量，改善土壤的通透性。增加磷、钾肥，控制氮肥的施用量。大量元素肥料（氮、磷、钾）和微量元素肥料（铁、锌、锰和钙等）合理搭配，尤其要增施钙素肥料。

（2）合理灌水，及时排水　桃硬核期，20厘米深的土壤手握可成团，松手不散开便为水分适宜，这时应该进行控水。遇连阴雨天气，应加强桃园排水。推广滴灌、喷灌和渗灌技术，避免大水漫灌。

（3）加强夏季修剪，调节枝叶生长和叶果比　保证树体结构良好，枝组健壮，配备合理，树冠通风透光。夏季修剪最好每月进行 1 次。

（4）适时疏花疏果，合理负载 对于坐果率较低的品种，最好不疏花，只疏果，推迟定果时间。对坐果较高的品种，花期先疏掉 1/3 的花，硬核期前分 2 次疏果。过早疏花疏果，会使营养过剩，造成果实快速增长而裂核，因此应适时疏花疏果，合理负载，以减少大果和特大果裂核的发生。

（5）避免依靠大肥大水生产大型果和特大型果 依据品种特点，生产相应大小的果实。有的桃农既追求高产，又追求大果，所以在果实生长后期采用大肥（化肥，尤其是氮肥）大水的方法，多次进行灌水，导致裂核率增加。

三 铺设反光膜

1. 反光膜的选择

反光膜宜选用反光性能好、防潮、防氧化、抗拉力强的复合性塑料镀铝薄膜，一般可选用聚丙烯、聚酯铝箔、聚乙烯等材料制成的薄膜。这类薄膜反光率一般可达 60%~70%，使用效果比较好，可连续使用 3~5 年。

2. 铺设方法

（1）时间 套袋桃园一般在去袋后马上铺膜，没有套袋的桃园宜在果实着色前进行。

（2）准备工作 清除地面上的杂草、石块和木棍等。用铁耙把树盘整平，略带坡降，以防积水。套袋桃园要先去袋后再铺膜，并进行适当的摘叶。对树冠内膛郁闭枝、拖地的下垂枝及遮光严重的长枝可适当进行回缩和疏除修剪，以打开光路，使更多的光反射到果实上，提高反光膜的反射效率。

（3）具体方法 顺着树行在树冠两侧铺膜，反光膜的外缘与树冠的外缘对齐。铺设时，将整卷的反光膜放于桃园的一端，然后倒退着将膜慢慢地滚动展开，并随时用砖块或其他物体压膜，以防止风吹膜动。

提示 用泥土压膜时，可将土壤事先装进塑料袋中，以保持干净，提高反光效果。铺膜时要小心，不要把膜刺破。一般铺膜面积为 300~400 米^2/亩。

（4）铺后管理 铺上反光膜以后，要注意经常检查，遇到大风或下雨天气，应及时采取措施，把刮起的反光膜铺平，将膜上的泥土、落叶和积水清理干净，以免影响反光效果。采收前将膜收拾干净后妥善保存，以

备第二年再用。

四 摘叶

摘叶是摘除遮挡果面的叶片，以促进果实着色的技术措施。摘叶的方法是：左手扶住果枝，用右手大拇指和食指的指甲将叶柄从中部掐断，或者用剪刀剪断，而不是将叶柄从芽体上撕下，以免损伤母枝的芽体。在叶片密度较小的树冠区域，也可直接将遮挡果面的叶片扭转到果实侧面或背面，使其不再遮挡果实，达到果面均匀着色的目的。

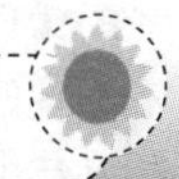

第五节 果实日灼、生草管理及其他

关键知识点：

既要进行夏季修剪，提高果实品质，又要掌握适度原则，避免果实发生日灼。对于影响果实着色的直立枝条，可以对其进行短截，剪留长度以所留叶片稍高于果实为宜，使阳光不能直接照射到果实上。对生草桃园及时进行割草，并对此期的栽培管理、物候期、气候条件及经验和体会等进行记录。

一 果实日灼

1. 果实日灼的发生

7~8 月正值果实成熟时，如果修剪过重，果实大面积接受阳光直射，极易发生果实日灼。

2. 果实日灼的防御措施

（1）合理进行夏季修剪 桃树修剪与日灼的发生有密切关系。夏季修剪时可以多留新梢，增加遮光性，减少阳光直射。在果实着色期，适当进行夏季修剪，不宜过重，不要将果面全部暴露在阳光之下。

（2）果实套袋 果实套袋可以防止害虫蛀果，提高果实品质，还可以降低果温，防止日灼。

二 生草桃园管理

6 月初，当自然生草桃园中的杂草长到 40 厘米左右时，用打草机或人工将草割倒并覆盖在行间，留茬高度为6~8厘米。人工生草的桃园，若在行间种植苜蓿，也要按要求及时进行割除。

三 苗木嫁接

1. 适时嫁接

培育三当苗，嫁接时间一般从5月下旬开始，最晚需在6月中旬结束。嫁接时离地面15厘米处的砧木苗粗度应达到0.6厘米以上。可采用T字形芽接或带木质部芽接。

2. 加强管理

为促进嫁接芽的萌发，嫁接后在接芽上方留3片叶便立即剪砧，待接芽萌发后紧贴接芽处再剪砧。对于接芽下方保留有6~7片完好叶片的，嫁接后即可剪砧。及时除去砧木萌蘖。接芽大量萌发后，隔10~15天浇1次水，进行松土除草。进入雨季后，应及时排水防涝，防止根腐病发生。结合松土除草，追施尿素，9~10月叶面喷施磷酸二氢钾2~3次，可促使苗木上的芽饱满。

四 记录档案

1）物候期。新梢生长和果实着色等。

2）桃园管理情况。主要包括整形修剪（含采收前的夏季修剪）、土肥水管理和病虫害防治等主要栽培技术的实施日期及实施后的效果。

3）主要气象资料及灾害性天气记录。气象资料包括气温、地温和降雨等，灾害性天气包括冰雹、暴雨和干旱等。

4）人力和物力投入情况。

5）平时的一些体会和经验教训。

第六章　桃果实成熟期的管理

我国华北地区的桃产区在6~10月都有果实成熟，但主要集中在6~8月；南方地区的在5月就有早熟品种成熟。高产、优质和高效益是种植桃树的最终目的，既要有一定产量、较高的品质，更要达到安全果品要求，让桃农和经营者实现双赢，让消费者吃到品质优良、安全、放心的果品。

第一节　桃果实采收

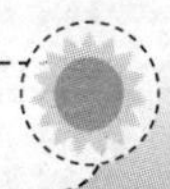

关键知识点：

同一株树上的果实成熟时间不一致，一般是树上边先熟，下边后熟，外边先熟，内膛后熟，所以应先熟先采、后熟后采。根据具体情况确定适宜的采收期。不要过早，也不要过晚。采收前做好一切准备。桃果实硬度小、果柄短，采收时一定要掌握技巧，不可拿住果实愣拽，否则极易伤到果实梗洼部，另外要轻拿轻放。

一　果实采收期

桃果实的大小、品质、风味和色泽是在树上发育形成的，采收后基本上不再有提高。采收过早，果实没有达到应有的大小，产量低，果实着色和风味较差。采收过晚，果实过于柔软，易受机械伤害和腐烂，不耐贮运，并且风味品质变差，采前落果也增加。

1. 确定成熟的依据

（1）果实发育期及历年采收期　每个品种的果实发育期是相对稳定的，但果实成熟期在不同的年份会有变化，这与开花期早晚和果实发育期间温度的高低等有关。

（2）果皮颜色 以果皮底色的变化为主，辅以果实色彩。果实成熟时，底色由绿色转变为黄绿色或乳白色或橙黄色。

（3）果肉颜色 果实成熟时，黄肉桃由青色变为黄色，白肉桃由青色变为乳白色或白色。

（4）果实风味 果实成熟时，果实内淀粉转化为糖，含酸量下降，单宁含量减少，果汁增多，果实有香味，表现出品种固有的风味特性。

（5）果实硬度 果实成熟时，细胞壁的原果胶逐渐水解，细胞壁变薄，不溶质桃果肉开始有弹性，可通过测量硬度判断果实的成熟度。

2. 桃果实成熟度的划分等级及适宜采收期的确定依据

（1）桃果实成熟度的划分等级

1）七成熟。果实充分发育，果面基本平整，果皮底色开始由绿色变为黄绿色或白色，茸毛较厚，果实硬度大。

2）八成熟。果皮的绿色大部分褪去，茸毛减少，白肉品种呈绿白色，黄肉品种呈黄绿色，彩色品种开始着色，果实仍硬。

3）九成熟。果皮的绿色全部褪去，白肉品种底色呈乳白色，黄肉品种底色呈浅黄色，果面光洁，果实丰满，果肉弹性大，有芳香味，果面充分着色。

4）十成熟。果实变软，溶质桃柔软多汁，硬溶质桃开始发软，不溶质桃弹性减小。这时溶质桃硬度已很小，易受挤压。

（2）适宜采收期的确定依据 桃果实的适宜采收期要根据品种特性、用途、市场远近、运输和贮藏条件等因素来确定。

1）品种特性。有的品种可以在树上充分成熟后再采收，不用提前采收，如有明、早熟有明、美锦和霞脆等品种。有的品种若在树上充分成熟后果实硬度下降，果实变软，需要提前采收，如大久保、雪雨露等品种。溶质桃宜适当早采收，尤其是软溶质品种。

2）用途。加工用的桃，应在八成熟时采收。

3）市场远近。一般距市场较近的，宜在八九成熟时采收。距市场远，需长途运输，可在七八成熟时采收。

（3）贮藏 供贮藏用的桃，应采收早一些，一般在七八成熟时采收。

二 采收方法

1. 采前准备

根据估计的产量，安排、准备好采收所需的各种人力、设施、工具及

场地等。

2. 采收方法及注意事项

桃果实硬度低，采收时，易划伤果皮，所以工作人员应戴好手套或剪短指甲。采收时要轻采轻放，不能用手指用力捏果实，而应用手托住果实微微扭转，顺果枝侧上方摘下，以免碰伤。对果柄短、梗洼深、果肩高的品种，摘时不能扭转，而是全手掌轻握果实，顺枝向下摘取，且最好带果柄采收。若果实在树上成熟不一致时，要分批采收。采果的篮子不易过大，以2.5~4.0千克为宜，篮子内要垫上海绵或软布。在树上采收的顺序是按由外向里、由上往下逐枝采收。

注意　蟠桃底部果柄处易撕裂，采时尤其要注意。

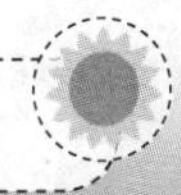

第二节　桃果实分级

关键知识点：

采收的果实大小不一，在进行包装前，依据果实等级标准（无公害果品和绿色果品）进行分级。目前大多为人工分级，也有采用机械化分级的，主要是按单果重分级，极少用无损检测分级。

一　无公害果品的质量等级指标与分级

由于果实在树上所处位置和树上留果密度的不同均可导致果实的大小和品质的差异，为使出售果品规格一致，便于包装和贮运，必须进行分级，即依果实大小和品质的不同，分成不同的级别，以便按级别高低定价出售。由中国农业科学院郑州果树研究所制定的无公害鲜食桃果实等级标准，见表6-1。

表6-1　无公害鲜食桃果实等级标准

项　目	等　级		
	特　等	一　等	二　等
基本要求	成熟、新鲜、清洁，无不正常外来水分，大小整齐度好，无碰压伤、磨伤、裂果、病虫伤、雹伤等果面缺陷		
果形	果形完整	果形完整	果形可稍有不整，但不得有严重的畸形果

（续）

项　目	等　级		
	特　等	一　等	二　等
色泽	每个果至少有1/3着粉红色、红色或紫红色	每个果至少有1/4着粉红色、红色或紫红色	每个果应该有粉红色、红色或紫红色的着色
可溶性固形物含量（%）	极早熟品种≥10.0 早熟品种≥11.0 中熟品种≥12.0 晚熟品种≥13.0 极晚熟品种≥14.0	极早熟品种≥9.0 早熟品种≥10.0 中熟品种≥11.0 晚熟品种≥12.0 极晚熟品种≥12.0	极早熟品种≥8.0 早熟品种≥9.0 中熟品种≥10.0 晚熟品种≥11.0 极晚熟品种≥11.0
硬度/（千克/厘米^2）	≥6.0	≥6.0	≥4.0

二　绿色果品的感官要求

根据NY/T 424—2000《绿色食品　鲜桃》中的规定，桃果实的感官要求见表6-2。

表6-2　绿色鲜食桃果实的感官要求

项　目	指　标
质量	果实充分发育，新鲜清洁，无异常气味或滋味，不带不正常的外来水分，具有适于市场或贮存要求的成熟度
果形	果形具有本品种应有的特征
果实颜色	果皮颜色具有本品种成熟时应具有的色泽
横径/毫米	极早熟品种≥60
	早熟品种≥65
	中熟品种≥70
	晚熟品种≥80
	极晚熟品种≥80
有无缺陷	无缺陷（包括刺伤、碰压、磨伤、雹伤、裂伤、病伤）

注：某些品种如白凤桃的果形小，横径等级的划分便不按此规定。

第三节　果品包装

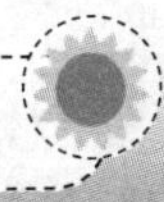

关键知识点：

果品包装是果品商品化的重要措施。果品包装：一要美观；二要坚固、结实，对果品有很好的保护作用，避免二次伤害；三要安全、卫生，无异味。要根据不同目标设计不同的包装。高档精品果对果品包装有更高的要求。

一　桃果实包装的作用

为了防止运输、贮藏和销售过程中果实因互相摩擦、挤压、碰撞而造成的损伤和腐烂，减少水分蒸发和病害蔓延，使果实保持新鲜，采收、分级后，必须妥善包装。但包装本身不能改进果实品质，只有优良的桃果实才用精包装。包装不能代替冷藏，好的包装只有在好的冷链条件下才能保持最好的品质。

二　桃果实包装的类型

1. 运输贮藏和销售包装

各地包装水平的不断改进和提高，已成为采后营销的重要环节。依桃果实采后所处的不同阶段，将包装分为运输贮藏包装和销售包装 2 种类型。

（1）运输贮藏包装　可采用 10~15 千克的果箱、果筐或临时周转箱等。木箱或纸箱上需打孔，以利于通风。为了减少贮运中的碰撞，避免机械损伤和病果互相感染，减轻果实失水，保持较稳定的温度，可在容器底部和果实空隙填稻壳、刨花、干草和纸条等内垫物。

（2）销售包装　销售包装直接面向消费者，根据市场需求可分为大包装与精细包装 2 种，大包装与运输贮藏包装相似。精细包装一般每箱重量为 2.5~10.0 千克，有的为每箱 1.0~2.5 千克，甚至 2 个或单个果实包装。果实装入容器中要彼此紧挨，妥善排列。同时在包装箱上要注明品种、等级、重量、规格、数量等产品特性，并贴上产地标签。高档精细桃果实的包装向小型化、精品化（印字、印图及特殊造型果品）、透明化（采用部分透明材料，可视）、组合化（如精美果篮）、多样化（如托盘、塑料箱等）方向发展。对于要求特别高的果实，可用扁纸盒包装，每盒仅装1层果实，盒底用聚氯乙烯或泡沫塑料压制成的凹窝衬垫，每个窝内放1个果实，每个果实套上塑料网套，以防挤压，每盒装8~12个。

2. 内包装和外包装

包装容器必须坚固耐用、清洁卫生、干燥、无异味，内外均无刺伤果实的尖凸物，对产品具有良好的保护作用。包装内不得混有杂物，影响果实外观和品质。包装材料及标记应无毒性。

（1）内包装 通常为衬垫、铺垫、浅盘、各种塑料包装膜、包装纸及塑料盒等。其中最适宜的内包装是聚乙烯等塑料薄膜，它可以保持湿度，防止水分损失，而且由于果品本身的呼吸作用能够在包装内形成高二氧化碳、低氧的自发气调环境。

（2）外包装 外包装以纸箱较合适，箱子要低，一般每箱装2~3层。包装容器的规格为2.5~10.0千克，以隔板定位，以免相互摩擦挤压。箱边应有通气孔，以确保通风透气。装箱后用胶带封好。

第四节 病虫害防治

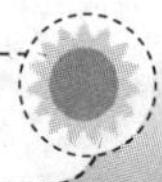

关键知识点：

此期的病虫害种类较多，防治时一般不进行化学防治，尽量不要在果实上喷药，主要采用农业防治、物理防治和生物防治，以提高果实的安全性。果实成熟期需要加强夏季修剪，使树体通风透光，这样可减轻病虫害的发生程度。

一 主要虫害及其防治

1. 此期新发生虫害的防治

（1）白星花金龟

【为害症状】 成虫啃食成熟的果实，尤其喜食风味甜或酸甜的果实。幼虫为腐食性，一般不为害植物。

【发生规律】 每年发生1代，以幼虫在土中越冬，5月上旬出现成

虫，发生盛期为6~7月。成虫具有假死性和趋化性，飞行力强，多产卵于粪堆、腐草堆和鸡粪中。幼虫以腐草、粪肥为食。

【防治方法】

1）农业防治。利用成虫的假死性，于清早或傍晚，在树下铺塑料布，摇动树体，捕杀成虫。

2）物理防治。利用其趋光性，在夜晚（最好漆黑无月）的地头、行间点火，使金龟子向火光集中并坠火而死。挂糖醋液瓶或烂果，可诱集成虫，然后收集杀死。每瓶中放入3~5只白星花金龟作为引子，引诱其他的白星花金龟，效果很好。但要注意选用小口瓶，时间在虫害发生初期，悬挂高度以树冠外围距地1.0~1.5米为好。

（2）蜗牛

【为害症状】　蜗牛取食是用舌面上的尖锐小齿舔食桃树叶片，个体稍大的蜗牛取食叶片后在叶面形成缺刻或孔洞，取食果实后形成凹坑状（彩图31）。蜗牛爬行时留下的痕迹主要是白色胶质和青色线状粪便，影响叶片光合作用和桃果面光泽度。

【发生规律】　蜗牛成螺多在作物秸秆堆下面或冬季作物的土壤中越冬，幼螺也可在冬季作物根部土壤中越冬，在高温高湿季节繁殖很快。6~9月，蜗牛的活动最为旺盛，一直到10月下旬开始减少。蜗牛喜欢在阴暗潮湿的环境里生活，有十分明显的昼伏夜出性（阴雨天例外），寻食、交配及产卵等活动一般都在夜间或阴雨天进行。蜗牛有明显的越冬和越夏习性，在越冬和越夏期间，如果温湿度适宜，蜗牛可立即恢复取食活动，如冬季温室中或夏季降雨等都可使蜗牛立即恢复活动。

【防治方法】

1）农业防治。

①人工诱捕。人为堆置杂草、树叶、石块和菜叶等诱集蜗牛，在晴朗的白天集中捕捉。或者用草把捆扎在桃树的主干上，让蜗牛上树时进入草把，晚上取下草把烧掉。

②地下防治。结合土壤管理，在蜗牛产卵期或秋冬季翻耕土壤，使蜗牛卵粒暴露在太阳光下因暴晒而破裂，或者被鸟类啄食，或者深翻后埋于20~30厘米深土下，蜗牛无法出土，从而大大降低蜗牛的基数。将园内的乱石翻开或运出。可以做一个蜗牛伞，放于树干上，以阻止蜗牛往树上爬。

2）化学防治。

①生石灰防治。于晴天的傍晚在树盘下撒施生石灰，蜗牛晚上出来活动因接触生石灰而死。②毒饵诱杀。将毒饵于晴天或阴天的傍晚投放在树盘和主干附近或梯壁乱石堆中，蜗牛食后即中毒死亡。③喷雾驱杀。8：00前及18：00后，用1%~5%食盐溶液、1%茶籽饼浸出液或氨水700倍液对树盘、树干等喷雾。

（3）黑蝉

【为害症状】 雌虫将卵产于嫩梢中，呈月牙形。枝条被害后，很快枯萎，被害枝条和叶片随即枯死。

【发生规律】 每4~5年完成1代，以卵和若虫分别在枝干和土中越冬。老龄若虫于6月从土中钻出，沿树干向上爬行，固定蜕皮，变为成虫，静息2~3小时开始爬行或飞行，寿命为60~70天。雄虫善鸣，雌虫于7~8月，将产卵器插入嫩梢皮层内，呈月牙形，然后将卵产于其中。枝条被害后很快枯萎，叶片随即变黄焦枯。当年产的卵在枯枝条内越冬，到第二年6月孵化，落地入土，吸食幼根汁液，秋末钻入土壤深处越冬。

【防治方法】 主要采用农业防治措施。

1）剪除虫枝。发现被害枝条及时剪掉并烧毁。

2）人工捕捉。在6月老熟若虫出土上树固定时，傍晚于树干上捕捉，效果很好。雨后出土数量最多，也可在桃树基部围绕主干缠1圈宽约20厘米的塑料薄膜，以阻止若虫上树，便于人工捕捉。

3）堆火诱杀。夜间在桃园空旷地堆柴点火，摇动桃树，成虫即飞来投入火堆而被烧死。

（4）桃叶蝉

【为害症状】 该虫是秋季为害桃树的主要害虫，以成虫和若虫在叶片上吸食汁液，使叶片出现失绿的白色斑点，会引起早期落果、花芽发育不良或二次开花，影响第二年产量。

【发生规律】 该虫在南京1年发生4代，南昌和福州1年发生6代。以成虫在落叶、杂草丛中或常绿树上越冬。第二年春季桃芽萌发后，又陆续迁回桃树为害，2~3月开始产卵（多产于叶背主脉内），4~5月出现第一代成虫，在南京每年7~9月虫口密度最大，危害最重，常造成大量落叶。成虫喜欢在落叶、树皮缝和杂草中越冬。

【防治方法】

1）农业防治。冬季或早春刮除树干老翘皮，清除桃园四周的落叶及

杂草，减少越冬虫源。

2）化学防治。在若虫发生高峰期，选择25%扑虱灵可湿性粉剂1000倍液、25%马拉硫磷乳油1200～1500倍液、2.5%敌杀死乳油1500倍液或50%抗蚜威超微可湿性粉剂2500～3000倍液中的一种，采用高压喷头喷雾，每隔7天喷1次，连喷2～3次，可收到较好的防治效果。

2. 延续虫害的防治

（1）苹小卷叶蛾

1）农业防治。发现有吐丝缀叶者，及时剪除虫梢，消灭正在为害的幼虫。桃果实接近成熟时，摘除果实周围的叶片，可防止幼虫贴叶为害；9月上旬对主枝绑草把或诱虫带或布条，可诱集越冬幼虫，春季集中销毁。

2）物理防治。树冠内挂糖醋液诱集成虫。有条件的桃园，可设置黑光灯或利用性诱剂诱杀成虫。

3）生物防治。在卵期可释放赤眼蜂，幼虫期释放甲腹茧蜂，保护好狼蛛。

（2）桃红颈天牛

1）农业防治。在成虫出现期，利用其午间静息的习性进行人工捕捉，特别是在雨后晴天，成虫最多。及时人工挖、熏、毒杀幼虫。

2）物理防治。可以用糖醋液诱杀成虫。成虫产卵前，在主干基部涂白涂剂。

3）化学防治。在产卵盛期至幼虫孵化期，对主干上喷施2.5%高效氯氟氰菊酯3000倍液，可杀灭初孵幼虫。

（3）桃蛀螟

1）农业防治。在生长季及时摘除被害果，并捡拾落果，集中处理；秋季采果前在树干上绑草把，诱集越冬幼虫并集中杀灭。

2）物理防治。利用黑光灯、糖醋液和性诱剂诱杀成虫。

（4）梨小食心虫　目前果实套袋是防治该虫的一种行之有效的方法。但是去袋后若不及时采收，又正值梨小食心虫的产卵期，其同样还会到果实上产卵，之后孵化出的幼虫又进入果实为害，所以最好能在幼虫进入果实为害之前采收。其防治方法如下：

1）农业防治。越冬幼虫脱果前，在主枝、主干上绑草把诱集脱果幼虫，于早春取下烧掉，剪除被害桃梢。

2）生物防治。释放松毛虫赤眼蜂，可防治梨小食心虫。

3）物理防治。用梨小食心虫性诱剂迷向法干扰成虫的正常交配。

(5) 桃绿吉丁虫

成虫产卵前，在树干涂白，可阻止其产卵。对于大的伤口，要用塑料布包裹起来，以防止产卵。有幼虫为害时，树皮变黑，可用刀将皮下的幼虫挖出，或者用刀在被害处顺树干纵划二三刀，既可阻止树体被虫环割，避免整株死亡，也可杀死其中的幼虫。

二 主要病害及其防治

果实成熟期发生的病害主要为果实病害，主要有炭疽病、疮痂病和褐腐病等，这些应在前期进行防治。一旦发生再喷药治疗，效果很差。需要注意的是，如果在果实成熟期加强夏季修剪，使树体通风透光，会减轻病虫害的发生；一旦树体内膛郁闭，将加重病虫害的发生。

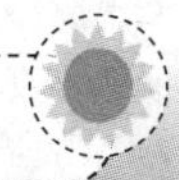

第五节　有机肥堆制及其他

关键知识点：

秸秆堆制有机肥主要是要有适宜的碳氮比，要根据秸秆数量加入适量的氮素。要按要求，加入一定量的秸秆腐熟菌剂，以增加微生物数量，提高发酵速度。同时，还要调节堆肥过程中的水分、空气和酸碱度，尽量使之达到最适宜的条件，制成高质量的有机肥。此期桃园要进行水分控制，割除杂草，并及时进行记录。

一 利用秸秆堆制有机肥

1. 秸秆分解的原理

秸秆分解是指在微生物活动下，粗有机物分解成为小分子有机物或无机物的过程。秸秆的基本成分是纤维素、半纤维素和木质素。由于各个部分在结构上的差异性，参与其分解的微生物在分解的各阶段有所不同。首先是在喜糖霉菌和无芽孢细菌为主的微生物作用下，先分解水溶性物质和淀粉等。然后过渡到以芽孢细菌和纤维菌占优势，主要分解蛋白质、果胶类物质和纤维素等，后期以放线菌和某些真菌为主，主要分解木质素、单宁和蜡质等。

秸秆分解是一个以微生物活动为主的过程，要堆制出优质的有机肥，必须控制与调节秸秆分解过程中微生物活动所需要的条件，重点掌握好以下几个因素：

（1）水分　首先，水分是微生物生存的必要前提。其次，秸秆吸水软化后，有机质易被分解。最后，通过水来调节秸秆堆肥中的通气情况。秸秆堆肥中适宜的水分含量应为堆肥原料湿重的60%~75%。

（2）通气　通气状况直接影响到秸秆分解过程中微生物的活动。秸秆分解前期，主要是以好气性微生物的矿质化过程为主，通气状况应好。后期以嫌气性微生物合成腐殖质为主，通气量可以减少，以利于合成腐殖质，保存养分。

（3）温度　秸秆分解合适的温度为25~65℃。通常采用接种高温纤维分解菌以利于升温，控制秸秆堆的大小以利于保温，控制水分和通气状况来调节温度。

（4）碳氮比　微生物体成分有一定的碳氮比，一般为5∶1，而秸秆堆肥中的碳氮比以25∶1为宜。

（5）酸碱度　中性或弱碱性是微生物活动的适宜条件，秸秆分解过程中产生大量有机酸，不利于微生物活动，可加入少量石灰或草木灰调节秸秆堆肥的酸度。

提示　用于分解秸秆的微生物菌种大致可分为好气性细菌和兼性嫌气性细菌。所谓好气性细菌，就是在空气（氧气）多的条件下繁殖的细菌，好气发酵速度快，许多微生物发酵菌种大都是以好气性细菌为主体。所谓兼性嫌气性细菌，是在空气（氧气）少的条件下繁殖的，如乳酸杆菌等，就是以兼性嫌气细菌为主体的发酵菌种。

2. 秸秆堆肥的方法

根据堆肥堆制温度的高低，堆制有机肥通常分为普通和高温堆肥2种方式。

（1）普通堆肥　普通堆肥是指堆内温度不超过50℃，在自然状态下缓慢堆制的过程。具体方法是：选择地势较高、运输方便、靠近水源的地方，先整平并夯实地面，再铺10厘米左右厚的细草或泥炭，以吸收下渗肥液。然后铺15~20厘米堆肥材料，加适量水和石灰，再盖上一层细土和人粪尿。如此层层堆积到2米左右高度，表面再用一层泥或细土封严。

1个月后翻1次堆，重新堆好，再用土或泥盖严。普通堆肥材料达到完全腐熟，在夏季需2个月时间，在冬季则需3~4个月。

（2）高温堆肥 高温堆肥温度较高，一般采用接种高温纤维分解菌，并设置通气装置来提高堆肥温度，腐熟较快，还可杀灭病菌、虫卵和草籽等。堆制过程是：选择背风向阳、运输方便、靠近水源的地方，先整平并夯实地面，再铺10厘米左右厚的细草或泥炭，以吸收下渗肥液。然后把堆肥材料切碎到5厘米左右，摊在地上加马粪、人粪尿和适量的水，混合均匀，再堆成2米左右高的堆，在堆的表面覆一层细土。1周后将堆推翻，加入少量人粪尿和水，混合均匀，重新堆积盖土，如此重复3~4次即可。

3. 秸秆腐熟菌剂及使用

秸秆腐熟菌剂是采用现代化学、生物技术，经过特殊的生产工艺生产的微生物菌剂，是利用秸秆加工有机肥的重要原料之一。秸秆腐熟菌剂由能够强烈分解纤维素、半纤维素和木质素的嗜热、耐热的细菌、真菌和放线菌组成。秸秆腐熟菌剂在适宜的条件下，其中的微生物能迅速将秸秆堆料中的碳、氮、磷、钾和硫等分解矿化，形成简单的有机物，从而进一步分解为作物可以吸收的营养成分。秸秆在发酵过程中产生的热量可以消除秸秆堆料中的病虫害等。秸秆腐熟菌剂无污染，其中所含的一些功能微生物兼有生物菌肥的作用。

目前秸秆腐熟菌剂的产品执行GB 20287—2006《农用微生物菌剂》。目前已获登记的腐熟菌剂产品有很多，可以选择使用。下面以腐秆灵和CM菌为例。

（1）腐秆灵 它含有分解纤维素、半纤维素和木质素的多种微生物群，这些微生物既有嗜热、耐热的菌种，也有适应中温的菌种。

一般先按要求，依据秸秆数量取一定量的腐秆灵，配制成一定的浓度。然后将秸秆平铺于地面，铺成宽约1.5米、高约15厘米、长3米的秸秆堆层，再取适量已配制好的腐秆灵均匀地淋于秸秆上。继续在原秸秆上铺第二层15厘米厚的秸秆，再淋一次配制好的腐秆灵。以铺满10层左右为宜，堆完后盖塑料布或糊上泥浆。

（2）CM菌 CM菌主要由光合细菌、酵母菌、醋酸杆菌、放线菌和芽孢杆菌等组成。

先将1千克CM菌溶于30升水中，配成稀释药液备用。把秸秆充分用水浇湿，让秸秆充分吸水（把水浇在所需堆沤肥和秸秆上，根据秸秆本身的含水量每1000千克秸秆浇800~1000升水）。堆沤1000千克秸秆需

1 千克 CM 菌和 5 千克尿素。将配好的药液均匀地喷在浇透的秸秆上，同时在每隔 20~30 厘米高的秸秆垛上撒一些尿素，最后把秸秆堆上垛，用泥把垛盖严。一般情况下，夏天发酵 20~30 天，冬天发酵 40~50 天。

二　自然生草桃园人工割草

7 月上旬，当自然生草桃园中的杂草长到 40 厘米左右时，用打草机或人工将草割倒覆盖在行间，留茬高度为 6~8 厘米。人工生草的桃园，若行间种植苜蓿，也要按要求及时进行割除。

三　水分控制与记录档案

1. 水分控制

正值采收期，一定要控制灌水，以提高果实品质。

2. 记录档案

1）不同品种的果实成熟期。

2）果品的产量、质量、分级、销售与价格。

3）主要气象资料及灾害性天气记录，主要是气温、地温和降雨等。灾害性天气包括冰雹、暴雨、旱和涝等。

4）人力与物力的投入情况。

5）当前阶段的工作体会及生产中出现的一些问题。

第七章　果实采收后至落叶前的管理

由于果实成熟期不同，果实采收后到落叶前的时间就不同，早熟品种持续时间较长，而晚熟品种持续时间较短。为了第二年获得高产和优质果品，必须加强采收后的管理。主要是通过病虫害防治保护叶片；通过修剪平衡营养，使结果枝充实、花芽饱满；通过增施有机肥，为第二年奠定良好的营养基础。后期应避免灌水过多，以免造成贪青徒长，降低抗寒性。

第一节　主要虫害防治及夏季修剪

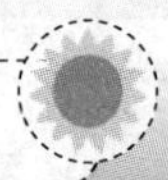

关键知识点：

此期管理主要是控制树体生长，保护好叶片。虽然果实已采收，但仍有病虫害发生，尤其是虫害仍较多，不可掉以轻心。要做好农业防治、生物防治和物理防治，树干可绑诱虫带或草把，诱集多种害虫越冬，还可进行主干涂白，阻止大青叶蝉产卵，也要诱集茶翅蝽越冬。及时毒杀桃红颈天牛幼虫。此期夏季修剪主要是通风透光，提高叶片的光合效率，促进枝条充实与花芽分化，主要进行疏枝和回缩。

一　主要虫害的防治

由于果实已采收，主要害虫是为害叶片、枝条和主干的害虫，包括潜叶蛾、桃红颈天牛和大青叶蝉等。

1. 新发生虫害的防治

此期新发生的害虫为大青叶蝉。

【形态特征】

1）成虫：体长 9～10 毫米，黄绿色，前翅为绿色，末端为灰白色，后翅及腹部背面为烟黑色。

2）卵：长卵形，稍弯曲，黄白色，常十余粒排列成卵块。

3）若虫：体为绿色，胸、腹背面具褐色纵列条纹。

【发生规律】　每年发生 3 代，以卵在树干、枝条皮层内越冬。第二年 4 月孵化，若虫孵化后，到杂草、蔬菜等多种作物上群集为害。5~6 月出现第一代成虫，7~8 月出现第二代成虫。10 月中旬开始，从蔬菜向果树上迁移产卵，产卵前先用产卵器刺开树皮，呈月牙状，然后在内产 1 排卵，发生严重时，产卵痕布满树皮，造成树体遍体鳞伤。

成虫趋光性较强，喜栖息潮湿背风处。若虫受惊后，即斜行或横向向背阴处逃避，或者四处跳动。

【防治方法】　在大青叶蝉发生量大的地区，在成虫期，利用成虫趋光性进行灯光诱杀，并加强桃园附近种植的蔬菜的虫害防治。成虫产卵越冬之前，在树主枝、主干上涂刷石灰浆，对阻止成虫产卵有一定的作用。在成虫产卵期可喷 2.5%高效氯氟氰菊酯 3000 倍液杀灭产卵成虫。对越冬卵量较大的桃树，特别是幼树，可用人工将产于树干的卵块压死。

2. 延续虫害的防治

（1）蚜虫　在桃树行间或桃园附近不宜种植烟草、白菜等，以减少蚜虫的夏季繁殖场所。从 9 月下旬开始蚜虫回迁到桃树上，直至 11 月，此期用螺虫乙酯进行化学防治效果较好。

（2）山楂红蜘蛛和二斑叶螨　7~8 月繁殖最快，8~10 月产生越冬成虫。越冬雌虫出现早晚与桃树受害程度有关，受害严重时 7 月下旬即产生越冬成虫。二斑叶螨 6~8 月为猖獗为害期，10 月陆续越冬。在越冬雌虫进入越冬前，在树干上绑草，诱集其在草上越冬，早春出蛰前解除绑草烧毁。

（3）潜叶蛾　7~8 月气温高，繁殖快，周期短，世代交替。11 月即开始化蛹越冬。若落叶前发生较重，可喷施灭幼脲进行防治。

（4）苹小卷叶蛾　发现有吐丝缀叶者，及时剪除虫梢，消灭正在为害的幼虫。发生严重者，可进行化学防治。使用的农药可参照前面章节。

（5）桃红颈天牛　在发现有虫粪的地方，挖、熏、毒杀幼虫。

（6）桑白蚧　可用硬毛刷刷掉枝条上的越冬雌虫，并剪除受害枝条，一同烧毁，之后喷石硫合剂。

（7）桃蛀螟　秋季采果前在树干上绑草把诱集越冬幼虫并集中杀灭。

(8) 梨小食心虫 及时捡除被梨小食心虫为害的落果，并及时处理。在树干上绑诱虫带。

(9) 桃小食心虫 可于幼虫脱果前，在树盘上覆地膜，以阻止幼虫在土中做茧越冬。

(10) 茶翅蝽 9月中旬以后成虫开始寻找场所越冬。秋季在桃园附近空房内，将纸箱、水泥纸袋等折叠后挂在墙上，能诱集大量成虫在其中越冬，第二年出蛰前收集消灭。或者在秋冬傍晚于桃园房前屋后、向阳面的墙面捕杀茶翅蝽越冬成虫。

3. 消灭虫源和病源

果实采收期间及采收后，要及时捡拾落在地上及留在树上的烂果、病果、虫果及僵果，集中起来将其烧掉或深埋。

二 夏季修剪技术

1. 修剪的目的

此次修剪为一年中的第四次修剪。在前面几次修剪的基础上，及时进行修剪。对于幼旺树，注意进行主枝、侧枝及结果枝组的培养，疏除延长枝头附近的竞争枝。对初结果树和盛果期树，要调整树体生长势，通过疏枝等措施，使树体通风透光，结果枝充实，花芽饱满，为第二年优质、高产奠定基础。

2. 修剪的内容

一般包括以下修剪内容：

1）疏除背上直立枝，对于有空间保留的，可在基部2~3个分枝角度较大、生长较弱的副梢处短截。

2）疏除结果后的下垂枝、交叉枝、重叠枝及过密枝。

3）剪除梨小食心虫、黑蝉等为害枝，并将剪下的枝带出桃园烧掉。

4）对衰弱枝组、过高枝组和过长的枝组进行适当的更新回缩。

5）对于直立枝可进行适当拉枝，以开张角度，缓和生长势。

3. 修剪量

要注意修剪量：不要一次性大量修剪，一般不超过总枝量的5%；不要疏除粗大的枝，以免流胶。可以延迟到8月中下旬以后进行修剪，这时修剪量可以适当大一些。

第二节 肥水管理

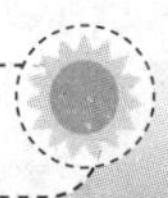

关键知识点：

此期主要是秋施基肥。施肥时期宜早不宜迟，一般在9~10月。所施的肥料要经过腐熟，有机肥要与土壤充分混合。要挖沟施入，不要撒施在土壤表面。沟深30~50厘米。秸秆还田要注意，按要求施入一定比例的氮素，一般为秸秆：氮素=100：0.8。施有机肥和秸秆后，要及时灌水。

一 秋施基肥

秋施基肥主要是施有机肥。

1. 有机肥的种类、特点及土壤有机质的功能

（1）有机肥的种类 有机肥料是指含有较多有机质的肥料，主要包括粪尿类、堆沤肥类、秸秆肥类、土杂肥类、饼肥类、腐殖酸类、沼液肥等（表7-1）。这类肥料主要是在农村就地取材，就地积制，就地施用，又叫农家肥。

表7-1 有机肥的主要种类及主要品种

种　类	主要品种
粪尿类	人粪尿、猪粪、牛粪、羊粪、马粪、骡粪尿、驴粪尿、兔粪、鸡粪、鸭粪、鹅粪、鸽粪、蚕沙、狗粪、鹌鹑粪、貂粪等
堆沤肥类	堆肥、沤肥、草塘泥、猪圈肥、马厩肥、牛栏粪、骡圈肥、驴圈肥、羊圈肥、兔窝肥、鸡窝粪、棚粪等
秸秆肥类	水稻秸秆、小麦秸秆、大麦秸秆、玉米秸秆、荞麦秸秆、大豆秸秆、油菜秸秆、花生秧、高粱秸、谷子秸秆、棉花秆、马铃薯秆等
土杂肥类	草木灰、泥肥、肥土、炉灰渣、烟筒灰、熟食废弃物、蔬菜废弃物、酱油渣、粉渣、豆腐渣、醋渣、糖粕、食用菌渣、酱渣、磷脂肥、骨粉、杂灰等
饼肥类	豆饼、菜籽饼、花生饼、芝麻饼、茶籽饼、桐籽饼、棉籽饼、柏籽饼、葵花籽饼、蓖麻饼等
腐殖酸类	褐煤、风化煤、腐殖酸钾、腐殖酸复混肥、腐殖酸、草甸土、复混钙肥等
沼液肥	沼液、沼渣

（2）有机肥的特点

1）所含养分全面。有机肥除了含桃树生长发育所必需的大量元素和微量元素外，还含有丰富的有机质（表 7-2），是一种完全肥料，含有桃树生长发育所需的所有营养元素。畜禽粪便类中，以全氮、全磷、镁、铜、锌、钼和硫的含量较高；堆沤肥类中，以钙、铁、锰和硼的含量较高；秸秆肥类中以粗有机物和全钾的含量较高。

表 7-2　不同类型的有机肥养分含量比较

项目	粗有机物（%）	全氮（%）	全磷（%）	全钾（%）	钙（%）	镁（%）	铜（毫克/千克）	锌（毫克/千克）	铁（毫克/千克）	锰（毫克/千克）	硼（毫克/千克）	钼（毫克/千克）	硫（毫克/千克）
畜禽粪便类	62.85	2.38	0.71	1.32	1.98	0.71	38.65	155.78	4846.52	441.64	13.25	1.58	0.40
堆沤肥类	49.55	1.35	0.42	1.23	2.32	0.59	28.14	90.15	11049.10	592.12	15.17	0.82	0.26
秸秆肥类	85.76	1.32	0.16	1.56	1.10	0.33	12.63	33.21	612.50	184.83	14.97	0.64	0.16
平均	66.05	1.68	0.43	1.37	1.80	0.54	26.47	93.05	5502.71	406.20	14.43	1.01	0.27

2）肥效缓慢而持久。营养元素多呈复杂的有机形态，必须经过微生物的分解才能将有机形态转变为无机形态，被作物吸收和利用。肥料的分解需要一定时间，一般为 3 年，是一种迟效性肥料。

3）有机质含量较高。不同类型有机肥中的有机质含量不同，秸秆含量最高。有机质和腐殖质对改善土壤理化性状有重要作用。

4）养分浓度相对较低，施肥量大。和化肥相比，养分浓度相对较低。一般 15~20 千克人粪尿所含氮素的量相当于 0.5 千克硫酸铵所含氮素的量。一般采用挖沟施肥，需要较多的劳力，施肥成本较高，因此在积造时要注意尽量提高质量。

（3）土壤有机质的功能

1）植物养分的主要来源。土壤有机质中含有大量的植物营养元素，如氮、磷、钾、钙、镁、硫和铁等重要元素，还有一些微量元素和多种有机酸。

2）促进土壤微生物活动。土壤有机质供应土壤微生物所需的能量和养分，有利于微生物的活动，增加微生物数量、种类和活性。

3）改良土壤结构。有机质在改善土壤物理性质中的作用是多方面的，其中最主要、最直接的作用是改良土壤结构，促进团粒状结构的形成，从而增加土壤的疏松性，改善土壤的通气性和透水性。

4）提高土壤的保肥能力。土壤有机质属于有机胶体，具有强大的吸附能力，能吸附大量的养分。腐殖质是土壤有机质的主要组成之一，腐殖质带有正、负两种电荷，可以吸附阴、阳离子，又因其所带电荷以负电荷为主，所以它吸附的主要是阳离子，其中作为营养要素的主要有钾离子（K^+）、铵离子（NH_4^+）、钙离子（Ca_2^+）和镁离子（Mg_2^+）等。这些离子一旦被吸附，就可避免随水流失，而且能随时被根系附近的 H^+ 或其他阳离子交换出来，供桃树吸收利用。由于保肥能力提高，能减少养分的流失，提高肥料利用率，节约化肥用量。

5）提高土壤的保水能力。土壤有机质含量与土壤含水量成正比。对于有机质本身来说，可以吸收大量的水分，其中腐殖质的吸水量是黏粒吸水量的 10 倍。土壤中有机质的含量越多，其中的有机胶体就越多，其保持水分的能力就越强。有机质越多的土壤，其结构越稳定，可以吸收更多的水分。

6）与土壤酶活性关系紧密。有机质与土壤蔗糖酶、酸性磷酸酶、过氧化氢酶、蛋白酶、脲酶活性呈正向相关。有机质含量越大，酶活性越高。

7）促进作物的生长发育。土壤腐殖酸被证明是一类生理活性物质，它能增强根系活力，促进植物生长。有机质中的腐殖酸可以增强植物呼吸，提高细胞膜的渗透性，促进养分迅速进入植物体，增强对营养物质的吸收。腐殖酸钠对植物根系生长具有促进作用。土壤有机质中还含有维生素 B_1、维生素 B_2、吡醇酸、烟碱酸、激素、异生长素（β-吲哚乙酸）和抗生素（链霉素和青霉素）等，对植物的生长起促进作用，并能增强植物抗性。

8）提高土壤吸热性能。腐殖质是一种暗褐色物质，它的存在能明显加深土壤颜色。深色土壤吸热升温快，在同样的日照条件下，其土壤温度相对较高，从而有利于桃树春季萌芽。

9）有机质对盐害有一定的缓冲作用。有机质有利于土壤营养物质的生物固定与活化，增大土壤离子的迁移率，有助于脱盐脱碱，可减轻或消除土壤盐害。腐殖质是一种含有许多功能团的弱酸，可以提高土壤对酸碱度变化的缓冲性能。

(4）有机肥对桃树生长发育的作用

1）促进根系生长发育。土壤中的有机质在微生物的作用下，促进土壤团粒结构的形成，改善土壤结构，土壤通气性好，为根系生长发育创造良好的条件。

2）促进枝条健壮和均衡生长，减少缺素症发生。由于有机肥肥效较慢，而且在一年中不断地释放，时间较长，营养全面，使地上部枝条生长速度适中，生长均衡，不易徒长，花芽分化好，花芽质量高。由于各种元素比例协调，不易发生缺素症。

3）提高果实质量。根系和地上部枝条生长的相互促进，对果实生长发育具有很好的促进作用，表现为果实个大，着色美丽，风味品质佳，香味浓，果实硬度大，耐贮运性强。

4）提高桃树抗性。有机肥可促进根系生长发育和叶片功能，树体贮藏营养增加，从而提高桃树的抗旱性、抗寒性及抗病性。

2. 施用时期

基肥应在果实采收后尽早施入，一般在9月。秋施应在早、中熟品种采收之后，晚熟品种采收之前进行，宜早不宜迟。秋施基肥的时间还应根据肥料的种类而异，较难分解的肥料要适当早施，较易分解的肥料则应晚施。

秋施基肥能增加桃树体内的贮藏养分，有利于伤口愈合和肥料的分解。具体表现如下：

(1）增加树体内养分含量　自早熟品种采收到落叶，一般有3个多月之久，这正是叶片制造有机物质回流的大好时机，若这时施用基肥，能显著地提高光合作用，增加物质贮藏。它在恢复当年树势和第二年的生长和结果方面均起着重要作用。

(2）加速第二年叶幕迅速形成　春季桃树枝条生长和开花及果实初期生长，在相当长的时间内主要依赖上一年贮藏的养分，由利用贮藏物质改为利用同化养分而进行生长的时期，称为养分转换期。若贮藏物质不足，就会出现转换期中树体内的养分处于青黄不接的现象，结果减少或中断新梢生长。反之，形成叶片快，并且大而厚，投产早，光合时间长，这既能提高坐果率，又对果实中后期的肥大和花芽形成产生良好的效果。

(3）促进果实肥大　秋施基肥比冬季施肥对桃果实前期生长的影响大。据研究，秋施基肥比冬季施肥可将果肉细胞数量和大小增加23%~30%。果实的大小取决于果肉的细胞数、细胞体积和细胞间隙3个因素，

其中又以前两个因素较为重要。因此，若在此期树体养分亏缺，不但影响细胞分裂次数，也影响细胞前期增大，从而限制果实的肥大。果实发育中后期，碳水化合物的绝对量也在上升，这时需有适宜的叶果比和保证叶片光合作用正常进行的条件。一般来说，叶片形成得越早，其面积就越大，越有利于后期积累营养，而叶片早期形成的多少和大小又和贮藏营养有关。因此，贮藏营养既与果实前期增大有关，又与中后期果实发育有关。

（4）伤根易愈合并促进发生新根　秋施基肥正处于根系生长的最后一次高峰，这时北方气温一般为12~15℃，为根系生长的最适温度，此时早熟品种已采收，中、晚熟品种对养分的需要量也相对减少，使叶片制造的养分大量向根部运输，这就为在施肥过程中受伤的根系愈合和发生新根创造了良好的外界条件和物质基础。另外，秋天产生的吸收根，其木栓化较迟，以白色状态越冬，这对第二年早春养分与水分的吸收具有十分重要的意义。秋施基肥，有机质经过一段时间的分解之后，还可在休眠期供给细根吸收，而且吸收的氮素不易向上移动，这就有助于利用根系所贮藏的碳水化合物与其所吸收的氮合成根系生长所需的蛋白质，促进产生新根。另外，秋施基肥增加了有机物的积累，也有利于早春根系发育。

（5）避免春季施肥造成土壤干旱　北方春季往往干旱、多风，在这时施用基肥，由于运粪、倒粪、开沟和施肥过程中土壤与肥料中的水分大量损失，从而影响肥料的分解与根系吸收，直接妨碍桃树萌芽和开花，而秋施基肥产生的这种不良影响则相对减少。

（6）在适宜时间内发挥肥效　早秋施用基肥因气温较高，雨量充沛，有利于肥料的分解，这不仅能促进叶片的光合作用，又能及时满足桃树春天对养分的需要。相反，冬施和春施会使肥料发挥作用推迟，使新梢停止生长的时间延迟，这不仅加剧了新梢和果实对水分、养分的竞争，降低坐果率，影响花芽分化，而且常常使果实着色不良，糖度下降，同时增加生理病害。

（7）利用施肥调土，使桃树虫害减少　秋施基肥时，使园土部分被翻上，将有些地下害虫（桃小食心虫、白星花金龟、苹毛金龟子等）、蛹晾晒到地面，可被鸟、禽啄食或因环境突变而死，使害虫大大减少。

（8）利用施基肥翻土，使园土结构改善　秋施基肥时翻动园土，可提高土壤有机质的含量，使土壤理化性状改善，减少或避免发生土壤退化现象。保持团粒结构，为桃树根系创造肥、水、气、热的良好环境，促进桃树快速复壮，使第二年果实品质良好。

3. 施肥量

基肥一般占施肥总量的50%~80%，施入量为4000~5000千克/亩。

4. 施肥种类

以腐熟的农家肥为主，适量加入速效化肥和微量元素肥料（过磷酸钙、硼砂、硫酸亚铁、硫酸锌、硫酸锰等）。

5. 施肥方法

桃树根系较浅，大多分布在20~50厘米深度内，因此，施肥深度在30~40厘米。施肥过浅，易导致根系分布也浅，由于地表温度和湿度的变化对根系生长和吸收造成不利的条件。一般有环状沟施、放射沟施（彩图32）、条施（彩图33）和全园普施等。环状沟施即在树冠外围，开1条环绕树的沟，沟深30~40厘米，沟宽30~40厘米，将有机肥与土的混合物均匀施入沟内，填土覆平。放射沟施是指自树干旁向树冠外围开几条放射沟施肥。条施是在树的东西或南北两侧，开条状沟施肥，但需每年变换位置，以使肥力均衡。全园普施的施肥量大且均匀，施后翻耕，一般应深翻30厘米。也可将有机肥先堆到施肥位置，摊平，用挖掘机深翻（图7-1）。

图7-1 小型挖掘机施有机肥

6. 施基肥的注意事项

有机肥必须尽早准备，施用的肥料要先经过腐熟。在施基肥挖坑时，注意不要伤桃树的大根，否则影响吸收面积。有机肥与难溶性化肥及微量元素肥料等混合施用。在基肥中可加入适量的硼、硫酸亚铁、过磷酸钙等，混匀后一并施入。要不断变换施肥部位和施肥方法。施肥深度要合适，不要地面撒施和压土式施肥。

二 秸秆还田

1. 秸秆还田方法

秸秆还田采用沟施深埋法，可以结合施其他有机肥料（如圈粪、堆

肥等）进行。在树冠行间或株间开深40~50厘米、宽50厘米的条状沟，开沟时将表土与底土分放两边。同时注意对沟内大根进行保护，粗度在1厘米以下的根在沟内要露出5~10厘米短截，以利于促发新根。然后将事先准备好的秸秆与化肥、表土充分混合后埋于沟内，踏实，灌水即可，施用量为4000千克/亩左右。

2. 秸秆还田应注意的问题

在秸秆直接还田时，为解决桃树与微生物争夺速效养分的矛盾，可通过增施氮、磷肥来解决。一般认为，微生物每分解100克秸秆约需0.8克氮，即每1000千克秸秆至少加入8千克氮才能保证分解速度不受缺氮的影响。

对所施秸秆，最好粉碎后再施，并注意施后及时浇水，以促其腐烂分解，供桃树吸收利用。另外，与高温堆肥相比，直接还田的秸秆，未经高温发酵，可导致各病害的传播，所以应避免将有病虫害的秸秆直接还田。

三 灌水

果实采收后进入雨季，如果雨量充足可以不进行浇水，此期适度干旱较适宜。如果遇大雨或暴雨出现涝害，要及时进行排水，尤其是低洼地区，不要出现积水。做好山地桃园的水分保持和夏秋保墒。

施有机肥后，要及时灌足水。

第三节 苗木嫁接

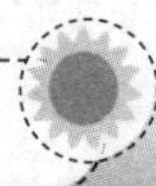

关键知识点：

苗木嫁接所选品种一定要纯正，这是至关重要的，接穗最好是采集于自己的采穗圃。接穗芽体饱满，无病虫害，随采随用，最好用带木质部芽接法，接芽一定要绑严，芽眼要露在塑料布外面。培育三当苗应尽量早播种，加速生长。嫁接芽长出后，前期促进生长，中后期要喷施磷酸二氢钾，促进枝条成熟和芽饱满，增加抗寒性。

一 嫁接时间及嫁接前的准备

培育芽苗和2年生苗，在8月嫁接，培育1年生苗在5月底~6月中旬嫁接。在嫁接前的5天左右浇1次水。

二 嫁接技术

（1）采集接穗 选品种纯正、生长健壮、无检疫对象的优质丰产树作为采穗母株。芽接选用已木质化的当年生新梢中部。

（2）处理接穗 芽接接穗，随采随用，剪去叶片，留下叶柄，用湿布包好备用。

（3）贮藏接穗 若不立即使用，应将其放入盛有浅水（深 3 厘米）的容器中，可以保存 3~7 天。注意放在阴凉处，并且每天换水。枝条在运输中要防止高温和失水。

（4）嫁接方法 培育芽苗和 2 年生苗，嫁接部位离地面 10 厘米。培育 1 年生苗，离地面 15 ~ 20 厘米。采用 T 字形（图 7-2）或带木质部芽接法。当砧木和接穗都离皮时，可用 T 字形芽接；若两者有一个不离皮，要采用带木质部芽接。不管采用哪种方法，应将芽眼露在塑料布外面。不要在下雨、低温和大风时进行嫁接。

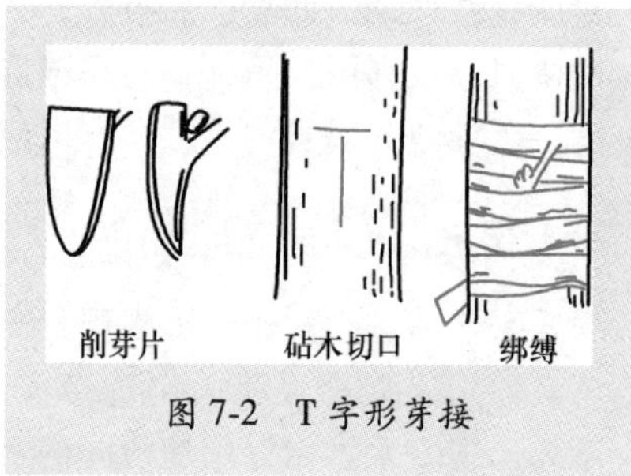

图 7-2 T 字形芽接

（5）嫁接苗管理 芽接后 10~15 天检查成活率，未成活的进行补接。若培育 1 年生苗，芽接成活后及时剪砧除萌蘖。

（6）提高桃树嫁接成活率的主要措施 提高桃树嫁接成活率的主要措施如下：

1）砧木在接前要浇水，接穗质量好。

2）嫁接刀要锋利，嫁接速度要快。

3）天气适宜。要在天气晴好的时候进行嫁接，不要在雨天嫁接。

4）接芽的底面积要和嫁接部位削切的斜面大小基本一样，这样接面伤口裸露少，接芽和接面愈合快。

5）接芽的厚度和嫁接部位削切深度吻合，愈合快。

6）接穗粗度和苗木干粗细相匹配，即细接穗接细苗，粗接穗接粗苗，既提高成活率，又提高接穗的利用率。另外，包扎要紧、密。当天采集的接穗尽可能当天用完。

(7) 三当速生苗培育技术

1）早播种。一般在2月下旬~3月初播种。播种后进行地膜覆盖，提高地温，保持土壤湿度，促早萌芽。幼苗达到5~6片叶时追施氮肥并浇水，促进幼苗生长。

2）适时嫁接。嫁接时间一般从5月底~6月上旬开始，最晚需在6月中旬结束。嫁接时地面15厘米处砧木苗粗度应达到0.6厘米以上，嫁接部位一般距地面10~25厘米。可采用丁字形芽接或带木质部芽接。

3）加强管理。为促进嫁接芽的萌发，嫁接后在接芽上方留3片叶立即剪砧，待接芽萌发后紧贴接芽剪砧。对于接芽下方保留有6~7片完好叶片的，嫁接后即可剪砧。及时除去砧木萌蘖。接芽大量萌发后，隔10~15天浇1次水，进行松土除草。进入雨季后，应及时排水防涝，防止根腐病发生。结合松土除草，追施尿素，9~10月叶面喷施磷酸二氢钾2~3次，促使苗木上的芽饱满。

第四节　夏季高接、砧木种子采集及其他

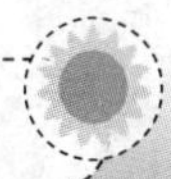

关键知识点：

夏季高接的适宜时间较长，最佳时间为8月上旬~9月中旬。尽量在适宜粗度的1年生枝条上嫁接，位置适宜、光照好、水分充足的二、三年生枝也可以进行嫁接。对于春季没有嫁接成活的，可在此期进行补接。采集砧木种子要等到种子充分成熟后再进行。采集果实后，要及时将外皮去掉，避免长期堆放导致内部高温发热，种子活力下降。加强三当苗后期管理，促进枝条成熟充实。生草桃园进行人工割草，及时记录桃园档案。

一　夏季高接

1. 适宜嫁接的时间

在石家庄附近，一般为8月上旬~9月中旬。

2. 嫁接技术

植株选择、品种选择、嫁接部位、接穗选择、嫁接操作技术等与春季高接技术基本一致。高接方法可以采用带木质部芽接和T字形嫁接2种方

法。由于成活率较高，嫁接芽数可以比春季要适当少些。嫁接后 10~15 天检查成活率，如果成活率低，可以再补接 1 次。

二 砧木种子采集

1. 砧木的种类

（1）毛桃 我国南方和北方主要砧木之一，分布在西北、华北和西南等地。小乔木，果实小且有毛，味苦，涩味大，多不能食用。嫁接亲和力强，根系发达，生长旺盛，有较强的抗旱性和耐寒力。适宜南北方的气候和土壤条件，我国桃产区各地广泛使用。由于实生繁殖，毛桃种类较多，果实大小不一。核的大小也不一致，较山桃的大，长扁圆形，核上有点线相间的沟纹（图 7-3）。

图 7-3 山桃核与毛桃核的区别

（2）山桃 山桃适于干旱、冷凉气候，不适应南方高温、高湿气候。我国北方部分山区选用山桃作为砧木，与栽培品种嫁接亲和力好。山桃为小乔木，树皮表面光滑，枝条细长，主根大而深，侧根少。与毛桃相比，山桃的果实和种核均呈圆形，果实不能食用，成熟时干裂。核表面有沟纹和点纹（图 7-3）。主要在陕西、山西和河北等地部分山区使用。近几年来河北省农林科学院石家庄果树研究所调查发现，在石家庄一带，用抗寒的山桃作为砧木时，桃树树体生长健壮，寿命长，不易发生黄化病。但同时也发现，有些山桃类型在平原地区表现出抗寒性较差。

2. 采集

采集充分成熟的果实，除去果肉和杂质，洗净种核并阴干。种子纯度在 95%以上，发芽率在 90%以上。

三 苗圃地管理

培育的三当苗，在前期促进生长以后，到后期要抑制生长。待枝条成熟，8~9 月喷磷酸二氢钾 300 倍液。

四 自然生草桃园人工割草

8 月上旬和 9 月上旬，当自然生草桃园中的杂草长到 40 厘米左右时，

用打草机或人工将草割倒覆盖在行间，留茬高度为6~8厘米。人工生草的桃园，若行间种植苜蓿，也要按要求及时割除。

五 记录档案

1）主要栽培技术，如夏季修剪、土肥水管理和病虫害防治、实施日期及实施后的效果等。

2）主要气象资料记录，如气温、地温、降雨等。

3）平时的一些想法、工作体会、经验教训。

第八章　桃树休眠期管理

休眠期从落叶到萌芽为止，经历4~5个月的时间，在石家庄地区为11月初~第二年3月。休眠期植株体内的新陈代谢仍在进行，只是活动微弱。休眠期间，植物体内的呼吸强度、碳水化合物、蛋白质、酚类物质和多种酶等在不同的阶段进行着一系列的生理生化变化。休眠期根系已停止生长，但仍有一定的吸收能力，体内仍需要一定的水分。此时病原菌和害虫也处于休眠阶段，这是适应自然的结果。

此期主要的管理内容包括灌水、冬季修剪和清理桃园等，还要防止树体发生冻害。

第一节　灌水、沙藏及播种

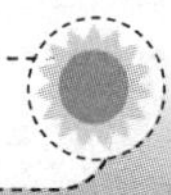

关键知识点：

灌封冻水要注意时期，一般在11月底，不要过早或过晚。沙藏时要注意种子需浸泡足够的时间，让种子充分吸水。沙子与种子的比例也很重要，沙子不能太少。沙藏时的沙子湿度要适宜，不能太大。进行秋播的种子经过浸泡后可以直接播种。

一　灌封冻水

1. 灌封冻水的优点

我国北方秋冬两季干旱，在入冬前充分灌水有利于桃树越冬，也是实现第二年果品优质、高产的重要措施之一。在秋季缺雨，冬季少雪的年份，浇好封冻水尤为重要。

2. 灌封冻水的时期

封冻水浇得过早，会使桃树贪青生长，推迟进入休眠期，降低树体的

抗寒性。封冻水浇得过迟，由于温度低，浇水不易在短时间内渗入地下，桃树易出现冻害。灌水的时间应掌握在以水在田间能完全渗下去，而不在地表结冰为宜。石家庄地区以 11 月底为宜。

3. 灌水量

桃园封冻水灌水量的大小，要以树冠大小、土壤质地及上次的灌水量等而定。一般来说，树龄大，挂果多，树冠大的树可以适当多灌些，反之，对于刚刚定植不久，冠幅较小的幼树灌水量则应少些，一般以水分渗透根系分布层较为合适。成龄桃园根系集中，分布层含水量若达到田间最大持水量的 60%~70%，即可满足冬春两季树体蒸腾的需要。较为干旱的山地桃园灌水要足，而秋雨较多的地区桃园则应适当控制灌水。

4. 灌水方法

（1）树盘漫灌　树盘漫灌的好处是灌水量大，水分渗入到较深的土层后能使树体较长时间吸收。方法简单，容易操作。

（2）轮状沟灌，分畦串水　这种方法可节省用水，但要注意及时覆土填沟，防止出现土壤板结硬化等现象。

（3）喷灌、管灌、渗灌和滴灌　有条件的可发展喷灌、管灌、渗灌和滴灌等先进的节水灌溉技术，达到省工、省时和节水的目的。

二　种子沙藏和播种

1. 沙藏

沙藏种子时间一般为 12 月上中旬。沙藏前先用水浸泡种子 3~4 天，湿沙含水量达 12%~15%。沙藏时间长达 100~120 天，温度为 2~7℃。种子与沙子的体积比为 1：（4~5）。一般将种子与沙的混合物置于沟或坑内。可在房后、不易积水、透气性好的背阴处挖沟或坑，深度不超过 1 米，长和宽依种子多少而定（图 8-1）。秋播的种子无须沙藏。

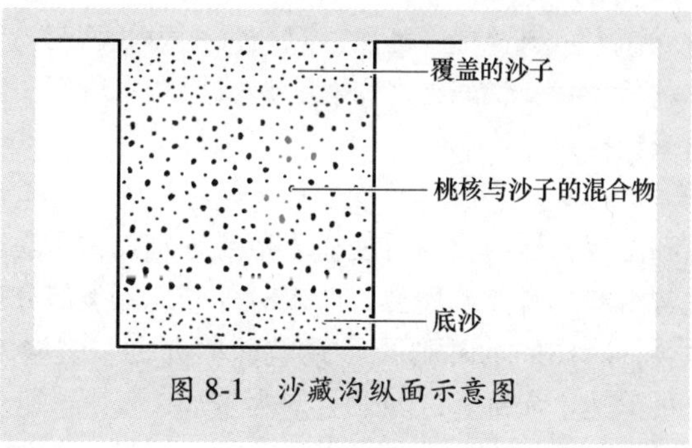

图 8-1　沙藏沟纵面示意图

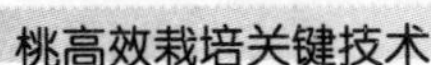

2. 播种

秋播一般在 11 月至土地结冻前进行，种子可不进行沙藏，浸泡 3～5 天便可直接播种。秋天播种必须保证种子纯正，为当年新采集的种子，要确保发芽率达到95%以上，最好是自己亲自采集的种子。整地和施基肥与春播相同，播种量比春播时要稍大一些。播种方式、播种深度与春播相同，采用宽窄行沟播法。播种后要浇 1 次透水。

第二节　桃树主干或主枝冻害及其防治

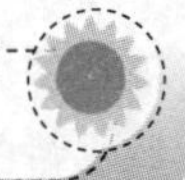

关键知识点：

不抗寒的品种易受低温冻害。冻害主要表现在根颈部或主枝基部，一般是树的近北面，多为西北面，冻害严重时，整株树被冻死，轻者冻害部分可以逐渐愈合。发生冻害的树易发生流胶、腐烂病、干腐病等。

防止冻害最根本的方法就是选育抗寒品种。对于不抗寒品种，要加强管理，控制中后期生长，尤其中后期不要大水大肥，不施氮肥，避免后期生长过旺，要通过多种措施增加树体和根系中贮藏的营养，提高抗寒性。对于易发生冻害的部位，可在 11 月底以后进行绑草、涂白等。

一　桃树主干或主枝冻害的表现

1. 根颈部冻害

根颈部是地上部进入休眠最晚而结束休眠最早的部位，因此抗寒力低。根颈部所处的部位接近地表，温度变化剧烈，所以最易受低温或温度剧烈变化而造成伤害。根颈部受冻后，韧皮部变为红色或褐色，轻者发生在局部，重者可呈环状。受冻害严重者，形成层和木质部变为红褐色，常引起树势衰弱或整株死亡。

2. 树干冻害

持续低温和温度剧烈变化均可使树干遭受冻害。树干受冻后，有时形成纵裂，树皮常沿裂缝脱离木质部，严重时外卷。冻裂部分随着气温的升高一般可以愈合，冻伤严重时则会导致整株树死亡。裂缝一般只限于皮部，严重者也可深达木质部，以西北方向为多。

3. 多年生枝冻害

受冻部分最初微变色且下陷，不易察觉，用刀挑开可发现皮部已变褐，皮部裂开脱落，以后逐渐干枯死亡。若形成层尚未受伤，可以逐渐恢复。多年生枝杈部分，特别是主枝的基角内部，由于进入休眠期较晚，位置荫蔽而狭窄，输导组织发育差，易遭受积雪冻害。受冻枝干易感染腐烂病、干腐病和流胶病。

二 预防桃树主干或主枝冻害的措施

1. 选育抗寒品种

选育抗寒品种是防止冻害最根本而最有效的途径，从根本上提高桃树的抗寒力。不栽培不抗寒的品种，如中华寿桃、21 世纪等。

2. 因地制宜，适地适栽

各地应严格选择当地主要发展的品种。在气候条件较差、易受冻害的地方，可采取利用良好的小气候，适当集中的方法。新引进的品种必须先进行试栽。

3. 抗寒栽培

利用抗寒力强的砧木进行高接建园可以减轻桃树的冻害，一般嫁接高度为 1.2 米以上。在幼树期，应采取有效措施，使枝条及时停长，加强越冬锻炼。结果树必须合理负荷，避免因结果过多而使树势衰弱，降低抗寒能力。在年周期管理中，前期促进生长，后期控制生长，使枝条充分成熟，积累养分，接受锻炼，少浇水，适度干旱，有利于及时进入休眠期。

4. 加强树体的越冬保护

幼树整株培土，大树主干培土，其他如覆盖、设风障、包草、涂白等都有一定效果。

三 高接不抗寒品种的树体保护

1. 对于高接不抗寒品种的树体应进行保护

保护的方法是在嫁接口处绑上保护层。一般是在落叶后进行。保护层包括三层，第一层是塑料布，第二层是草绳，第三层是反光膜。

2. 对树干和大枝进行涂白

涂白可以在一定程度上防止冻害和日灼，兼杀菌治虫。

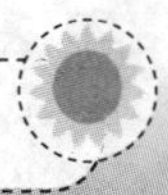

第三节　冬季修剪

关键知识点：

冬季修剪一般在落叶后到萌芽之前进行。

冬季修剪对树形培养、枝量和树势调整、丰产稳产、提高果实品质、延长结果年限等作用极大。冬季修剪有4种基本方法——短截、疏枝、回缩和长放，在修剪实践中，要将其综合应用。所以说冬季修剪是最为灵活的技术，不能死搬硬套。

二主枝Y字形是当前提倡采用的树形，符合桃树生长特性，树形培养易于掌握，果实品质较好，产量较高。两个主枝的夹角为60~70度，在整个树形培养过程中，要多次对主枝进行摘心和短截，以防止主枝延伸生长太快，主枝负载力低。

长枝修剪技术是目前应用较广的技术，应注意的是留枝量要合理，不要太多。对于树势偏弱的桃树，不宜应用长枝修剪技术。

培育中庸树势是修剪的主要目标之一。通过各种修剪方法进行树势的调整。另外，修剪要与疏果相结合，与肥水管理相结合。

一　桃树整形修剪的原则

1. 因树修剪，随枝做形

将桃树整成合理的树形，有利于实现果实的高产和优质。但是每株树上枝条的位置、角度和数量各不相同，如三主枝在主干上的位置不同，不同主枝上的侧枝在主枝上的着生位置也不完全一样，这就需要根据具体情况灵活掌握。

2. 冬夏两季修剪结合，以夏季修剪为主

桃树有早熟芽，易发生副梢，若不及时修剪，导致树冠内枝量过大，树冠郁闭，不通风透光。因此，除了进行冬季修剪外，应强调在生长期进行多次修剪，及时剪除过密和旺长枝条。

3. 主从分明，树势均衡

保持主枝延长枝的生长优势，主枝的角度要比侧枝小，生长势比侧枝强。如果骨干枝之间长势不平衡，就不能充分利用空间，产量低，要采取

多种手段，抑强扶弱，达到各骨干枝均衡生长的目的。

4. 密株不密枝，枝枝见光

虽然桃树可以密植，单位土地面积的株数可以增加，但单位土地面积的枝量应保持合理，枝枝见光，只有这样才能保证有健壮的结果枝。骨干枝是结果枝的载体，骨干枝过多，必然导致结果枝少，产量低。因此，在较密植的桃园中，要适当减少骨干枝的数量。

二　桃树整形修剪的主要依据

1. 品种特性

桃品种不同，其萌芽力、发枝力、分枝角度、成花难易和坐果率高低等生长结果习性也各不相同，要依据不同品种类型特点进行整形修剪。对于树姿开张、长势弱的品种，整形修剪应注意抬高主枝的角度；对于树姿直立、长势强的品种，则应注意开张角度，缓和树势。

2. 树龄和生长势

桃树不同的年龄期，生长和结果的表现不同，对整形修剪的要求也不同。幼树期和初结果期树体生长旺盛，为缓和生长势，修剪量宜轻，可以长放。盛果期修剪的主要任务是保持树势健壮，以延长盛果期的年限。盛果期后期生长势变弱，应缩小主枝的开张角度，并多进行短截和回缩，以增强枝条的生长势。

3. 修剪反应

不同的桃品种，其主要结果枝类型和长度不同，枝条剪截后的修剪反应也不相同。以长果枝结果为主的品种，其枝条生长势强，采用短截后，仍能萌发具有结果能力的枝条。以中短果枝结果为主的品种，则需轻剪长放，以培养中短果枝，这样才能多结果。

4. 栽培方式

露地栽培的中密度和较稀植的桃树，生长空间较大，应采用三主枝开心形，使树冠向四周伸展。对于密植栽培或设施栽培的桃树，由于空间有限，以二主枝 Y 字形、纺锤形或主干形为宜。

5. 肥水条件

对于土壤肥沃、水分充足的桃园，宜以轻剪为主，反之应进行适度重剪。

三 冬季修剪的主要方法及效应

冬季修剪的主要方法有短截、疏枝、回缩和长放4种方法。

1. 短截

短截就是把1年生枝剪短（图8-2）。

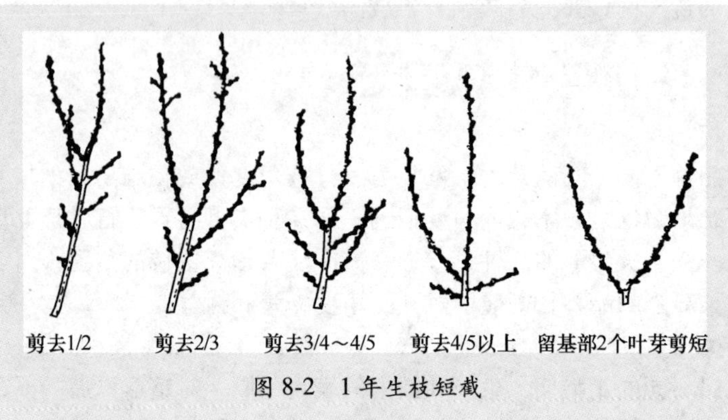

图 8-2 1年生枝短截

（1）短截的目的 集中养分抽生新梢和坐果，增加分枝数目，以保证树势健壮和正常结果。

（2）短截的对象 短截常用于骨干枝、延长枝的修剪、培养结果枝组和结果枝等。

（3）短截的类型 按短截的长度又可分为5种：

1）中短截。在1年生枝的中部短截。短截后，在坐果的同时还可萌发新梢，萌发的顶端新梢长势强，下部长势弱。

2）重短截。剪去1年生枝的2/3。剪后萌发枝条较强壮，一般用于主、侧枝延长头和长果枝修剪，以及培养结果枝组。

3）重剪。剪去1年生枝的3/4~4/5。剪后萌发枝条生长势强壮，常用于发育枝作为延长枝枝头、长果枝和中果枝的修剪，主要用于更新。

4）极重短截。剪去1年生枝的4/5以上。剪后萌发枝条中庸偏壮，常用于将发育枝和徒长枝培养成结果枝组，或者用于更新。

5）留基部2个叶芽剪短。剪后萌发枝条较旺盛，常用于预备枝的修剪。

（4）影响短截效果的因素 主要有2个因素：一是剪口芽的饱满度；二是剪留长度。从饱满芽处短截，由于饱满芽分化质量高，剪后长势强，可

以促发抽生较强壮的新梢。剪口留瘪芽，长势弱，一般只抽生中短枝。短截越重，对侧芽萌发和生长势的刺激越强，但不利于形成高质量的结果枝。有时短截过重，还会出现削弱生长势的现象。短截越轻，侧芽萌发越多，生长势弱，枝条中下部易萌发短枝，较易形成花芽。适宜的剪留长度与结果枝的粗度有关，对于枝条较粗者，宜进行轻短截，应剪留长一些，反之则短些。但对短果枝、花束状果枝不宜进行短截。单花芽多的品种轻短截。

（5）短截的应用　短截的轻重应视树龄、树势和修剪目的确定。对于幼龄树，树势较旺，以培养良好而牢固的树形结构和提早结果为主要目的，对于延长枝要进行短截，其他结果枝一般以轻短截为主。从始果期到盛果期，主要是让桃树多结果，并形成良好的树体结构。所以当有大量结果枝时，应采取适度短截和疏枝相结合的方法。进入衰老期的树，树势逐渐衰弱，产量逐年下降，修剪时要从恢复树势着眼，适当增加短截程度，剪口处留壮芽，以促进其萌发新梢，使树势复壮和继续形成结果枝。

2. 疏枝

疏枝是指将枝条从基部剪除（图 8-3），可以是 1 年生枝，也可以是多年生枝。

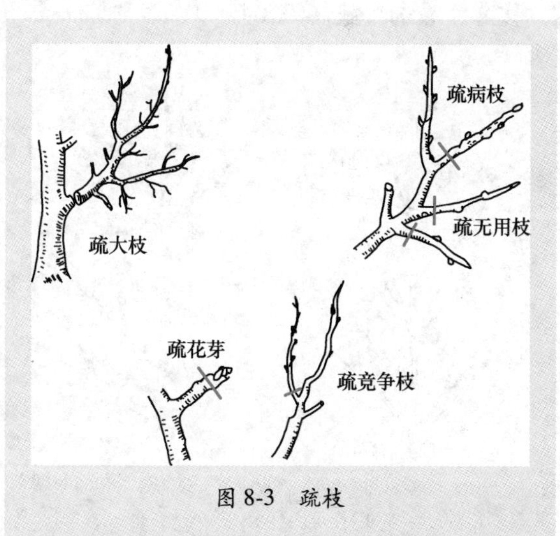

图 8-3　疏枝

（1）疏枝对象　树冠上的干枯枝、不宜利用的徒长枝、竞争枝、直立枝、病虫枝、过密的轮生枝、交叉枝和重叠枝等。

（2）疏枝目的　使留下的枝条分布均匀、合理，改善通风透光条件，并使养分集中用于结果枝生长和果实发育等。

（3）影响疏枝效果的因素 疏枝对树体的影响与疏除的枝条数量、性质、粗度和生长势强弱有关。疏除强枝、粗枝或多年生大枝，常会削弱剪口以上枝条的生长势，而对剪口以下的枝条有促进生长的作用。疏除发育枝可减少枝叶量，同时减少光合产物和根系的生长量。而疏除花芽较多的结果枝，则可以增加枝叶量和光合产物，并促进根系生长。

提示 总体来说，多疏枝有削弱树势、控制生长的作用。因此，对生长过旺的骨干枝可以多疏壮枝，对弱骨干枝可以多疏除花芽，以达到平衡生长与结果的目的。

（4）疏枝的应用 树龄和树势不同，疏枝的程度也不同。幼树宜轻疏，以利于形成花芽，提早结果，也可以通过拉枝或长放代替疏枝。进入结果期以后，疏除枝头上的竞争枝、内膛里的密生枝，并适度疏除结果枝。进入衰老期，短果枝增多，应多疏除结果枝，促进营养生长，维持树势平衡。

3. 回缩

回缩就是对多年生枝的短截（图 8-4）。

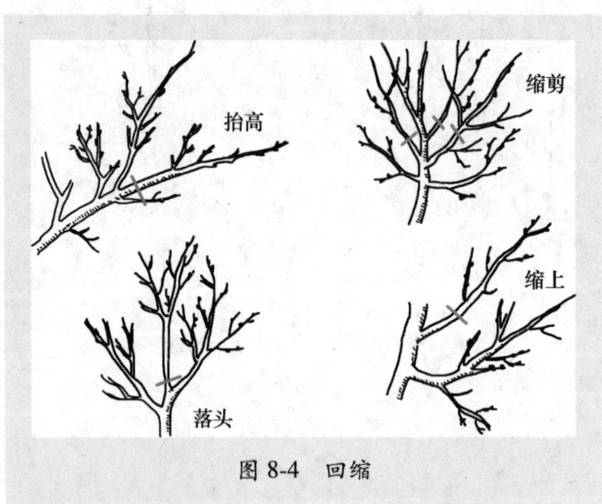

图 8-4 回缩

（1）回缩对象 主枝、侧枝、辅养枝和结果枝组。

（2）回缩目的 一是调整树体生长势。二是改善树冠光照，更新树冠，降低结果部位，调节延长枝的开张角度。三是控制树冠或枝组的发

展，充实内膛，延长结果年限。

（3）影响回缩效果的因素　回缩后的反应强弱则决定于剪口枝的强弱。剪口枝若留强旺枝，则剪后生长势强，有利于更新和恢复树势。剪口枝若留弱枝，则生长势弱，多抽生中短枝，利于成花结果。剪口枝长势中等，剪后也会保持中庸，多促发长中果枝，既能生长，又能结果。

（4）回缩的应用　当主枝、侧枝、辅养枝或结果枝组延伸过长，影响其他枝生长时，进行回缩。当主枝、侧枝、辅养枝或结果枝组角度太低并开始变弱时，进行回缩，可以回缩到直立枝上，抬高角度，以增强其生长势。对于过高的结果枝组要进行及时回缩，以抑制其生长势。

4. 长放

长放就是对 1 年生枝不实施短截、疏枝等，任其生长。

（1）长放的对象　在疏枝和回缩修剪完成后，树体留下的各种 1 年生结果枝和营养枝，均可视为长放修剪，但一般长放指的是对 1 年生长果枝和营养枝。直立生长的粗壮长果枝一般不长放。

（2）长放的目的　长果枝长放可以缓和生长势，在结果的同时，还形成适宜的结果枝，或者只为形成适宜的结果枝，以备第二年结果。另外，长放可以提高坐果率和品质。长放必须和疏果相结合。

（3）长放的应用　对幼旺树适宜枝条进行长放，可以缓和树势。以长果枝结果的品种，应选留适宜数量的长果枝进行长放。对无花粉品种的长果枝进行长放，培养出适宜结果的中短果枝。

5. 4 种修剪方法的综合运用

冬季修剪是短截、回缩、疏枝和长放 4 种方法的综合运用。通过修剪使树体达到中庸状态是冬季修剪的主要目的。何时应用哪种方法，用到什么程度，是一个非常灵活的操作过程。对于同一株树，不同的人有不同的修剪方法。对于骨干枝的处理应基本一致，对于结果枝往往不同。一般对于幼树和偏旺的树，多采用疏枝和长放，而对于较弱或衰老的树多采用短截与回缩的方法。

四　桃树几种丰产树形的树体结构

1. 二主枝 Y 字形

二主枝 Y 字形（图 8-5）适于露地密植和设施栽培，容易培养，早期丰产性强，光照条件较好，是目前提倡应用和推广的主要树形。主枝上直接着生大型结果枝组，生长前期可以有中小型枝组。

树高 3.5 米，干高 40~60 厘米，全树只有 2 个主枝，配置在相反的位置上，在距地面 1 米处培养第一侧枝，第二侧枝在距第一侧枝 40~60 厘米处培养，方向与第一侧枝相反。两个主枝之间的角度是 60~70 度，侧枝与主枝的夹角保持约 60 度。在主枝和侧枝上配置结果枝组和结果枝。二主枝 Y 字形的结构见表 8-1 和图 8-6。

图 8-5　桃树二主枝 Y 字形

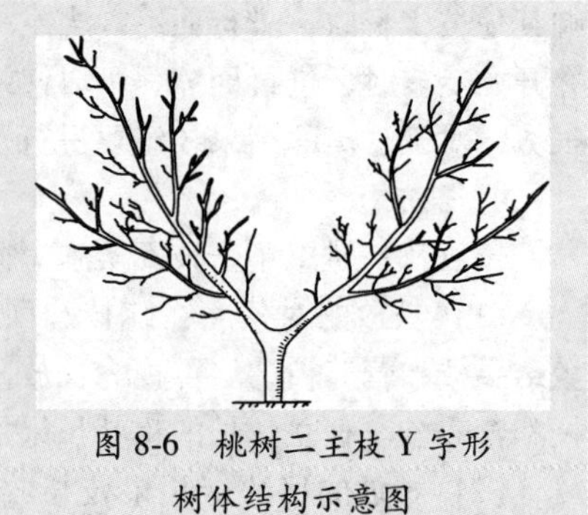

图 8-6　桃树二主枝 Y 字形树体结构示意图

表 8-1　桃树二主枝 Y 字形树体结构

树高	3.5 米	
干高	40~60 厘米	
主枝	数量	2 个
	延伸方式	波浪曲线延伸（图 8-7）
	分布	第一主枝朝东，第二主枝朝西
	距离	第一主枝距第二主枝 15~20 厘米
	角度	两个主枝的夹角为 60~70 度
结果枝组	数量	每个主枝上着生结果枝组 4~5 个
	分布	第一大型结果枝组距主干 60 厘米，第二个距第一个 60 厘米
	角度	侧枝要求留背斜枝，角度较主枝大 10 度。大型结果枝组与主枝夹角约 60 度。夹角大易交叉；夹角小，通风透光性差
	大小	大型结果枝组长 100 厘米
		中型结果枝组长 60~80 厘米
		小型结果枝组长 30 厘米

（续）

	同方向枝组间距	大型枝组	80 厘米
		中型枝组	50 厘米
		小型枝组	配置在大、中枝组之间
结果枝组	形状	以圆锥形为好	
	排列	大枝组	主枝两侧
		中枝组	主枝两侧，或者安插在大型枝组之间，可以长期保留或改造疏除
		小枝组	主枝两侧、背后及背上均可，有空则留，无空则疏
		在主枝上的配置，两头稀中间密，顶部以中、小型为主，基部和中部以大、中型为主	

2. 三主枝开心形

三主枝开心形是当前露地栽培桃树的主要树形，具有骨架牢固、树冠较大，树体易于培养和控制、光照条件好和丰产稳产等特点。三主枝开心形的结构见表 8-2 和图 8-8、图 8-9。

表 8-2　桃树三主枝开心形树体结构

树高	3.0 米	
干高	40~50 厘米	
主枝	数量	3 个
	延伸方式	波浪曲线延伸（图 8-7）
	分布	第一主枝朝北，第二主枝朝西南，第三主枝朝东南，切忌第一主枝朝南，以免影响光照。若是山坡地，第一主枝选坡下方，第二、三主枝在坡上方，提高距地面高度，管理方便，光照好
	距离	第一主枝距第二主枝 15 厘米
		第二主枝距第三主枝 15 厘米
	角度	第一主枝 40~50 度
		第二主枝 40~50 度
		第三主枝 40~50 度
侧枝	数量	每个主枝选 2 个侧枝，第二侧枝着生在第一侧枝的对向，并顺一个方向呈推磨式排列

（续）

侧枝	分布	第一主枝上	第一侧枝距主干 60～70 厘米，第二侧枝距第一侧枝 40～50 厘米
		第二主枝上	第一侧枝距主干 50～60 厘米，第二侧枝距第一侧枝 40～50 厘米
		第三主枝上	第一侧枝距主干 40～50 厘米，第二侧枝距第一侧枝 40～50 厘米
	角度	侧枝要求留背斜枝，角度较主枝大 10～15 度。侧枝与主枝夹角为 70 度左右。夹角大易交叉；夹角小，通风透光性差	
结果枝组	大小	大型结果枝组长 80 厘米	
		中型结果枝组长 60 厘米	
		小型结果枝组长 40～50 厘米	
	同方向枝组间距	大型枝组	50～60 厘米
		中型枝组	30～40 厘米
		小型枝组	配置在大、中枝组之间
	形状	以圆锥形为好，即两头小，中间大	
	排列	大枝组	位于骨干枝两侧，在初果期树上，骨干枝背后也可以配置大型结果枝组
		中枝组	骨干枝两侧，或者安插在大型枝组之间，可以长期保留或改造疏除
		小枝组	树冠外围、骨干枝背后及背上直立生长，有空则留，无空则疏
		在骨干枝上的配置，两头稀中间密，顶部和基部以中、小型为主，中部以大、中型为主	
结果枝	常规修剪	剪后距离	南方品种群：15～20 厘米；北方品种群：10 厘米
		剪留长度	长果枝：20～30 厘米；中果枝：10～20 厘米；短果枝及花束状枝只疏不剪
		角度	长、中果枝以斜生为好
		更新	单枝更新和双枝更新
	长枝修剪	剪后距离	同侧距离：30 厘米
		角度	以斜生为主，也可有少量直立或下垂枝
		更新	单枝更新

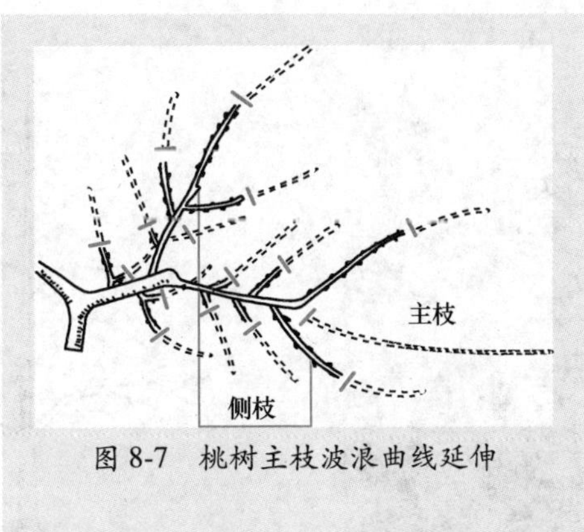

图 8-7 桃树主枝波浪曲线延伸

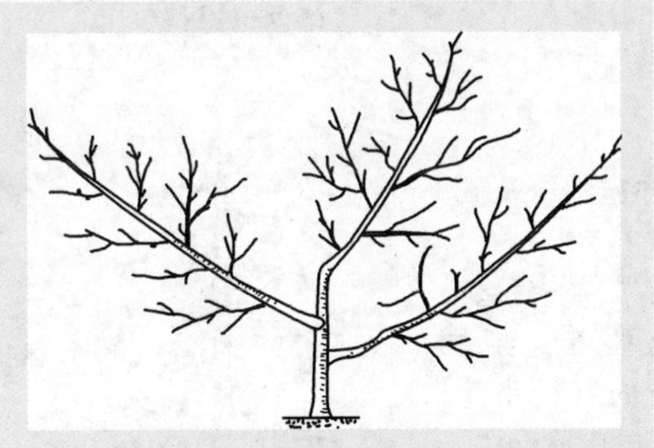

图 8-8 桃树三主枝开心形树体结构示意图

图 8-9 桃树三主枝开心形

3. 纺锤形

纺锤形适于设施栽培和露地高密度栽培（图 8-10）。光照好，树形的维持和控制难度较大，需及时调整上部大型结果枝组与下部结果枝组的生长势，切忌上强下弱。在露地栽培条件下，无花粉、产量低的品种及早熟品种不适合培养成纺锤形。

树高 2.5 米，干高 50 厘米。有中心干，在中心干上均匀排列着生 8~10 个大、中型结果枝组。大、中型结果枝组之间的距离是 30 厘米。角度为 70~80 度。大、中型结果枝组上直接着生小枝组和结果枝（图 8-11）。

图 8-10　桃树纺锤形

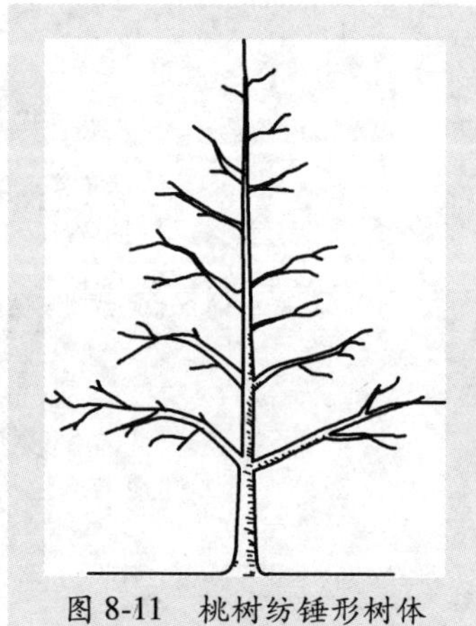
图 8-11　桃树纺锤形树体结构示意图

4. 主干形

主干形适于设施栽培和露地密植栽培。主干高 50 厘米，树高 2. 5 米左右，有一个强健的中央领导干，其上直接着生 20～30 个结果枝。果枝的粗度与主干的粗度相差较大。树冠的直径小于 1. 5 米（图 8-12）。主干形桃树成形快，修剪量少。花芽质量好，横向果枝更新容易。围绕主干结果，受光均匀，果个大。该树形的修剪应采用长枝修剪技术，一般不进行短截。在露地栽培条件下，应选用有花粉、丰产性强的中、晚熟品种。

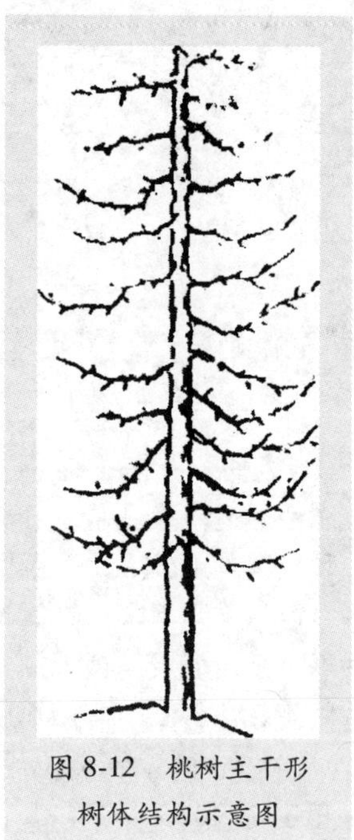
图 8-12　桃树主干形树体结构示意图

注意　早熟品种采收后仍正值高温高湿季节，由于没有果实的压冠作用，新梢生长量大，难于有效控制。无花粉品种若在花期遇不良气候，会影响坐果率，果少易导致营养生长过旺，树体上部的直立枝和竞争枝多，适宜的结果枝少。

五　不同树形的整形过程

1. 二主枝Y字形

成苗定干高度为60厘米，在整形带选留2个对侧的枝条作为主枝。2个主枝一个朝东，另一个朝西。第一年冬季修剪主枝剪留长度为50~60厘米，第二年选出第一侧枝，第三年在第一侧枝对侧选出第二侧枝。其他枝条按培养枝组的要求修剪，到第四年树形基本形成。

2. 三主枝开心形

成苗定干高度为60~70厘米，剪口下20~30厘米处要有5个以上饱满芽作为整形带。第一年选出3个错落的主枝，任何一个主枝均不要朝向正南。第二年在每个主枝上选出第一侧枝，第三年选第二侧枝。每年主枝延长枝的剪留长度为40~50厘米。为增加分枝级次，生长期可进行2次摘心。生长期用拉枝等方法，开张角度，控制旺长，促进早结果。4年生树在主、侧枝上要培养一些结果枝组和结果枝。为了快长树、早结果，幼树的冬季修剪以轻剪为主。

3. 纺锤形

成苗定干高度为80~90厘米，在剪口以下30厘米内合适的位置培养第一主枝（位于整形带的基部，剪口往下25~30厘米处），在剪口下第三芽培养第二主枝。用主干上发出的副梢选留第三、四主枝。各主枝按螺旋状上升排列，相邻主枝间间距30厘米左右。第一年冬季修剪时，所选留主枝尽可能长，一般留80~100厘米长。第二年冬季修剪时，下部选留的第一、二、三、四主枝不再短截延长枝，上部选留的主枝一般也不进行短截。主枝开张角度为70~80度。一般3年后可完成8~10个主枝的选留。

4. 主干形

第一年成苗定植后不定干，苗木上副梢基部有芽的，可直接将其疏除，基部没芽的可将副梢留1个芽重短截，一般当年可在主干上直接发出10~15个横向生长的新梢。对顶端新梢上发出的二次副梢，也应注意加以控制，以防止对中央干延长头产生竞争。当年冬季修剪一般仅采用疏枝与长放 2 种方法。对于适宜结果枝不进行短截，利用其结果。疏除其他不适宜的结果枝，对中心干延长头不短截，并疏除其附近的结果枝。一般当年选留 5~10 个结果枝，多少因树体大小而异。

第二年冬季修剪的主要任务是控制主干延长头，一般不短截，可在顶部适当多留细弱果枝，以果压冠，并疏除粗枝。树体达到高度后，一般修剪后全树应留 20~35 个结果枝。

六 初结果和盛果期树的修剪

初结果期的主要任务是：继续完善树形，培养骨干枝和结果枝组。盛果期的主要任务是维持树势，调节主、侧枝生长势的均衡和更新枝组，防止早衰和内膛空虚。盛果期树的修剪同样是夏季修剪与冬季修剪相结合，两者并重。

1. 骨干枝修剪技术

（1）主枝的修剪 盛果初期延长枝应以壮枝带头，剪留长度为 30 厘米左右。并利用副梢开张角度减缓树势。盛果后期，生长势减弱，延长枝角度增大，应选用角度小、生长势强的枝条以抬高角度，增强其生长势，或者回缩枝头刺激萌发壮枝。

（2）侧枝的修剪 随着树龄的增长，树冠不断扩大，侧枝的伸展空间受到限制，由于结果和光照等原因，下部侧枝衰弱较早。修剪时对下部严重衰弱、几乎失去结果能力的侧枝进行疏除或回缩成大型枝组。对有生长空间的外侧枝，用壮枝带头。此期仍需调节主、侧枝的主从关系。

（3）结果枝组的修剪 对结果枝组的修剪以培养和更新为主，对细长弱枝组要更新，回缩并疏除基部过弱的小枝组，膛内大枝组出现过高或上强下弱时，轻度缩剪，降低高度，以结果枝当头。枝组生长势中庸时，只疏强枝。侧面和外围生长的大中型枝组弱时缩，壮时放，缩放结合，维持结果空间。各种枝组在树上均衡分布。3 年生枝组之间的距离应为 20~30 厘米，4 年生枝组之间的距离为 30~50 厘米，5 年生枝组之间的距离为 50~60 厘米。调整枝组之间的密度可以通过疏枝、回缩，使之由密变稀，由弱变强，更新轮换。保持各个方位的枝条有良好的光照。

2. 长枝修剪技术（结果枝的修剪）

（1）长枝修剪技术及优点 长枝修剪技术是一种基本不使用短截，仅采用疏枝、回缩和长放的修剪技术。由于基本不短截，修剪后的 1 年生枝的长度较长（结果枝的平均长度一般为 30~50 厘米），故称为长枝修剪。长枝修剪技术具有操作简单、节省修剪用工、冠内光照好、果实品质

优良、利于维持营养生长和生殖生长的平衡、树体容易更新等优点，已得到了广泛的应用，并取得了良好的效果。

（2）长枝修剪技术的要点　长枝修剪以疏枝、回缩和长放为主，基本不短截。对于衰弱的枝条，可进行适度短截。

1）疏枝。主要疏除直立或过密的结果枝组和结果枝。对于以长果枝结果为主的品种，疏除徒长枝、过密枝及部分短果枝、花束状果枝。对于中、短果枝结果的品种，则疏除徒长枝、部分粗度较大的长果枝及过密枝，中、短果枝和花束状果枝要尽量保留。

2）回缩。对于2年生以上延伸较长的枝组进行回缩。

3）长放。疏除与回缩后余下的结果枝大部分采用长放的方法，一般不进行短截。

① 长放结果枝的长度。以长果枝结果为主的品种，主要保留30~50厘米的结果枝，小于30厘米的结果枝原则上大部分疏除。以中、短果枝结果的无花粉品种和大果型 、梗洼深的品种，如八月脆、早凤王和仓方早生等，保留20~30厘米的结果枝及大部分健壮的短果枝和花束状果枝用于结果，另外保留部分大于30厘米的结果枝用于更新和抽生中、短果枝，用于第二年结果。

② 长放结果枝的留枝量。主枝（侧枝、结果枝组）上每15~20厘米保留1个长果枝（长30厘米以上），同侧长果枝之间的距离一般在30厘米以上。对于盛果期树，以长果枝结果为主的品种，长果枝（长度大于30厘米）的留枝量控制在4000~5000个/亩，总枝量小于10000个/亩。以中、短果枝结果的品种，长果枝（长度大于30厘米）的留枝量控制在小于2000个/亩，总枝量控制在小于12000个/亩。生长势旺的树的留枝量可相对大一些，而生长势弱的树的留枝量小一些。另外，如果树体保留的长果枝数量多，总枝量要相应减少。

③ 长放结果枝的角度。所留长果枝应以斜上方、水平和斜下方为主，少留背下枝，尽量不留背上枝。结果枝的角度与品种、树势和树龄有关。直立的品种，主要留斜下方或水平枝，树体上部应多留背下枝。对于树势开张的品种，主要留斜上枝，树体上部可适当留一些水平枝，树体下部选留少量背上枝。幼年树，尤其是树势直立的幼年树，可适当多留一些水平枝及背下枝。

4）短截。当树势变弱时，应进行适度短截。并且对各级延长头进行短截，以保持其生长势。

5）结果枝的更新。长枝修剪过程中结果枝的更新有 2 种方式：一是利用长果枝基部或中部抽生的更新枝（图 8-13）。采用长枝修剪后，果实重量和枝叶能将 1 年生枝压弯、下垂，枝条由顶端优势变成基部背上优势，从基部抽生出健壮的更新枝。冬季修剪时，对以长果枝结果的品种，将已结果的母枝回缩到基部健壮枝处更新，如果母枝基部没有理想的更新枝，也可以在母枝中部选择合适的新枝进行更新。对以中、短果枝结果的品种，则利用中、短果枝结果，保留适量长果枝长放，多余的疏除。二是利用骨干枝上抽生的更新枝。由于长枝修剪树体留枝量少，骨干枝上萌发新枝的能力增强，会抽生出一些新枝。如果在主枝（侧枝）上着生结果枝组的附近已抽生出更新枝，则可对该结果枝组进行整体更新。

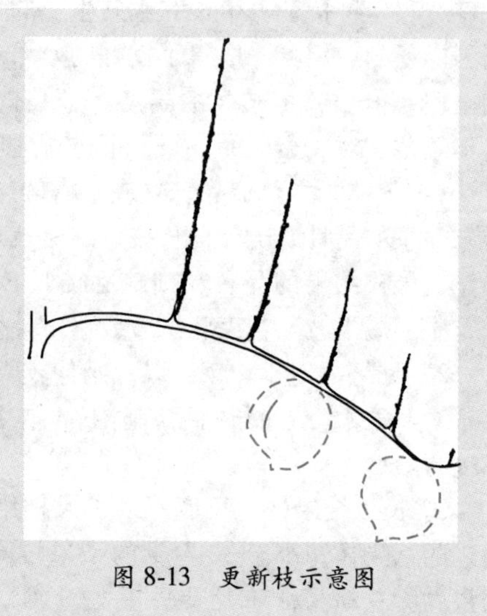
图 8-13　更新枝示意图

（3）适宜长枝修剪技术的品种　适宜长枝修剪技术的品种有以下 4 类：

1）以长果枝结果为主的品种。对于以长果枝结果为主的品种，可以采用长枝修剪技术，疏除竞争枝、徒长枝和多余的短果枝和花束状果枝，适当保留部分健壮或中庸的长果枝，并进行长放，结果后以果压冠，前面结果，后面长枝，每年更新。适宜品种如大久保等。

2）以中、短果枝结果的无花粉品种。大部分无花粉品种在中、短果枝上坐果率高，并且果个大、品质好。先对长果枝长放，促使其上抽生出中、短果枝，再利用中、短果枝结果。适宜品种如深州蜜桃、丰白、仓方早生和安农水蜜等。

3）大果型、梗洼深的品种。大果型品种大都具有梗洼深的特点，适宜在中、短果枝结果。如果在长果枝结果，应保留结果枝中上部的果实，在生长后期，随着果实增大，梗洼着生果实部位的枝条弯曲进入梗洼内，不易被顶掉，如中华寿桃等。如果在结果枝基部结果，果实长大后，由于梗洼较深，着生果实部位的枝条不能弯曲，便被顶掉，或者果个小，易发

生皱缩现象。

4）易裂果的品种。一般易裂果的品种，若在长果枝基部结果会加重裂果。利用长枝修剪，让其在长果枝中上部结果，当果实长大后，便将枝条压弯并下垂，这时枝条和果实生长速度缓和，减轻裂果。适宜品种有华光和瑞光3号等。

（4）长枝修剪应注意的问题

1）控制留枝量。对于以长果枝结果的品种，已经留有足够的长果枝，如果再留过多的短果枝和花束状果枝，将会削弱树势，难于保证抽生出足够数量的更新枝，增加第二年更新的难度。因此，在控制长果枝数量的同时，还要控制短果枝和花束状果枝的数量。但对于无花粉品种、大果型或易采前落果的品种，要多留中、短果枝。

2）控制留果量。采用长枝修剪后，虽然整体留枝量减少，但花芽的数量并没有减少，由于前期新梢生长缓和，还会增加坐果率，所以和常规修剪一样，同样要疏花疏果，保留合适的留果量。

3）肥水管理。对于长枝修剪后生长势开始变弱的树，应增加短截数量，减少长放，并加强肥水管理，适当增加施肥次数和施肥量。

4）不宜采用长枝修剪技术的树和品种。对于衰弱的树和没有灌溉条件的树不宜采用长枝修剪技术。

七　桃树树体改造技术

1. 栽植过密的树

（1）生长表现　栽植过密的树，一般株行距都较密，生产中多为2米×3米。株距小，主枝较多，主枝角度小，生长较直立。树冠内光照不良，结果部位外移，结果枝少，花芽数量少，质量差。内膛小枝衰弱，甚至死亡。

（2）改造措施　对于过密的树，首先要按照“宁可行里密，不可密了行”的原则进行间伐。通过间伐，使行间距大于或等于5米。如果株距为2~3米，可将其改造成二主枝Y字形。疏除株间的主枝，保留2个朝向行间的主枝。对于直立生长的主枝，要适当开角。

2. 无固定树形的树

（1）生长表现　从定植后一直没有按预定的树形进行整形，放任生长，有空间就留，致使主枝过多，内膛密挤。结果部位外移，只在树冠外围有较好的结果枝。由于透光性差，内膛枝逐渐死亡，主枝下部光秃。产量低，品质差，喷药困难，病虫害防治效果差。

(2) 改造措施 这种树已不能整成理想的树形，只能因树整形。根据栽植密度确定主枝的数量。主要是疏除伸向株间的大枝或将其逐步疏除。如果株行距为4米×（5~6）米，宜采用三主枝开心形，选择方向、角度适宜的3个主枝，3个主枝尽量朝向行间，不要留正好朝向株间的主枝，并且3个主枝在主干上要错开，不要太近。如果株行距为（2~3）米×（4~5）米，可以采用二主枝Y字形，选择方向和角度适宜的2个主枝，分别朝向行间。选留主枝上的枝量要尽量多一些，主枝和侧枝要主次分明，如果侧枝较大，要对其进行回缩。对骨干枝延长头进行短截，以保证其生长势。

对树冠内的直立枝、横向枝、交叉枝和重叠枝进行疏间，或者在2~3年改造成为结果枝组。过低的下垂枝，尤其距地面1米以下的下垂枝必须疏除或回缩，以改善树体的下部光照条件。对于株间互相搭接的枝要进行回缩或疏除。

3. 结果枝组过高、过大的树

(1) 生长表现 由于结果枝组过高、过大，背上结果枝组过多，树冠处光照差，大量结果枝衰弱和枯死。这种树主要是因为对结果枝组控制不当，没有及时回缩，生长过旺，形成了所谓的“树上长树”。

(2) 改造措施 应当按结果枝组的分布距离，疏除过大、过高的直立枝组或回缩改造成中、小枝组。根据其生长势，将留下的枝组去强留弱，逐步改造成大、中、小不同类型的结果枝组。要疏除枝组上的发育枝和徒长枝。

4. 未进行夏季修剪的树

(1) 生长表现 树冠各部位发育枝较多，光照差，除树冠外围和上部有较好的结果枝外，内膛和树冠下部光照差，枝条细弱，花芽少，着生部位高，质量差。

(2) 改造措施 应选好主、侧枝延长枝，多余的发育枝从基部疏除。各类结果枝尽量长放不短截，用于结果。对骨干枝延长头进行短剪，其他枝不进行短截，以缓和树体的生长势。

八 防止结果部位外移和合理利用徒长枝

1. 防止结果部位外移的措施

(1) 减少主枝数量 主枝数量越多，树冠内膛光照越差，结果部位越易外移。

(2) 夏季修剪 疏除外围强旺枝、内膛过密枝和徒长枝，秋季拉枝开角，可使内膛枝组得到充足的光照和养分，起到抑前促后、平衡树势和

复壮内膛的作用。

（3）冬季修剪　对外围枝进行适度回缩或疏除，对内膛结果枝组及时更新。当枝组衰弱时，及时回缩，刺激发出健壮旺枝，对枝组进行复壮。疏除衰弱的小枝组。

2. 合理利用徒长枝

徒长枝是指桃树上生长过于旺盛的枝条，枝条长而粗，多为直立，组织不充实，有的抽生两三次枝，叶片大，节间长，芽体相对瘦小。

桃树生长旺盛，顶端优势强。夏季没做好修剪的桃园，往往生长出大量的徒长枝。通常在生产中，对徒长枝进行冬季修剪时均采用疏除的方法。疏去大的枝对树势有一定的削弱作用，造成大的伤口还易引起病害的发生，并且在第二年的反应是再次出现徒长枝。如果处理好，树势稳定，可以使徒长枝变为结果枝，增加桃树产量。

树冠内生长徒长枝的地方缺枝，但空间不太大，可将徒长枝培养成为中型枝组，留 20~30 厘米短截，待第二年春季萌芽后，扣头挖心留平以培养成枝组。

如果徒长枝 20~30 厘米处有分枝，并且生长良好，可回缩到分枝处，培养成枝组。

树冠内生长徒长枝的地方缺枝且空间大，应把徒长枝拉平在缺枝空间，可使其当年开花结果，并且还可缓和树势，在基部生长出良好的结果枝，第二年回缩短截培养成大型结果枝组。

第四节　病虫害防治、伤口保护及其他

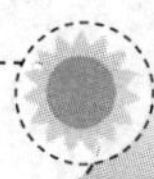

关键知识点：

此期病虫害处于休眠时期，病虫害防治主要是农业防治，消灭越冬病源和虫源，压低基数。要依据其越冬部位，采取相应措施。此期主要是清除枯枝落叶、刮树皮、剪除受害和衰弱枝条、树干涂白、翻树盘、涂抹伤口保护剂。

挖苗一定要保证根系完整，尤其是有足够数量和长度的粗根。避免假植苗木失水风干或水多导致烂根。对外运输的包装苗木，品种标签一定系牢，最好每捆中有 2 个以上标签。

一 病虫害防治

此期病虫害处于休眠时期，病虫害防治主要是农业防治，消灭越冬病源和虫源，压低基数。

（1）山楂红蜘蛛和二斑叶螨 冬季清园，刮树皮，及时清除地下杂草。在越冬雌虫进入越冬前，树干绑草，诱集其在草上越冬，早春出蛰前解除绑草并烧毁。

（2）潜叶蛾 冬季彻底清除落叶，消灭越冬蛹。

（3）苹小卷叶蛾 桃树休眠期彻底刮除树体粗皮和剪锯口周围的死皮，消灭越冬幼虫。

（4）桑白蚧 休眠期用硬毛刷刷掉枝条上的越冬雌虫，并剪除受害枝条，一同烧毁，之后喷石硫合剂。

（5）桃蛀螟 冬季或早春及时处理向日葵、玉米等秸秆，并刮除桃树上的老翘皮，清除越冬茧。

（6）桃小食心虫 根据幼虫脱果后大部分潜伏于树冠下土中的特点，成虫羽化前，可在树冠下的地面上覆盖地膜，以阻止成虫羽化后飞出。

（7）白星花金龟 结合秸秆沤肥、翻粪和清除鸡粪，捡拾幼虫和蛹。

（8）桃球坚蚧 早春芽萌动期，用石硫合剂均匀喷布枝干，也可用95%机油乳剂50倍液混加5%高效氯氰菊酯乳油1500倍液喷布枝干，均能取得良好的防治效果。在群体量不大或已错过防治适期，并且受害又特别严重的情况下，在春季雌虫产卵以前，采用人工刮除的方法防治，并注意保护利用黑缘红瓢虫等天敌。

（9）黑蝉 结合修剪，发现被害枝条及时剪掉烧毁。

（10）桃小蠹 结合修剪彻底剪除虫枝和衰弱枝，集中处理效果很好。

（11）桃绿吉丁虫 清除枯死树，避免树体伤口和粗皮，减少虫源，增强树势。秋冬两季彻底清除桃园内外的杂草及其他植物残体，刮除树干及枝杈处的粗皮，剪除树上的病残枝和枯枝并集中销毁，可以减少越冬卵量。

二 桃园清理

（1）剪除病虫枝 结合冬季修剪，剪除在枝干上越冬的病虫枝，如桑白蚧、桃疮痂病、桃褐腐病、桃炭疽病和细菌性穿孔病，以及枯枝、僵果和虫茧，彻底清除残留在树枝上的果袋、扎草、吊枝用的棍棒、绳索，将它们和桃树周围的落叶、杂草一并集中烧毁，消灭害虫越冬态和病菌孢子。

（2）清扫枯枝落叶　在桃树落叶后，清扫桃园内的枯枝落叶，消灭在枝条和叶片中越冬的病虫，如潜叶蛾、绿盲蝽等。不用带病菌的支棍，注意剪除干桩干橛。

（3）树干涂白　树干涂白可以减少日灼和冻害的发生，延迟桃树的萌芽和开花，避免晚霜为害，还可兼治树干病虫害，杀死在皮缝中的越冬害虫。涂白剂要稠稀适当，以涂时不流失，干后不翘、不脱落为宜。

（4）翻树盘　通过翻树盘，把在土壤中越冬的害虫翻于地表冻死，如桃小食心虫、梨小食心虫等。一般翻园的深度为20厘米，时间越接近土壤封冻，效果越好。

三　伤口保护

（1）伤口类型　伤口一般包括剪口、锯口、病疤及其他人为因素等造成的桃树表皮和皮层破坏、木质部断裂和外露现象。

（2）伤口的危害　一是伤口容易感染侵染性病害，如干腐病和流胶病等。二是伤口是某些虫害的入侵之地，如桃红颈天牛成虫易在大伤口处产卵，孵化出的幼虫进入树皮内为害。三是伤口散失大量的水分，特别是冬春树体活动相对较弱期，伤口不愈合，加上寒冷干旱，水分散失的时间长、速度快，产生的危害更大，可造成树体衰弱，抗病抗逆能力减弱，果品产量和质量受影响。四是皮层是运输有机养分的主要通道，伤口阻断了营养物质上下运输，根系得不到养分，树体衰弱，严重者影响果实的大小和品质。

（3）伤口保护　涂抹伤口保护剂，可在伤口上形成一层保护膜，防病又保水，还能促进伤口愈合。

（4）伤口保护剂的配方

1）波尔多浆保护剂。用硫酸铜0.5千克、石灰1.5千克、水7.5千克先配成波尔多浆，再加入动物油0.2千克搅拌均匀即可。

2）灰盐保护剂。用石灰1千克、盐0.05千克、水1千克，加少量鲜牛粪搅拌均匀即可。

3）固体蜡材料。松香0.4千克、蜂蜡0.2千克、牛羊油0.1千克。配制方法：先用文火把松香化开，再把蜂蜡、牛羊油加入，熔化后倒入冷水盆内冷却，冷却后取出，用手搓成团备用，用时加热化开。

4）液体蜡材料。松香0.6千克、牛羊油0.2千克、酒精0.2千克、松节油0.1千克。配制方法：先将松香和牛羊油加热化开，搅匀后再慢慢加入酒精和松节油，搅拌均匀，装瓶密封备用。

5）松香漆合剂。取松香、酚醛清漆各1份，先把酚醛清漆煮沸，再将松香倒入搅拌即可。

6）牛粪保护剂。取牛粪5份、黄泥5份，加50毫克/千克的920调成糊状，涂抹伤口。

7）其他。也可用油漆（彩图34）。市场上有商品化的伤口愈合保护剂出售。

四 其他方面

1. 挖苗与假植

在苗木落叶至土壤封冻前出圃。若土壤干旱，挖苗前应先浇水，然后再挖苗。挖苗时需距苗木20厘米以上的距离挖掘，尽量使根系完整。

2. 苗木假植、包装和运输

（1）假植 临时假植时，应在背阴干燥处挖假植沟，将苗木的根部埋入湿沙中进行假植。越冬假植时，假植沟挖在防寒、排水良好的地方，苗木散开后，将苗木的2/3埋入湿沙中，及时检查温湿度，防止霉烂。假植沟应有坡度，从高一侧开始埋苗，依次往低处埋，最低处不放苗，观察沟内水分情况。要注意防止沟内水分过多，造成根系霉烂。

（2）包装 外运苗木每50株一捆或根据用户要求进行保湿包装。苗捆应挂标签，注明品种、苗龄、等级检验证号和数量。

（3）运输 苗木在汽车长途运输前，需要沾泥浆，一般要盖防风棚布，途中可运2~3天。火车运输时，需要用蒲包、草袋、塑料布和编织袋等将苗木包装好，以防苗木途中失水或磨损。在气候寒冷时，不易长途运输苗木，以免根系受冻。另外，长途运输苗木时，必须有检疫证明。

3. 补栽

春天建园定植的苗木，没有成活的，进行补栽。

4. 记录档案

1）落叶时间。

2）冬季修剪及灌水日期。

3）主要气象资料（如气温、地温和降雨等）及灾害性天气（包括低温冻害、雪灾和霜冻等）记录。

4）人力与物力的投入情况，对全年进行成本核算和投入与产出分析。

5）对一年来的工作进行全面总结。

附　录

附录A　桃园周年管理工作历(河北省石家庄市)

月份	物候期	主要工作内容
1	休眠期，土壤冻结	1. 冬季修剪（主要指盛果期树，幼树可以推迟） 2. 伤口涂抹保护剂 3. 刮治介壳虫 4. 总结当年的工作，制订下一年的全园管理计划
2	休眠期，土壤冻结	1. 冬季修剪 2. 准备好当年桃园用农药、肥料等相关农资
3	根系开始活动，3 月下旬花芽膨大	1. 3 月上旬仍可进行冬季修剪 2. 清理桃园，刮树皮。注意保护天敌 3. 熬制并喷施石硫合剂 4. 追肥，并灌萌芽水 5. 整地，播种育苗 6. 定植建园 7. 防治蚜虫 8. 带木质部芽接高接桃树
4	根系活动加强，4 月上中旬开花，4 月中下旬展叶，枝条开始生长	1. 防治金龟子 2. 预防花期霜冻。疏花蕾，疏花，花期采花粉，进行人工授粉 3. 播种育苗 4. 花前和花后防治蚜虫 5. 花后追肥、灌水 6. 桃红颈天牛幼虫开始活动，人工钩杀 7. 病虫害预测预报 8. 种植绿肥（桃园生草，如白三叶草、紫花苜蓿等）

（续）

月份	物候期	主要工作内容
5	新梢加速生长，幼果发育，并进入硬核期	1. 疏果，定果，套袋（尤其是中、晚熟品种和油桃） 2. 防治蚜虫、卷叶蛾，结合喷药，进行根外追肥，可以喷施0.3%尿素 3. 防治穿孔病、炭疽病、褐腐病、疮痂病和梨小食心虫，钩杀桃红颈天牛幼虫 4. 追肥，灌水，以钾肥为主，配合氮、磷肥 5. 夏季修剪 6. 搞好病虫害预测预报，尤其是食心虫类的预测预报
6	6月上旬极早熟品种成熟，6月中下旬早熟品种成熟，新梢生长高峰	1. 果实采收 2. 6月上中旬防治红蜘蛛，整月钩杀桃红颈天牛幼虫 3. 夏季修剪（摘心、疏枝），防果实和枝干日灼 4. 防治椿象、介壳虫、梨小食心虫和桃蛀螟 5. 果实成熟前20天左右追肥，以钾肥为主，施肥后浇水。结合喷药，喷0.3%~0.5%磷酸二氢钾 6. 当年速生苗嫁接
7	新梢旺盛生长，中早熟、中熟品种成熟	1. 果实采收，销售 2. 夏季修剪（摘心、疏枝和拉枝） 3. 果实成熟前20天左右追肥，以钾肥为主，施肥后浇水 4. 捕捉桃红颈天牛成虫，防治潜叶蛾、梨小食心虫、桃蛀螟和苹小卷叶蛾 5. 注意排水防涝 6. 雨季到，注意防治各种病害
8	晚熟品种成熟，新梢开始停止生长	1. 套袋品种果实解袋；晚熟不易着色品种铺反光膜，果实采收，销售 2. 夏季修剪（疏枝，拉枝） 3. 追采后肥（树势弱的树） 4. 苗圃地芽接。大树高接换优 5. 播种毛叶苕子、三叶草 6. 防治潜叶蛾、卷叶蛾、梨小食心虫等，剪除黑蝉为害的枯梢，一并烧毁 7. 注意排水防涝和防治果实病害

（续）

月份	物候期	主要工作内容
9	枝条停止生长，根系生长进入第二个高峰期	1. 秋施基肥，配以氮、磷肥和适量微肥，如铁、锌、镁、钙和锰等 2. 防治椿象等。9月中旬主干绑草把或诱虫带，诱集越冬害虫 3. 幼树行间生草 4. 晚熟品种采收果实
10	10月中旬开始落叶，养分开始向根系输送，极晚熟品种成熟	1. 施基肥 2. 防治大青叶蝉
11	11月中旬落叶完毕，开始进入休眠	1. 清除园中杂草、枯枝和落叶 2. 苗木出圃 3. 苗木秋冬栽植 4. 灌封冻水
12	自然休眠期	1. 树干、主枝涂白 2. 清园

附录B　桃园病虫害周年防治历（河北省石家庄市）

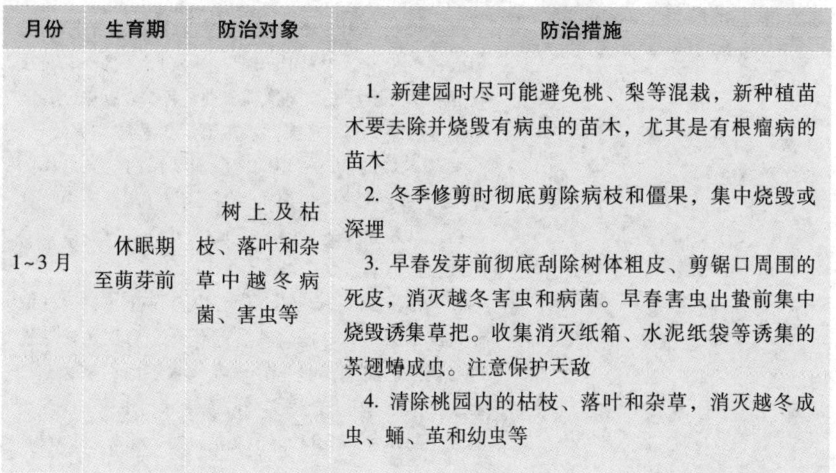

月份	生育期	防治对象	防治措施
1~3月	休眠期至萌芽前	树上及枯枝、落叶和杂草中越冬病菌、害虫等	1. 新建园时尽可能避免桃、梨等混栽，新种植苗木要去除并烧毁有病虫的苗木，尤其是有根瘤病的苗木 2. 冬季修剪时彻底剪除病枝和僵果，集中烧毁或深埋 3. 早春发芽前彻底刮除树体粗皮、剪锯口周围的死皮，消灭越冬害虫和病菌。早春害虫出蛰前集中烧毁诱集草把。收集消灭纸箱、水泥纸袋等诱集的苶翅蛸成虫。注意保护天敌 4. 清除桃园内的枯枝、落叶和杂草，消灭越冬成虫、蛹、茧和幼虫等

（续）

月份	生育期	防治对象	防治措施
1~3 月			5. 休眠期用硬毛刷刷掉枝条上的越冬桑白蚧雌虫，并剪除受害枝条，一同烧毁 6. 保护好大的剪锯口，并涂伤口保护剂 7. 树干大枝涂白，预防日灼、冻害，兼杀菌治虫 8. 萌芽前喷 3~5 波美度石硫合剂
4~5 月	开花、果实第一次膨大期、新梢旺长期	蚜虫、椿象类（绿盲蝽和茶翅蝽）、梨小食心虫、卷叶蛾、桑白蚧、螨类（山楂红蜘蛛等）、金龟子（苹毛金龟子和黑绒金龟）等虫害；炭疽病、疮痂病、细菌性穿孔病等病害	1. 加强综合管理，增强树势，提高抗病能力 2. 改善桃园的生态环境，采用地面覆盖秸秆、地面覆膜、科学施肥等措施抑制或减少病虫害发生 3. 桃园生草和覆盖。种植驱虫作物或诱虫作物（种植向日葵可诱杀桃蛀螟，种植香菜、芹菜可诱杀茶翅蝽） 4. 刚定植的幼树应进行套袋，直到黑绒金龟成虫为害期过后及时去掉套袋 5. 花前或花后喷螺虫乙酯（亩旺特）或吡蚜酮防治蚜虫。一般要求喷药及时、细致、周到，不漏树、不漏枝，1 次即可控制 6. 苹毛金龟子成虫在花期造成的危害较重，在树下铺上塑料布，早晨或傍晚人工敲击树干，使成虫落于塑料布上，然后集中杀死 7. 花后 15 天左右，喷施毒死蜱、地农乐或螺虫乙酯防治桑白蚧 8. 展叶后每 10~15 天喷 1 次代森锰锌可湿性粉剂，硫酸锌石灰液、甲基托布津、咪鲜胺、腐霉利、戊唑醇或苯醚甲环唑，每次喷 1 种，各次轮换喷施，防治细菌性穿孔病、疮痂病、炭疽病和褐腐病等 9. 黑光灯诱杀。常用 20 瓦或 40 瓦的黑光灯作为光源，在灯管下接一个水盆或大广口瓶，瓶中放些毒药，以杀死掉进的害虫。此法可诱杀桃蛀螟、卷叶蛾和金龟子等 10. 糖醋液诱杀。梨小食心虫、卷叶蛾、桃蛀螟和桃红颈天牛等对糖醋液有趋化性，可利用该习性进行诱杀。将糖醋液盛在水盆或水罐内即制成诱捕器，将其挂在树上，每天或隔天清除死虫，并补足糖醋液。配方为：糖 5 份，酒 5 份，醋 20 份，水 80 份。

（续）

月份	生育期	防治对象	防治措施
4~5月			目前诱杀梨小食心虫较好的配方是：绵白糖、乙酸（分析纯）、无水乙醇（分析纯）及自来水的比例为3∶1∶3∶80 11. 性诱剂预报和诱杀。利用性外激素进行预报并诱杀梨小食心虫、卷叶蛾、桃红颈天牛和潜叶蛾等 12. 5月上中旬喷35%氯虫苯甲酰胺水分散粒剂7000~10000倍液、25%灭幼脲3号悬浮剂1500倍液、2%甲维盐微乳油3000倍液、20%杀脲灵乳油8000~10000倍液和2.5%高效氯氟氰菊酯乳油3000倍液，防治梨小食心虫、椿象（绿盲蝽和茶翅蝽）、桑白蚧和潜叶蛾 13. 防治梨小食心虫，可用梨小食心虫迷向膏，开花前涂1次，以后每2~3个月涂1次 14. 及时剪除梨小食心虫为害新梢、桃缩叶病的病叶和病梢、局部发生的桃瘤蚜为害梢、黑蝉产卵枯死梢等并烧掉。挖除桃红颈天牛幼虫。人工刮除腐烂病，用843康复剂5~10倍液涂抹病疤。利用茶翅蝽成虫出蛰后在墙壁上爬行的习性进行人工捕捉 15. 保护和利用天敌，如红点唇瓢虫、黑缘红瓢虫、七星瓢虫、异色瓢虫、龟纹瓢虫、中华草蛉、大草蛉、丽草蛉、小花蝽、捕食螨、蜘蛛和各种寄生蜂和寄生蝇等
6月~7月上旬	新梢生长高峰、硬核期、早熟品种成熟	螨类、卷叶蛾、桃红颈天牛、桃蛀螟、梨小食心虫、茶翅蝽、桃绿吉丁虫等虫害；褐腐病、炭疽病等病害	1. 加强夏季修剪，使树体通风透光 2. 在桃树行间或桃园附近不宜种植烟草、白菜等农作物，以减少蚜虫的夏季繁殖场所 3. 人工捕捉桃红颈天牛。桃红颈天牛成虫产卵前，在主干基部涂白，防止成虫产卵。产卵盛期至幼虫孵化期，在主干上喷施氯氰菊酯乳油。人工挖其幼虫 4. 喷施阿维菌素，防治山楂红蜘蛛和二斑叶螨 5. 每10~15天喷杀菌剂1次，防治褐腐病和炭疽病等。可选用戊唑醇、咪鲜胺、苯醚甲环唑、甲基托布津和代森锰锌可湿性粉剂等 6. 利用性诱剂预报和诱杀桃蛀螟和梨小食心虫等，在预报的基础上，进行化学防治，可喷施35%氯虫

（续）

月份	生育期	防治对象	防治措施
6月~7月上旬			苯甲酰胺水分散粒剂7000~10000倍液、25%灭幼脲3号悬浮剂1500倍液、2%甲维盐微乳油3000倍液、48%毒死蜱乳油1500倍液和苦参碱等。及时剪除梨小食心虫为害枝梢 7. 6月上旬，及时剪除茶翅蝽的卵块并捕杀初孵若虫 8. 当桃绿吉丁虫幼虫为害时，其树皮变黑，用刀将皮下幼虫挖出 9. 已进入旺盛生长季节，易发生缺素症，可进行根外喷肥补充所需营养 10. 保护和利用各种天敌资源
7月中下旬	中熟品种成熟、果实成熟期	梨小食心虫、白星花金龟子、黑蝉、桃红颈天牛等虫害	1. 适时进行夏季修剪，改善树体结构，增强通风透光性。及时摘除病果，减少传染源 2. 利用白星花金龟成虫的假死性，于清早或傍晚，在树下铺塑料布，摇动树体，捕杀成虫。利用其趋光性，夜晚时在地头或行间点火，使金龟子向火光集中，坠火而死。利用其趋化性，挂糖醋液瓶或烂果，诱集成虫，然后收集杀死 3. 及时剪除黑蝉产卵的枯死梢。发现有吐丝缀叶者及时剪除，消灭正在为害的卷叶蛾幼虫 4. 利用性诱剂预报和诱杀梨小食心虫，在预报的基础上，可喷施甲维盐和毒死蜱等进行化学防治。及时剪除梨小食心虫为害的枝梢 5. 人工挖除桃红颈天牛幼虫 6. 在果实成熟期内不喷任何杀虫剂和杀菌剂
8~10月	晚熟品种成熟、枝条停止生长、养分回流到根系	梨小食心虫、桃红颈天牛、潜叶蛾、茶翅蝽、大青叶蝉等虫害；疮痂病等病害	1. 在进行预报的基础上，防治梨小食心虫。在树干束草诱集越冬的梨小食心虫幼虫 2. 喷2.5%高效氯氟氰菊酯乳油3000倍液和25%灭幼脲3号悬浮剂1500~2000倍液，防治潜叶蛾和一点叶蝉 3. 人工挖除桃红颈天牛幼虫 4. 在大青叶蝉发生严重的地区进行灯光诱杀 5. 8月下旬后在主枝上绑草把，诱集越冬的成虫和幼虫

（续）

月份	生育期	防治对象	防治措施
8~10 月			6. 茶翅蝽有群集越冬的习性。秋季在桃园附近空房内，将纸箱、水泥纸袋等折叠后挂在墙上，能诱集大量成虫在其中越冬。或者在秋冬傍晚于桃园房前屋后、向阳面墙面捕杀茶翅蝽的越冬成虫 7. 结合施有机肥，深翻树盘，消灭部分越冬害虫。加入适量的微量元素（如铁、钙、硼、锌、镁和锰等），防治缺素症发生
11~12 月	落叶、进入休眠期	树上越冬病原和虫	落叶后树干、大枝涂白，防止日灼、冻害，兼杀菌治虫

注：农药的使用方法及所用浓度请参照说明书。

附录C　无公害桃生产中允许使用的部分农药及使用准则

药剂名称	每年最多使用次数	安全间隔期/天
毒死蜱	—	—
氯氟氰菊酯	2	21
氯氰菊酯	3	21
甲氰菊酯	3	30
氰戊菊酯	3	14
溴氰菊酯	3	5
辛硫磷	4	7
石硫合剂	—	—
波尔多液	—	—
多菌灵	—	—
代森锌	—	—

注：所有农药的使用方法及使用浓度均按国家规定执行。

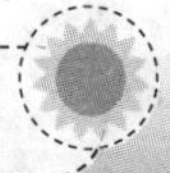

附录D　A级绿色食品生产允许使用的农药清单

（1）杀虫剂　S-氰戊菊酯、吡丙醚、吡虫啉、吡蚜酮、丙溴磷、除虫脲、啶虫脒、毒死蜱、氟虫脲、氟啶虫酰胺、氟铃脲、高效氯氰菊酯、甲氨基阿维菌素苯甲酸盐、甲氰菊酯、抗蚜威、联苯菊酯、螺虫乙酯、氯虫苯甲酰胺、氯氟氰菊酯、氯菊酯、氯氰菊酯、灭蝇胺、灭幼脲、噻虫啉、噻虫嗪、噻嗪酮、辛硫磷、茚虫威。

（2）杀螨剂　苯丁锡、喹螨醚、联苯肼酯、螺螨酯、噻螨酮、四螨嗪、乙螨唑、唑螨酯。

（3）杀软体动物剂　四聚乙醛。

（4）杀菌剂　吡唑醚菌酯、丙环唑、代森联、代森锰锌、代森锌、啶酰菌胺、啶氧菌酯、多菌灵、噁霉灵、噁霜灵、粉唑醇、氟吡菌胺、氟啶胺、　氟环唑、氟菌唑、腐霉利、咯菌腈、甲基立枯磷、甲基硫菌灵、甲霜灵、腈苯唑、腈菌唑、精甲霜灵、克菌丹、醚菌酯、嘧菌酯、嘧霉胺、氰霜唑、噻菌灵、三乙膦酸铝、三唑醇、三唑酮、双炔酰菌胺、霜霉威、霜脲氰、萎锈灵、戊唑醇、烯酰吗啉、异菌脲、抑霉唑。

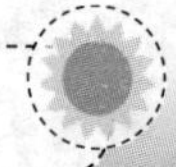

附录E　各种肥料的肥效速度

肥料种类	各年肥效（%）			开始发挥肥效的时间/天
	第一年	第二年	第三年	
腐熟细粪	75	15	10	12~15
圈粪	34	33	33	15~20
土粪	65	25	10	15~20
人粪	75	15	10	10~12
炕土	75	15	10	12~15
人尿	100	0	0	5~10
马粪	40	35	25	15~20
羊粪	45	35	20	15~20
猪粪	45	35	20	15~20

（续）

肥料种类	各年肥效（%）			开始发挥肥效的时间/天
	第一年	第二年	第三年	
牛粪	25	40	35	15~20
鸡粪	65	25	10	10~15
生骨粉	30	35	35	15
草木灰	75	15	10	15
硫酸铵	100	0	0	3~7
硝酸铵	100	0	0	5
氨水	100	0	0	5~7
尿素	100	0	0	7~8
过磷酸钙	45	35	20	8~10

参 考 文 献

[1] 汪祖华，庄恩及. 中国果树志：桃卷［M］. 北京：中国林业出版社，2001.
[2] 郗荣庭. 果树栽培学总论［M］. 3版. 北京：中国农业出版社，2009.
[3] 王力荣，朱更瑞，方伟超，等. 中国桃遗传资源［M］. 北京：中国农业出版社，2012.
[4] 李绍华. 桃树学［M］. 北京：中国农业出版社，2013.
[5] 马之胜. 桃优良品种及无公害栽培技术［M］. 北京：中国农业出版社，2003.
[6] 马之胜. 桃病虫害防治彩色图说［M］. 北京：中国农业出版社，2000.
[7] 马之胜，贾云云. 无公害桃安全生产手册［M］. 北京：中国农业出版社，2008.
[8] 冯建国，等. 无公害果品生产技术［M］. 北京：金盾出版社，2000.
[9] 周慧文. 桃树丰产栽培［M］. 北京：金盾出版社，2003.
[10] 姜全，俞明亮，张帆，等. 种桃技术100问［M］. 北京：中国农业出版社，2009.
[11] 马之胜，贾云云. 桃安全生产技术指南［M］. 北京：中国农业出版社，2012.
[12] 马之胜，贾云云. 桃周年管理关键技术［M］. 北京：金盾出版社，2012.
[13] 朱更瑞. 优质油桃无公害丰产栽培［M］. 北京：科学技术文献出版社，2005.
[14] 贾小红. 有机肥料加工与施用［M］. 2版. 北京：化学工业出版社，2010.
[15] 傅耕夫，段良骅. 桃树整形修剪［M］. 2版. 北京：中国农业出版社，1995.
[16] 国家桃产业技术体系. 中国现代农业产业可持续发展战略研究：桃分册［M］. 北京：中国农业出版社，2016.
[17] 牛良，鲁振华，崔国朝，等. 早熟油桃新品种‘中油13号’的选育［J］. 果树学报，2017，34（4）：519-521.
[18] 贾云云，马之胜，王越辉，等. 早熟桃新品种‘美博’［J］. 园艺学报，2016，43（11）：2279-2280.
[19] 常瑞丰，王召元，张立莎，等. 晚熟桃新品种‘秋燕’［J］. 园艺学报，2016，43（11）：2281-2282.
[20] 许建兰，马瑞娟，俞明亮，等. 早熟鲜食黄肉桃新品种‘金陵黄露’的选育［J］. 果树学报，2016，33（10）：1324-1327.
[21] 陈昌文，朱更瑞，王力荣，等. 蟠桃新品种‘中蟠桃11号’［J］. 园艺学报，2015，42（10）：2089-2090.